Gérard Mégie

OZON

Atmosphäre aus dem Gleichgewicht

Übersetzt aus dem Französischen
von Peter Hiltner

Mit 24 Abbildungen

Springer-Verlag

Berlin Heidelberg New York
London Paris Tokyo
Hong Kong Barcelona
Budapest

Prof. Dr. Gérard Mégie
Service d' Aéronomie
Université Pierre et Marie Curie, Tour 15
4, Place Jussieu, F-75230 Paris Cedex 05

Übersetzer
Dr. Peter Hiltner
Feldstraße 6, W-8525 Uttenreuth

Titel der französischen Originalausgabe:
Ozone – L' équilibre rompu
© Presses du CNRS, 1989

ISBN-13:978-3-642-84157-6   e-ISBN-13:978-3-642-84156-9
DOI: 10.1007/978-3-642-84156-9

© Springer-Verlag Berlin Heidelberg 1991
Softcover reprint of the hardcover 1st edition   1991

56/3140-543210 – Gedruckt auf säurefreiem Papier

Für meine Eltern,
für Monique,
Cécile, Emmanuelle und Antoine

*Wir aber, wir Zivilisierten, haben nun gelernt,
daß wir sterblich sind.*

Paul Valéry
Variété 1

Danksagung

Dieses Werk ist das Ergebnis eines aus langjähriger Forschungs– und Lehrtätigkeit resultierenden Nachdenkens. Es verdankt also denen sehr viel, die mich in die Forschung eingeführt und ihren Enthusiasmus für die Erforschung der Erde auf mich übertragen haben, Jacques Blamont und Marcel Nicolet; ferner all denjenigen, die meinen wissenschaftlichen Weg begleitet haben: Jacques Pelon, Jean–Pierre Jegou, Jacques Lefrère, Pierre Flamant, Claire Granier, Gérard Ancellet und Sophie Godin; schließlich auch den Studenten, deren täglicher Kontakt viel intellektuelle Befriedigung schafft.

Daß das Buch tatsächlich zustandegekommen ist, verdanke ich vor allem der Ermutigung zum Schreiben, die mir von Pierre Bauer, Jean–Paul Granier und Simone Scemla überreichlich zuteil wurde, sowie der Hilfe und den wertvollen Vorschlägen von Michel Carassou und Thomas Mourier. Nicht zu vergessen Monique, ohne die nichts möglich gewesen wäre.

Hinweis

Die Forschungen über das Ozon und das Klima beschäftigen heute mehrere Hundert Wissenschaftler auf der ganzen Erde. Aus dem Kontakt mit ihnen heraus, aus Diskussionen und der Lektüre ihrer Arbeiten, hat sich der Inhalt dieses Buches entwickelt. Um aber den Text nicht zu sehr mit Quellennachweisen zu belasten, habe ich bewußt Autoren und Originalreferenzen nur in Ausnahmefällen zitiert. Das am Ende angegebene Literaturverzeichnis enthält deshalb auch nur zusammenfassende Arbeiten, die den Beginn eines Leitfadens durch die weitverzweigte Spezialiteratur darstellen.

Inhaltsverzeichnis

1. Einleitung

1.1 Ozon und die Balance der Umwelt

Im Jahr 1970 schien der zivile Überschallflug eine glänzende Zukunft zu haben. Die Concorde, das Schmuckstück der europäischen Luftfahrtindustrie, absolvierte ihre ersten kommerziellen Flüge. Die Energiepreise waren noch niedrig und die USA planten den Bau von mehr als 200 Flugzeugen vom Typ SST (Supersonic Stratospheric Transport), die in 20 km Höhe fliegen und Europa in drei Stunden von Amerika aus erreichbar machen sollten. Der Hin- und Rückflug Paris–New York innerhalb eines Tages wäre Wirklichkeit. Aber dieser Optimismus wurde sofort von einigen amerikanischen Wissenschaftlern gedämpft, die von der Vorstellung aufgeschreckt waren, daß mit einem Mal einige hundert Strahltriebwerke ihre Auspuffgase in die hohe Erdatmosphäre blasen würden. Sie lenkten zum erstenmal die Aufmerksamkeit auf eine mögliche Zerstörung der Ozonschicht. Die Geschichte gab ihnen in zweierlei Hinsicht unrecht: zum einen hat der kommerzielle Überschallflug die Ölkrise nicht überlebt, zum anderen ist es heute wissenschaftlich erwiesen, daß die von Flugzeugen in 8–20 km Höhe emittierten Gase das Ozon keineswegs zerstören, sondern im Gegenteil produzieren. Dennoch bleibt diesen Forschern das Verdienst, auf die Zerbrechlichkeit des Gleichgewichts in der hohen Atmosphäre aufmerksam gemacht und auf diese Weise ein neues Forschungsgebiet eröffnet zu haben. Die Regierungen interessierten sich für die Ozonschicht, nachdem wirtschaftliche oder politische Belange auf dem Spiel standen. In Europa und in den Vereinigten Staaten wurden unverzüglich mehrere Untersuchungskomitees gebildet. 1974, vier Jahre später, arbeiteten in der ganzen Welt einige Dutzend Forscher am Verständnis des Gleichgewichts des atmosphärischen Ozons. Da sorgte dieses erneut für Schlagzeilen. Zwei amerikanische Wissenschaftler, Rowland und Molina von der Universität Irvine in Kalifornien, sagten nämlich voraus, daß die chlorierten Substanzen, die von der chemischen Industrie zu Kühlzwecken und für Spraydosen erzeugt werden, nämlich die Fluor-Chlor-Kohlenwasserstoffe (in der Öffentlichkeit unter dem Markennamen Freon der Gesellschaft DuPont in Nemours bekannt) langfristig die Ozonschicht zerstören können. Die Forschungsanstrengungen verstärkten sich, um Veränderungen, die auf menschlichen Einfluß zurückgehen, nachzuweisen.

Erst 1985 jedoch bestätigte ein großräumiges atmosphärisches Phänomen diese Voraussagen. Damals meldeten gleichzeitig englische und japanische Wissenschaftler, vom British Antarctic Survey bzw. vom japanischen Institut für

Polforschung, daß Beobachtungen, wie sie sie seit 30 Jahren von antarktischen Stützpunkten in der Halley Bay und in Syowa aus durchführten, seit 1979 eine Halbierung des Ozons in der südpolaren Atmosphäre während der Monate September und Oktober aufzeigten. Wachgerüttelt durch eine große Presse, erregte sich die öffentliche Meinung über dieses plötzliche Loch am Himmel. Erneut rückte das Ozon an erste Stelle, und die wissenschaftliche Gemeinschaft mobilisierte sich. Es galt, um jeden Preis zu verstehen, ob dieses südpolare Ozonloch die von einigen angekündigte ökologische Katastrophe darstellt, ob es sich um eine erste, noch kostenlose, Warnung oder nur um eine natürliche Entwicklung handelt.

1.2 Ozon, Wasserdampf und Kohlendioxid: drei lebenswichtige Bestandteile

Weshalb diese Sorge um das Ozon, und warum die Arbeitskraft von einigen Hundert Wissenschaftlern, Ökonomen und Industriellen bemühen?

Das Ozonmolekül, das aus drei Sauerstoffatomen aufgebaut ist, stellt nur einen sehr kleinen Bruchteil der atmosphärischen Gase dar: in einer Million Luftmolekülen findet man nur drei bis vier Ozonmoleküle. Die relative Konzentration des Ozons beträgt also nur einige Millionstel, während z. B. das Stickstoffmolekül 78 % und das für die Atmung notwendige zweiatomige Sauerstoffmolekül 21 % des Gesamtinhalts der Atmosphäre ausmacht. Zusammen mit dem Argon, dessen relative Häufigkeit 0,95 % beträgt, liefern diese beiden Gase 99,95 % der uns umgebenden Luft. Dennoch sind es die in den restlichen 0,05 % enthaltenen Gasarten, deren chemische Eigenschaften und deren Reaktion auf Strahlung das Umgebungsgleichgewicht ermöglichen. Unsere Atmosphäre ist so empfindlich, weil ihre Hauptbestandteile allein die Aufrechterhaltung des tierischen und pflanzlichen Lebens auf der Erde nicht gewährleisten können. Dieses hängt ebenso sehr von den seltenen Bestandteilen ab, unter denen der Wasserdampf, das Kohlendioxid und das Ozon eine wesentliche Rolle spielen.

Um diese Rolle genauer zu bestimmen und dadurch zu verstehen, warum die Erde der einzige Planet des Sonnensystems ist, auf dem höheres Leben entstehen konnte, müssen wir unseren Blick viereinhalb Milliarden Jahre zurückrichten, in die Zeit, als die Erde durch Zusammenballung von mineralischer Materie entstanden ist. Die Temperatur auf der Oberfläche betrug 800° C und die Erdatmosphäre, bestehend in der Hauptsache aus Kohlendioxid, Wasserdampf und wahrscheinlich Methan, war undurchsichtig. Diese drei Gase waren wahrscheinlich das Ergebnis einer intensiven Ausgasung der inneren Schichten unseres Planeten im Lauf seiner Entstehung. Aufgrund ihrer Entfernung von der Sonne kühlte die Erde (im Unterschied zu den anderen Planeten) dann gerade soweit ab, daß das Wasser kondensieren und Atmosphäre sich teilweise aufhellen konnte. Die Sonnenstrahlen drangen daraufhin, 1 Milliarde Jahre später, bis zur Oberfläche vor, die von einem enormen Ozean bedeckt war. Protokontinente entstanden, und im warmen Wasser der Ozeane, geschützt vor zu starker Sonneneinstrahlung, bildeten sich die ersten molekularen Bausteine der belebten Materie. Monomere (Molekülgruppen) lagerten sich aneinander und formten die ersten Proteinketten und Aminosäuren. Gleichzeitig veränderte sich die Atmosphäre. Unter der Wirkung der ultravioletten Sonnenstrahlung zerbrachen die Wassermoleküle und setzen ihre Bestandteile – zwei Wasserstoffatome und ein Sauerstoffatom – frei. Ebenso wurde das Kohlendioxid in Kohlenstoff und Sauerstoff zerlegt. Die auf diese Weise freigesetzten Sauerstoffatome konnten sich jetzt aneinanderlagern und zweiatomige Sauerstoffmoleküle sowie Ozon bilden. Diese, vor allem das Ozon, filterten den langwelligen Anteil der UV-Strahlung heraus und verhinderten somit dessen Vordringen zur Erdoberfläche. Dies war das entscheidende Stadium, in dem es dem Leben möglich wurde, die Ozeane zu verlassen, weil die Lebewesen künftig auch auf der Erdoberfläche vor der zerstörenden Strahlung geschützt waren. Damit hatten sich die für die Evolution der Organismen günstigen Bedingungen herausgebildet. Sie führte drei Milliarden Jahre später zu den ersten Hominiden. Seit deren Erscheinen auf der Erde sind das Ozon und das Leben eng miteinander verknüpft. Heute könnte es sich darum handeln, die Richtung nicht umzukehren!

1.3 Die Kreisläufe der Energie und der Materie

Dieser kurze Exkurs zu den Anfängen zeigt deutlich die enge Verflechtung, die seit der Entstehung des Planeten Erde zwischen den wesentlichen Bestandteilen der Umwelt – den Ozeanen, der Atmosphäre, der festen Erdoberfläche, der pflanzlichen und tierischen Biosphäre – besteht. Man hat damit ein komplexes System in fortdauernder Entwicklung vor sich, dessen vergangenes oder gegenwärtiges klimatisches Gleichgewicht wie bei kommunizierenden Röhren aus dem Austausch von Energie und Materie zwischen den verschiedenen Bestandteilen herrührt. Der Wasserdampf liefert dafür ein erstes Beispiel. In der Tat bestimmt die Kopplung zwischen den Ozeanen (dem wichtigsten Wasserreservoir mit einem Volumen von 1,33 Milliarden Kubikkilometern) und der Atmosphäre, das Klima. Die Sonnenenergie steuert den Übergang des Wassers in seinen verschiedenen Formen – Dampf, Flüssigkeit oder festes Eis – von einem Reservoir zum anderen in einem geschlossenen Kreislauf. Ständig verdampft Meerwasser aufgrund der eingestrahlten Sonnenenergie. Beim Kondensieren als Wolken in der Atmosphäre setzt es einen Teil dieser Energie frei und treibt eine gigantische thermische Maschine an, die für die großräumige Bewegung der Luftmassen verantwortlich ist. Am Äquator wird die Luft erwärmt, steigt auf und fließt zu den Polen, wo sie sich abkühlt und absinkt. Dieser Süd-Nord-Bewegung (oder Nord-Süd-Bewegung, je nach Hemisphäre) überlagert sich durch die Rotation der Erde eine Ost-West-Bewegung, die zu einer ständigen Durchmischung der Atmosphäre führt. Der Wasserdampf, der seinerseits durch die Bewegung der Luftmassen umverteilt wird, kondensiert aus und fällt als Regen oder Schnee zur Erde zurück. Das flüssige Wasser versickert in den oberen Bodenschichten und kehrt über die Flüsse zum Meer zurück. So schließt sich der Kreislauf. Er stellt einen der wichtigsten „biogeochemischen" Prozesse dar, ist spezifisch für den Planeten Erde und bringt sowohl die Biosphäre als auch die Geosphäre ins Spiel. Die Gesamtzeit des Zyklus ist kurz: etwa zehn Tage für den Übergang Verdampfung – Niederschlag, zehn Jahre für den Abtransport des Wassers von der Oberfläche in die Ozeane.

Auch der Kohlenstoff durchläuft einen Zyklus zwischen der Atmosphäre, den Ozeanen und der Biosphäre. Der Gehalt an Kohlendioxid, CO_2, in der Atmosphäre beträgt heute ungefähr 345 Millionstel; das bedeutet 345 CO_2-Moleküle auf 1 Million Luftmoleküle. Jedoch spielt dieses Gas trotz der so geringen Konzentration eine entscheidende Rolle für die Aufrechterhaltung flüssiger Ozeane, die wiederum an der Wiege des Lebens stehen. Die Temperatur der Erdoberfläche wird vom Gleichgewicht zwischen der von der Sonne empfangenen und der von der Erde zurückgestrahlten Energie bestimmt. Die erstere wird von einem rund 5500° C heißen Körper hauptsächlich im Bereich der sichtbaren Wellenlängen abgestrahlt. Die letztere wird hingegen von einem wesentlich kühleren Körper (einige Grad C) im Infraroten abgestrahlt. Wenn die Atmosphäre nur aus Stickstoff und zweiatomigem Sauerstoff bestünde oder überhaupt fehlen würde, läge diese Gleichgewichtstemperatur bei −20° C und es könnte kein flüssiges Wasser geben. Woher kommt also der Überschuß in der Energiebilanz, der es erlaubt, die Schwelle zum flüssigen Wasser zu überschreiten und Ozeane zu bilden? Es sind eben diese nur in Spuren vorhandenen Gase Kohlendioxid und Wasserdampf, die das zerbrechliche Gleichgewicht aufrecht erhalten. Im Gegensatz zum molekularen Stickstoff und Sauerstoff, können diese Gase aufgrund ihrer molekularen Struktur die von der Erde abgegebene Infrarotstrahlung absorbieren und zum Teil zum Boden zurückstrahlen, wodurch die für die Aufheizung der Oberfläche zur Verfügung stehende Energie vermehrt wird. Wie die Glaswand eines Treibhauses (daher die Bezeichnung Treibhauseffekt für diesen Regulierungsprozess), so verhindern auch der Wasserdampf und das Kohlendioxid in der Atmosphäre eine tödliche Abkühlung der Oberfläche.

Wie das Wasser, das ständig die Biosphäre versorgt, ist auch das Kohlendioxid ein aktives Element im Lebenskreislauf. Es ist nämlich der wesentliche Brennstoff der Photosynthese. Unter der Wirkung der Sonnenstrahlung zerlegen die grünen Pflanzen das CO_2, nehmen den Kohlenstoff auf, um daraus Zucker zu machen, und geben den Sauerstoff ab. Der auf diese Weise assimilierte Kohlenstoff gelangt schließlich in den Boden, wo er entweder durch die Wirkung von Mikroorganismen aus dem organischen Material freigesetzt und wieder an die Atmosphäre zurückgegeben oder als Karbonat in den Meeressedimenten oder in den tierischen und pflanzlichen Fossilien wie Kohle und Erdöl gebunden wird. In den Fossilien lagert der Kohlenstoff über viele Millionen Jahre hinweg und kann nur bei vulkanischen Ausbrüchen, oder wenn Sedimentgesteine an die Erdoberfläche gelangen, wieder freigesetzt werden. Es sei denn, der Mensch beschleunigt diesen Vorgang, indem er große Mengen dieser fossilen Reserven fördert, um sich mit Brennstoff zu versorgen ...

Der dritte für die Aufrechterhaltung des Lebens wesentliche Bestandteil der Atmosphäre, das Ozon, das durch die Zerlegung des zweiatomigen Sauerstoffs im ultravioletten Anteil des Sonnenlichts gebildet wird, vervollständigt das Gleichgewicht zwischen den verschiedenen Komponenten des irdischen Systems. Ebenso wie sein Auftreten in der Atmosphäre dem Leben das Verlassen der Meere ermöglichte, bewahrt uns diese Schutzschicht um die Erde vor der ultravioletten Sonnenstrahlung, die lebende Zellen zerstören und die Photosynthese unterbinden kann. Im Unterschied zum Wasserdampf und zum Kohlendioxid, die in ihrem Kreislauf keine chemische Veränderung erfahren, besteht aber keine direkte Kopplung des Ozons an die Biosphäre und die Ozeane. Es ist vielmehr so, daß das Ozongleichgewicht auf einer sehr großen Zahl von physikalisch-chemischen Reaktionen beruht, die außer der Sonnenstrahlung zahlreiche weitere Spurengase, deren Konzentration zum Teil weniger als ein Milliardstel beträgt, ins Spiel bringen. Bevor diese Bestandteile in der einen oder anderen Form in die hohe Atmosphäre diffundieren, werden sie am Boden als Ergebnis ständiger Wechselwirkungen zwischen der Biosphäre und der Gesamtheit der Hydrosphäre erzeugt. Das bedeutet, daß man mit der Erforschung des Ozons eine neue Schwelle im Erweis der Zerbrechlichkeit des Umgebungsgleichgewichts überschreitet: dieser das irdische Leben schützende Schirm hängt ab von den Schwankungen extrem seltener Bestandteile der Atmosphäre, die nur durch die modernsten chemischen Analysetechniken nachgewiesen werden können.

1.4 Der grobe Eingriff des Menschen

Von Anfang an hat sich also der Planet Erde wie ein komplexes wechselwirkendes System verhalten. Die Bedingungen, die die Entstehung von Leben und das Auftreten des Menschen ermöglicht haben, sind das Ergebnis eines empfindlichen Gleichgewichts zwischen den Ozeanen, der Atmosphäre, der Sonnenenergie und der Biosphäre. Es ist ein dynamisches, kein statisches Gleichgewicht, das durch ständige Austauschvorgänge charakterisiert wird, die ihrerseits Schwankungen aufgrund der kosmischen Parameter unterliegen. Aus der Sonnenstrahlung schöpft die Erde die Energie, die für die auf der Oberfläche ablaufenden thermodynamischen und chemischen Umwandlungen nötig ist. Deren Rhythmus wird also durch den Lauf der Erde um die Sonne bestimmt: durch den mit der Erdrotation verbundenen Tageszyklus, der die Lebewesen steuert, und durch den Zyklus der Jahreszeiten. Dazu kommen, auf wesentlich längeren Zeitskalen und deshalb schwieriger wahrzunehmen, Variationen der Sonnenaktivität, der Exzentrizität der Erdbahn und Umkehrungen des Erdmagnetfelds.

Das irdische Klima war deshalb im Lauf der Zeit starken Schwankungen unterworfen. Die Analyse der in Sedimenten archivierten Schichten oder die Beobachtung der Bohrkerne aus dem Eis des antarktischen Kontinents legen davon Zeugnis ab. Die ersteren zeigen die großen Klimaoszillationen vom Präkambrium bis zum Quartär auf, letztere sind durch die Analyse der in Altschneeschichten eingeschlossenen Luftblasen und Staubteilchen wertvolle Zeugen der klimatischen Veränderungen während der letzten 150.000 Jahre. Sie lassen den letzten Übergang von einer Kälteperiode vor 18.000 Jahren zu der warmen Zwischeneiszeit, die unser heutiges Klima bestimmt, erkennen. Man weiß, daß diese Wiedererwärmung von einer sich über ca. 5000 Jahre erstreckenden Erhöhung des Kohlendioxidgehalts der Atmosphäre um 50 % begleitet war. Auf geologischen und kosmischen Zeitskalen gibt es also nichts Unveränderliches, und seit dem Kambrium fanden einige Massensterben von Lebewesen statt. Auch das Niveau der Ozeane hat stark variiert, zeitweise waren die Kontinente bis zu 40 % ihrer Fläche überflutet. Das gegenwärtige Klima stellt nicht mehr als eine Etappe in der langen Evolution des Planeten Erde dar.

Bis zu Beginn des 20. Jahrhunderts waren diese Klimaschwankungen in natürlichen, nicht beherrschbaren Erscheinungen begründet. Die Veränderungen waren das Ergebnis von Wechselwirkungen zwischen der Atmosphäre, der Sonnenenergie, der Ozeane, der inneren Energie des Erdballs, sowie allen Formen tierischen und pflanzlichen Lebens. Die Flora und Fauna mußten sich diesen Schwankungen, die zwar an der Dauer eines Einzellebens gemessen langsam verliefen, aber oft eine große Amplitude hatten, anpassen. Dem Überleben der Arten angemessene Reaktionen konnten durch Weiterentwicklung und Wanderungsbewegungen herbeigeführt werden. Das Leben dauert fort, indem es gleichzeitig das Milieu, in dem es gedeiht, verändert. Heute, angesichts einer rapiden Beschleunigung des technologischen Fortschritts, hat sich das Ausmaß der Einwirkung des Menschen auf die Natur qualitativ verändert. Die Explosion der industriellen und landwirtschaftlichen Aktivitäten und die Vervielfältigung der Transportmittel haben im Verlauf der letzten fünfzig Jahre zu einer totalen Änderung unserer Umwelt geführt. Unabhängig von den lokalen Umweltverschmutzungen – die wir hoffen können, dank eines gewachsenen Umweltbewußtseins noch rechtzeitig in den Griff zu bekommen – hat sich die Menschheit auf ein Experiment eingelassen, das den ganzen Planeten umfaßt: die Veränderung der chemischen Zusammensetzung der Atmosphäre; oder präziser, die Erhöhung der relativen Konzentration der Spurengase, die für die Aufrechterhaltung des Lebens von größter Bedeutung sind und deren Gesamtanteil 0,05 % nicht übersteigt. Die Fakten liegen auf dem Tisch. Der Anteil der meisten dieser Spurengase nimmt rapide zu, gemessen an den Zeitskalen, die für Klimaentwicklungen charakteristisch sind: 0,4 % pro Jahr für das Kohlendioxid, 1 % für das Methan, 0,3 % für die verschiedenen Stickstoffverbindungen, 5 bis 6 % für die chlorierten Bestandteile. Bei dem gegenwärtigen Tempo wird sich ihr Anteil in hundert Jahren mehr als verdoppeln. Niemals in der Geschichte der Erde gab es Umwälzungen solchen Ausmaßes in derart kurzer Zeit. Erinnern wir uns daran, daß die Erhöhung der Kohlendioxidkonzentration um 50 % während des letzten Eiszeit–Zwischeneiszeit–Übergangs 5000 Jahre benötigt hat. Der Einfluß der menschlichen Aktivitäten auf die atmosphärischen Bestandteile ist gegenwärtig von der gleichen Größenordnung, wenn nicht sogar höher als die natürlichen Austauschvorgänge zwischen der Biosphäre und der Hydrosphäre.

Das komplexe Spiel der Wechselwirkungen zwischen dem Leben und seiner Umgebung verläuft heute also nach anderen, noch keineswegs verstandenen Regeln ab. Es bestehen nach wie vor zahlreiche Unsicherheiten in unserem Verständnis des Gleichgewichts in dem gekoppelten System Atmosphäre–Ozean–Biosphäre. Nichtsdestoweniger drohen die menschlichen Aktivitäten innerhalb eines überschaubaren Zeitraums von etwa 100 Jahren dieses Umgebungsgleichgewicht zu verändern. Eine solche Beschleunigung des Geschehens verrät die Manipulation, nicht aber die Beherrschung der Natur durch den Menschen. Der ganze Verlauf der Entwicklung – der Industrie, der Landwirtschaft, der Kommunikationsmittel und des Verkehrs – bedroht auf diese Weise den Bestand des Lebens auf der Erde. Die Sache mit dem Ozon, die bislang weniger bekannt war als die mit dem Kohlendioxid und dem Treibhauseffekt, ist beispielhaft für die neue wissenschaftliche und wirtschaftliche Entwicklung. Sie wirft das Problem des quantitativen Verständnisses des natürlichen Gleichgewichts auf, das jedem Versuch einer Risikobewertung der menschlichen Aktivitäten vorausgehen muß. Ebenso kann sich die Untersuchung nicht mehr auf die Rolle der Atmosphäre im bio-geo-chemischen Wechselspiel beschränken, sie muß auch die anderen Komponenten der Umgebung, die Biosphäre und die Ozeane, einschließen. Eine Risikobewertung erfordert, von einem vorwiegend an Erkenntnis orientierten Zugang, der das Gleichgewicht der Ozonschicht beschreibt, zu einem an der Vorhersage orientierten Zugang zu kommen. Dieser muß es gestatten, zukünftige Entwicklungen abzuschätzen und ihre klimatischen und biologischen Auswirkungen zu beurteilen.

2. Das natürliche Gleichgewicht

2.1 Eineinhalb Jahrhunderte Geschichte

Die physikalische, chemische und meteorologische Erforschung der Atmosphäre nach allen ihren Bestandteilen ist eine verhältnismäßig junge Wissenschaft. Lange Zeit haben die Hilfsmittel, die für eine solche Untersuchung der gasförmigen Hülle unseres Planeten nötig sind, gefehlt. Die senkrechte Ausdehnung der Atmosphäre beträgt nur wenige Bruchteile des Erdradius. Neun Zehntel ihrer Gesamtmasse befinden sich in den untersten 16 km ihrer Höhe, das ist gerade ein Fünfhunderstel des Erdradius. Unseren Vorfahren hat sich ihre Anwesenheit nur durch die blaue Farbe des Himmels, die Existenz von Wolken und der damit verbundenen Niederschläge, sowie durch optische Phänomene wie Regenbögen oder Halos verraten. Es ist übrigens nicht erstaunlich, daß die ersten Fortschritte in unserer Kenntnis über die Atmosphäre von den beiden Disziplinen, die von ihrem Vorhandensein am meisten betroffen sind, erbracht wurden: die Astronomen müssen diese gasförmige Barriere, die sie von den Weiten des Universums trennt, überwinden; die Meteorologen haben in jüngerer Zeit versucht, die beobachteten Schwankungen der wichtigsten thermodynamischen Größen der Atmosphäre, des Drucks, der Temperatur und der Feuchtigkeit, zu erklären.

Aus der Astronomie und der Meteorologie sind die ersten Methoden zum Studium der Atmosphäre gekommen. Die thermodynamischen Messungen waren zuerst auf Bodennähe beschränkt, später wurden sie dank der Erfindung der Ballons auf die ersten Kilometer Höhe ausgedehnt. Bis in die fünfziger Jahre waren optische Messungen, durch Beobachtung der Intensität und spektralen Verteilung des Sonnen- und Sternlichts, das einzige Mittel, das einen Fortschritt in unserer experimentellen Kenntnis der hohen Atmosphäre erlaubte. Sie stellen auch heute noch wesentliche und ständig verfeinerte Werkzeuge zum Studium der Atmosphäre dar.

Die Geschichte der Ozonforschung, die mit dem Nachweis dieses Bestandteils vor eineinhalb Jahrhunderten begann, illustriert sehr gut den langen Weg von Hypothesen und experimentellen Ergebnissen, die oft mehr Fragen aufwarfen als sie sichere Antworten bringen konnten. Von der Aufstellung der chemischen Formel des Ozons bis zur Einsicht in die Bedeutsamkeit seiner Rolle für das atmosphärische Gleichgewicht hat die Ozonforschung eine immer größere und aus verschiedenen Bereichen kommende Wissenschaftlergemeinde mobilisiert. Chemiker, Optiker, Thermodynamiker, Meteorologen, Spezialisten der Molekülphysik, Spektroskopiker und Astronomen haben über fast ein Jahrhundert hin zusammengearbeitet, bis zu Beginn der fünfziger Jahre ein verhältnismäßig zusammenhängendes Bild der wesentlichen qualitativen Verhaltensweisen des atmosphärischen Ozons vorlag. Dabei bleiben für die Nachkriegswissenschaftler noch genügend Fragen, die endgültig zu beantworten nur die instrumententechnischen Fortschritte, die Benutzung von Flugzeugen, Raketen und Satelliten versprechen.

Das folgende Kapitel ist dieser neueren Forschungsgeschichte – die kurz ist im Vergleich zur gesamten Wissenschaftsgeschichte – gewidmet. Es wird uns die Wichtigkeit des Ozons für das atmosphärische Gleichgewicht und dessen Zerbrechlichkeit verstehen lassen. Es beschreibt im Detail die Struktur der Erdatmosphäre und die physikalischen und chemischen Prozesse, die das Verhalten ihrer oberen Schichten steuern.

2.1.1 Die Entdeckung des Ozons

Jeder kennt den intensiven, charakteristischen Geruch nahe bei einer elektrischen Entladung in der Luft. Dieser wurde erstmals 1785 von dem holländischen Physiker van Marum beschrieben, zehn Jahre nachdem Joseph Priestley in England und Carl Wilhelm Scheele in Schweden unabhängig voneinander den Sauerstoff in molekularer Form, als O_2, entdeckt hatten. Erst mehr als fünfzig Jahre später schrieb der deutsche Chemiker Christian Friedrich Schönbein diesen Geruch einem besonderen Körper zu, den er eben Ozon nannte, nach dem griechischen Wort ὀζεῖν, riechen. In einem Brief an Arago, den er 1840 der französischen Akademie einreichte, berichtete er folgendermaßen über seine Entdeckung: „Nachdem ich fast sicher bin, daß der geruchsbildende Grundstoff zu der Klasse von Körpern gerechnet werden muß, zu der auch das Chlor und das Brom gehören, nämlich zu den elementaren und salzbildenden Substanzen, schlage ich vor, ihm den Namen Ozon zu geben. Da ich überzeugt bin, daß sich dieser Körper in der Luft immer dann in beträchtlicher Menge bildet, wenn ein Gewitter ist, beabsichtige ich, eine Reihe von Experimenten durchzuführen, die die Anwesenheit von Ozon in der Atmosphäre beweisen sollen".

So waren in der Vorstellung Schönbeins Ozon, Chlor und Brom bereits verbunden – ungeachtet dessen, daß er bezüglich der chemischen Natur des Ozons irrte. Dies schlug einen vorausschauenden Bogen um 150 Jahre in die Zukunft, denn heute werden chlorierte und bromierte Verbindungen für die Zerstörung des Ozons verantwortlich gemacht!

Es stellten sich dann zwei wesentliche Fragen: was ist die chemische Natur des Ozons? Und handelt es sich um einen ständigen Bestandteil der Erdatmosphäre? 1845 erbrachte la Rive in Genf eine Teilantwort auf die erste Frage. Er hatte die Idee, elektrische Entladungen nicht in Luft, sondern in wasserdampffreiem Sauerstoff zu untersuchen. Der charakteristische Geruch trat zweifelsfrei auf: das Ozon konnte seinen Ursprung daher nur im Sauerstoff selber haben. Daher stammt die Bezeichnung „entstehender Sauerstoff", die ihm während einiger Jahre beigelegt wurde. Zwanzig Jahre später identifizierte Soret in Basel das Ozon endgültig als eine sogenannte allotrope Form des Sauerstoffs, bestehend aus drei Atomen gemäß der Formel OOO oder O_3. Es bildet deshalb im Vergleich zum atomaren Sauerstoff O ein Sauerstoffdioxid, während das Molekül O_2 als einfachstes Oxid betrachtet werden kann.

Während dieser Zeit bemühten sich die Chemiker von ihrer Seite aus um eine Antwort auf die zweite Frage. Sie entwickelten verschiedene Methoden der Dosismessung von Ozon in Luft, die hauptsächlich auf das starke Oxidationsvermögen dieser Verbindung, die das dritte, nur schwach gebundene Atom sehr leicht freigibt, gegründet waren. Schönbein selbst verwendete ein mit Kaliumjodid getränktes Papier, das, in Anwesenheit von Ozon, das Jod durch Oxidation freisetzt und das Papier mehr oder weniger blau färbt, je nach Ozongehalt der Luft. Die Empfindlichkeit dieser Methode war ausreichend um 1845 zu demonstrieren, daß Ozon tatsächlich in der Luft vorhanden ist. Daher wissen wir, daß damals der Ozongehalt in Bodennähe zehn Milliardstel nicht überstieg. Schönbein war übrigens überzeugt, daß das Ozon im wesentlichen durch die von Blitzen bei Gewittern hervorgerufenen Entladungen entsteht und stellte somit die Verbindung zu seinen Laborexperimenten her, die seine Entdeckung ermöglicht hatten. 1858 entwickelte André Houzeau in Rouen eine andere, empfindlichere Methode: er verwendete eine Mischung aus Arsen und Jod, um die Anwesenheit von Ozon in der Atmosphäre zu bestätigen. Die mit dem Ozon befaßten Arbeiten vervielfältigten sich, und im Jahr 1865 richtete die Wissenschaftsakademie, die unter Mitteilungen für die Berichtshefte begraben wurde, eine spezielle Kommission von neun Mitgliedern ein, die die Flut der Veröffentlichungen über das Ozon reduzieren soll! Das Prinzip der Beurteilung durch Gutachter und der wissenschaftlichen Sichtung vor der Veröffentlichung wurde hier zum erstenmal angewandt.

Unter allen diesen Arbeiten muß man den wesentlichen Beitrag des Chemikers Albert-Levy, der von der Stadt Paris am Observatorium des Parks Montsouris angestellt war, hervorheben. Er hat über 30 Jahre hinweg, von 1877 bis zu seinem Tod im Jahre 1907, täglich den Ozongehalt der Luft nach der Houzeauschen Methode ermittelt. Die Gesamtheit dieser Daten, die in den *Annales de l'observatoire de Montsouris* akribisch archiviert sind, stellen heute ein einzigartiges quantitatives Zeugnis des Ozongehalts der Atmosphäre für eine Zeit, die man noch vorindustriell nennen kann, dar. Dank der gleichzeitig an der gleichen Stelle ermittelten meteorologischen Werte (das Observatorium des Parks Montsouris war in erster Linie ein meteorologisches Observatorium) gestattet die zeitliche Kontinuität der Ozonmessungen auch die Ozongehalte nach der städtischen oder ländlichen Herkunft der Luft zu unterscheiden und eine erste Klimatologie des Ozons in Bodennähe zu erstellen. Albert-Levy war vielleicht der erste der verstanden hatte, daß eine kontinuierliche Messung der atmosphärischen Bestandteile reich an Information über ihre Herkunft und ihr Verhalten ist, da sie Beziehungen zwischen den verschiedenen Variablen, die den thermodynamischen und chemischen Zustand der Luft kennzeichnen, aufzustellen erlaubt. Es ist schade, daß seine Lektion über die ersten fünfzig Jahre dieses Jahrhunderts nicht im Gedächtnis geblieben ist und angewendet wurde. Gewiß können derartige Überwachungsaufgaben im ersten Moment für den, der sie durchführt, mühsam und wenig lohnend erscheinen. Aber wieviel Information stellen sie bereit, und um wieviel besser könnten wir heute die Entwicklung der Atmosphäre verstehen, wenn sie immer mit der gleichen Ernsthaftigkeit betrieben worden wären!

2.1.2 Das Ozon als Filter der Sonnenstrahlung

Verlassen wir für einen Augenblick die Chemie und die Mengenverhältnisse der Spurengase in den bodennahen Luftschichten, und wenden wir uns der atmosphärischen Optik und der Astronomie zu. Seit dem Ende des 18. Jahrhunderts wissen wir, daß das von der Sonne kommende Licht nicht auf den sichtbaren Bereich des Spektrums beschränkt ist, dessen verschiedene Wellenlängen mit Hilfe eines einfachen Prismas getrennt werden können. Dieser sichtbare Teil erstreckt sich vom Blauen zum Roten und entspricht einem Wellenlängenbereich von 400 bis 800 Nanometer (Milliardstel Meter). In der zweiten Hälfte des 18. Jahrhunderts zeigten die Arbeiten des Astronomen Friedrich Wilhelm Herschel, daß die infrarote Strahlung, die das Spektrum jenseits des Roten zu großen Wellenlängen hin fortsetzt und seit dem 16. Jahrhundert bekannt ist, ebenso elektromagnetischer Natur ist wie die sichtbare Strahlung. Im Jahr 1800 zeigte der deutsche Physiker Johann Wilhelm Ritter, indem er ein Papier mit lichtempfindlichem Silberchlorid bestrich, daß sich das Sonnenspektrum auch jenseits des Blauen zu kurzen Wellenlängen hin fortsetzt. Er entdeckte damit die ultraviolette Strahlung. 1842 glückte Henri Bequerel in Frankreich die erste Fotografie des Sonnenspektrums.

Ein entscheidender Schritt in der Erforschung der atmosphärischen Optik gelang Albert Cornu, damals Physikprofessor an der polytechnischen Hochschule. Er entdeckte nämlich 1878, daß das Spektrum der Sonne, so wie es bei einem Beobachter auf der Erdoberfläche ankommt, im Ultravioletten bei Wellenlängen kleiner als 300 nm abrupt abbricht. Cornu zeigte auch, daß diese Abschneidewellenlänge von der Höhe der Sonne über dem Horizont abhängt und bei niedrigem Sonnenstand zu größeren Wellenlängen hin verschoben wird. Es konnte sich also nicht um eine innere Eigenschaft der Sonne handeln, sondern mußte ein mit der Erdatmosphäre zusammenhängender Effekt sein. Wenn sich nämlich die Sonne dem Horizont nähert und ihre Strahlen immer schräger einfallen, wird einfacher Geometrie zufolge der Weg der Strahlen durch die Atmosphäre und ihre absorbierenden Schichten immer länger. Die Absorption verstärkt sich, und das Licht, das die kürzesten Wellen hat und am stärksten absorbiert wird, wird auch am meisten geschwächt. Das Spektrum, das man am Boden empfängt, ist deshalb zu den langen Wellenlängen hin verschoben. Jetzt blieb noch, die für die Absorption verantwortlichen Moleküle zu identifizieren. Der englische Chemiker Walter Noël Hartley hat das Verdienst, durch Vergleich von im Labor und in der Atmosphäre gemessenen Absorptionsspektren gezeigt zu haben, daß das Ozon im Wellenlängenbereich zwischen 250 und 320 nm mit einer zu längeren Wellen hin abnehmenden Effektivität absorbiert. Das erklärt Cornus Beobachtungen. In zwei 1881 erschienenen Artikeln folgert Hartley, daß das Ozon ein dauerhafter Bestandteil der hohen Atmosphäre ist und dort in einer Konzentration, die sicher weit höher ist als am Boden, vorkommt. Seine Anwesenheit erklärt die beobachtete Grenze des Sonnenspektrums im Ultravioletten. Diese Erkenntnisse bedeuten eine entscheidende Etappe in der Geschichte der Ozonforschung. Das Ozon wird damit in den Rang eines die Erde umgebenden Schutzschirms für das Leben gehoben, da es das Vordringen der UV-Strahlung bis zum Boden verhindert. Man kann Hartley nachsehen, daß er auch die blaue Farbe des Himmels dem Ozon zugeschrieben hat – immerhin findet man diese falsche Behauptung auch heute noch gelegentlich. Demgegenüber hat der englische Physiker Lord Rayleigh am Ende des 19. Jahrhunderts gezeigt, daß die Streuung der Sonnenstrahlung an den Luftmolekülen, die im Blauen rund sechzehnmal effizienter ist als im Roten, dem Himmel die blaue Farbe gibt, die wir bei klarem Wetter beobachten.

Daneben bleibt die französische Schule ebenso aktiv. 1880 bestimmt Chappuis die Zusammensetzung des Ozonspektrums näher, indem er im sichtbaren Bereich zwischen 500 und 700 nm, im Grünen und Roten, elf Absorptionsbanden entdeckt, die heute seinen Namen tragen. Ihre Absorption ist 100 bis 2000 mal schwächer als die von Hartley entdeckte im Ultravioletten. Schließlich bemerkt 1890, zehn Jahre später, der englische Astrophysiker William Hartley bei der Beobachtung des von Sirius ausgesandten Spektrums eine Absorptionsbande zwischen 320 und 360 nm, für die er keine Erklärung hat. Erst 1917 gelingt es Fowler und Strutt in England, diese neue Absorptionsbande dem Ozon zuzuschreiben. Damit ist die Gesamtheit des Spektrums bekannt und der Weg offen für eine neue Spektroskopikergeneration, die sich darum bemüht, die aufgezeigten Effekte quantitativ zu beschreiben und den Ozongehalt der hohen Atmosphäre näher zu bestimmen. Trotz der Kenntnisse, die über die chemischen und optischen Eigenschaften des Ozons zusammengetragen worden waren, blieben nämlich die quantitativen Analysen bis zum Beginn des ersten Weltkriegs auf den Boden beschränkt.

2.1.3 Die vertikale Struktur der Atmosphäre

Weit entfernt von den Chemikern und Optikern ist die Entdeckung angesiedelt, die zu Beginn des 20. Jahrhunderts den Schlußstein für unsere Kenntnisse der hohen Atmosphäre und ihrer thermischen Struktur bildet. Der Erdboden, der von der Sonne aufgeheizt wird, stellt für die Atmosphäre eine Wärmequelle dar. Durch den Bodenkontakt nimmt die Luft die Bodentemperatur an. Aber was passiert weiter oben? Da die Luft ein verhältnismäßig schlechter Wärmeleiter ist, nimmt die Temperatur auf den ersten Kilometern nach oben sehr schnell ab, um etwa 6,5° C pro km. Im 19. Jahrhundert war es jedoch noch nicht möglich, die thermodynamischen Variablen der Luft – den Druck und die Temperatur – in großer Höhe zu messen. Die Meteorologen konnten die vertikalen Änderungen nur messen, indem sie ihre Instrumente auf hochgelegene Observatorien transportierten, und auch das nur auf geringe Entfernungen. Sie konnten deshalb nicht sagen, bis zu welcher Höhe sich die gemessene Temperaturabnahme erstreckt. Erst mit dem Aufkommen von Höhenballons und mit ihnen transportierbarer Instrumente, die den Druck und die Temperatur aufzeichnen konnten, begann die Erforschung der freien Atmosphäre. Der erste Forschungsballon wurde von Hermithe und Besançon gestartet. Diese Methode, die von Teisserenc de Bort am meteorologischen Observatorium in Trappes vervollkommnet wurde, ermöglichte es 1899, Messungen bis in 20 km Höhe vorzunehmen. Sie zeigten, daß der schnelle Temperaturabfall in ungefähr 11 km Höhe zum Stillstand kommt und daß in größeren Höhen eine annähernd isotherme Region konstanter Temperatur folgt. Das ließ das Vorhandensein einer neuen Wärmequelle vermuten, die die hohen Luftschichten mit der Energie versorgt, die die größere Entfernung vom sonnenerwärmten Boden ausgleicht. Der quantitative Zusammenhang mit der Absorption der Sonnenstrahlung durch das Ozon wurde allerdings erst zwanzig Jahre später hergestellt. Dennoch stand die Idee im Raum, vor allem durch die Arbeiten des Amerikaners Humphreys, daß eine Beziehung zwischen dem Ozon und der Heizung der oberen Atmosphäre besteht.

Um die Wichtigkeit dieser Entdeckung zu verstehen, muß man die klassische Thermodynamik, genauer gesagt, das Archimedische Prinzip, angewandt auf ein kleines Luftvolumen, betrachten.

Bei einer aufsteigenden vertikalen Bewegung dehnt sich ein solches Volumenelement aus, da der Druck mit der Höhe abnimmt. Es kommt sehr schnell in ein Druckgleichgewicht mit der Umgebungsluft. Auch seine Temperatur ändert sich, aber aufgrund der schlechten Wärmeleitfähigkeit der Luft langsamer. Wenn die Atmosphäre isotherm ist oder die Temperatur mit der Höhe zunimmt, hat das Volumenelement in seiner neuen Position eine geringfügig kleinere Temperatur als seine Umgebung. Die Gasgesetze besagen, daß es dann dichter und folglich schwerer ist und eine Tendenz hat, zurückzusinken: kalte Luft sinkt ab, warme Luft steigt auf. Mit anderen Worten, in einer isothermen Schichtung ist die Luft stabil gegenüber senkrechten Austauschvorgängen, da ein aus seiner Gleichgewichtslage entferntes Volumenelement das Bestreben hat, dorthin zurückzukehren. Wenn andererseits die Temperatur mit der Höhe rasch abnimmt, befindet sich ein aufsteigendes Volumenelement ständig auf höherer Temperatur als die der Umgebungsluft. Heißer und also weniger dicht als die Umgebungsluft, steigt es immer weiter, und die Luftschichtung ist instabil.

Die Entdeckung Teisserenc de Borts beschränkte sich also nicht einfach auf die Einsicht in die vertikale thermische Struktur der Atmosphäre. Sie führte zur Unterscheidung von zwei in Hinblick auf den Austausch von Luftmassen fundamental verschiedenen Regionen. In der oberen Region sind vertikale Luftbewegungen nur schwach ausgeprägt und bewirken eine senkrechte Schichtung, in der verschiedene Höhenniveaus gegeneinander isoliert sind. Teisserenc de Bort schlug vor, diese Region Stratosphäre zu nennen, nach dem lateinischen Wort *stratum*, Schicht. Sie erstreckt sich im Mittel von 10 bis 50 km Höhe und ist zunächst durch eine konstante Temperatur, weiter oben sogar durch einen Temperaturanstieg bis etwa 0° C an ihrem oberen Rand gekennzeichnet. Die darunterliegende Region, die in Kontakt mit dem Boden ist, wird Troposphäre genannt, nach dem griechischen Wort τρόπος, Wirbel, um auf das ständige Umrühren ihrer Luftmassen hinzuweisen. Die Grenze zwischen den beiden Regionen, die in unseren Breiten eine Minimaltemperatur von −60° C hat, wird Tropopause genannt, wiederum nach einer griechischen Wurzel, die das Ende der Troposphäre bezeichnet. Diese Grenze ist keineswegs unbeweglich. Ihre Höhe variiert mit der geografischen Breite. Am Äquator findet man eine sehr hohe und kalte Tropopause, in einer Höhe von 16 bis 17 km und mit Temperaturen bis herab zu −90° C. Dies weist auf eine starke Konvektion hin, die mit der intensiven Aufheizung des

Bodens zusammenhängt. Dagegen befindet sich die Tropopause an den Polen in kaum 8 km Höhe. In unseren Breiten, wo sie im Mittel bei 10 bis 11 km Höhe liegt, kann sie in Abhängigkeit von der meteorologischen Situation zwischen 7 bis 8 km in Tiefdruckgebieten und fast 12 km in Hochdruckgebieten liegen.

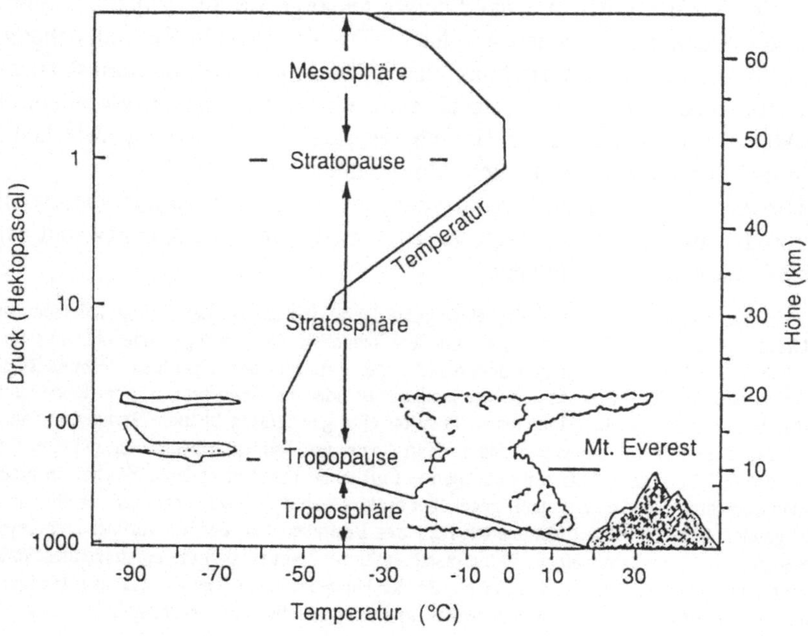

Die vertikale Struktur der Atmosphäre

Nachdem die vertikale Struktur der hohen Atmosphäre dank der Experimente von Teisserenc de Bort entdeckt war, mußte noch das erneute Anwachsen der Temperatur in Höhen über 10 km qualitativ und quantitativ erklärt werden. Der erste Weltkrieg unterbrach diese Forschungen, die im wesentlichen von Wissenschaftlern des Alten Kontinents durchgeführt wurden. Ab 1919 beschleunigte sich das Geschehen wieder. Die folgenden 20 Jahre waren sowohl in experimenteller als auch in theoretischer Hinsicht besonders fruchtbar. Neue Meßmethoden, die den Ozongehalt der Atmosphäre und seine genaue vertikale Verteilung zu bestimmen gestatten, wurden gefunden. Der größte Teil dieser ständig verbesserten Methoden wird auch heute noch verwendet. Ebenfalls zwischen den beiden Kriegen wurden die ersten Theorien entworfen, und unser Verständnis des stratosphärischen Gleichgewichts schritt schnell voran.

2.1.4 Das Ozon in der hohen Atmosphäre

In Marseille führten 1920 Charles Fabry und Henri Buisson die ersten direkten Messungen des atmosphärischen Ozons durch. Als unbestrittene Spezialisten der instrumentellen Optik und der Spektroskopie maßen sie die atmosphärische Absorption der Sonnenstrahlung im nahen Ultraviolett. Lassen wir ihnen das Wort:

„Unter Verwendung der fotografischen Platte zur Messung der Intensität konnten wir die atmosphärische Absorption quantitativ untersuchen und dabei zeigen, daß der Gang der Absorption mit der Wellenlänge der gleiche ist wie beim Ozon. Das bestätigt die Hypothese, nach der dieses Gas für die Absorption im Wellenlängenbereich zwischen 315 und 292 nm verantwortlich ist. Die Dicke der von der Strahlung senkrecht durchlaufenen Ozonschicht entspricht bei Druck ungefähr 3 mm; allerdings ändert sie sich von Tag zu Tag beträchtlich. Diese Ozonschicht befindet sich in sehr großer Höhe, möglicherweise höher als 50 km." (*Journal de Physique et Radium*, 1921)

Zum erstenmal wurde hier für die Gesamtmenge des Ozons der hohen Atmosphäre ein numerischer Wert angegeben. Aber was bedeuten diese 3 mm physikalisch, nachdem das Ozon ja auf einen Höhenbereich von mehreren Dutzend km verteilt ist, wo der Druck von 1 Atmosphäre am Boden bis weniger als 1 millionstel Atmosphäre in 50 km Höhe variiert? Um das zu verstehen, muß man auf die Absorption der Strahlung zurückgreifen, die aus der Wechselwirkung zwischen den Sonnenstrahlen und den Ozonmolekülen resultiert. Diese Absorption ist in erster Näherung proportional zur Gesamtzahl der Moleküle, die von dem Lichtstrahl getroffen werden, und zwar unabhängig von ihrer Verteilung entlang dem Lichtweg. Um diese Moleküle auf einfache Weise zu zählen, hatte man die Idee, eine „Äquivalentsäule" mit einer Einheitsgrundfläche zu definieren, in der das gesamte Gas einen einheitlichen Referenzdruck aufweist, der i.a. gleich dem Druck am Boden gewählt wird. Die Anzahl der Moleküle und die Absorption der Strahlung können damit direkt als Höhe dieser Säule, die man als reduzierte Höhe bezeichnet, ausgedrückt werden. Bezogen auf einen Druck von einer Atmosphäre, sind es also nur 3 mm Ozon, die uns vor der zerstörerischen Ultraviolettstrahlung der Sonne schützen. Die geringe Höhe dieser Schutzschicht zeigt einmal mehr die ungeheure Verletzlichkeit des Gleichgewichts des Lebens: alles hängt von diesen drei Millimetern ab, die nur ein dreimillionstel der reduzierten Höhe der gesamten Atmosphäre (das sind 8 km) ausmachen.

Die reduzierte Höhe gibt, wohlgemerkt, nur für die Gesamtmenge des Ozons, das uns von der Sonne als Strahlungsquelle trennt, ein genaues Maß an. Sie bringt keine direkte Information über die vertikale Verteilung. Die letzte Angabe von Fabry und Buisson über die Höhenlage der Ozonschicht beruhte auf einer qualitativen Überlegung, die allerdings die Grundlage der Theorie des Ozongleichgewichts ist. Die Beobachtungen am Boden hatten nämlich gezeigt, daß der zweiatomige Sauerstoff durch Strahlung mit extrem kurzen Wellenlängen (weniger als 200 nm) in Ozon umgewandelt wird. Wenn eine solche Strahlung von der Sonne ausgesandt wird, wird sie also die Atmosphäre „ozonisieren". Sie kann dies jedoch nur in großer Höhe tun, da sie weiter unten stark vom zweiatomigen Sauerstoff selbst, der einen Hauptbestandteil der Atmosphäre bildet, absorbiert wird. Obwohl sich der Wert von 50 km, den Fabry und Buisson angaben, als falsch herausstellte, hatten sie doch die richtige Intuition.

Die Beobachtungen dieser beiden Forscher bewiesen auch eine andere charakteristische Eigenschaft des atmosphärischen Ozons, nämlich seine sehr starke, tägliche Variabilität. So variierte die reduzierte Höhe des Ozons über Marseille zwischen dem 21. Mai und dem 23. Juni 1920 in unregelmäßiger Weise zwischen 2,85 mm und 3,35 mm; das ist eine relative Schwankung um mehr als 20 %. Das war ein neues Rätsel und konnte mit der erwarteten Beziehung zwischen der Ozonproduktion und der Sonneneinstrahlung nicht erklärt werden, da der Umlauf der Erde um die Sonne lediglich eine gleichmäßige Veränderung dieser Einstrahlung um rund 5 % pro Monat mit sich bringt.

Durch den umfassenden Gehalt ihrer Arbeiten ermöglichten Fabry und Buisson also die Beantwortung vieler Fragen, warfen aber auch zahlreiche neue Fragen auf. Darüberhinaus bewiesen sie die Fähigkeit optischer Methoden, aus großer Distanz die Eigenschaften der Atmosphäre zu bestimmen. Diese Methoden wurden erst 30 oder 40 Jahre später von modernen Forschungsmitteln wie Ballons, Flugzeugen und Raketen übertroffen. Auf ihnen und auf einigen Experimenten, die mittels meteorologischer Höhenballons in bis zu 30 km Höhe ausgeführt wurden, gründete die Ozonforschung von 1920 bis 1940. Die spektroskopischen Messungen vervielfachten sich und wurden immer präziser. Unter den nachfolgenden Pionieren – Dobson in England, Götz in der Schweiz, Nicolet in Belgien und Cabannes, Dufry und Chalonge in Frankreich – hat besonders der Name Dobson in die Geschichte Eingang gefunden. Er konstruierte 1924 als erster einen UV-Spektrografen, der speziell zur Messung des Ozons bestimmt war. Dieser Apparat, der ein einfaches Prisma zur Trennung der verschiedenen Wellenlängen verwendete, wurde von Dobson und seinen Mitarbeitern ständig verbessert. Er bildet noch heute die Grundlage des bodengebundenen Ozonbeobachtungsnetzes. Es gibt auf der ganzen Welt rund hundert davon, jedes sorgfältig mit der Fabrikationsnummer und dem Namen des Erfinders gekennzeichnet. Dobson ist auch der Namensgeber einer Einheit für die reduzierte Höhe des Ozons in der Atmosphäre. Ein Dobson entspricht einer reduzierten Höhe von 0,01 mm. Die 3 mm von Fabry und Buisson entsprechen also 300 Dobson.

2.1.5 Die ersten Ozonbeobachtungsnetze

Das Verdienst von Dobson, Götz, Nicolet, Cabannes, Dufay, Chalonge und ihren Mitarbeitern ist gleichermaßen, die optischen Methoden und Ozonmeßtechniken verbessert und die Beobachtungen nach Ort und Zahl vervielfacht zu haben. Sie konnten auf diese Weise erste Kenntnisse über die räumliche und zeitliche Verteilung des Ozons sichern. Wir werden diese die klimatologische Verteilung nennen, in Analogie zur kontinuierlichen Messung der meteorologischen Variablen, die die Unterscheidung der Klimata erlauben. So haben Chalonge und Götz 1929 die ersten nächtlichen Ozonmessungen durchgeführt, indem sie den Mond als Lichtquelle benützten. Ihre Beobachtungen zeigten, daß sich die Dicke der

Ozonschicht bei Nacht von der am Tage nicht wesentlich unterscheidet; die beobachteten Unterschiede blieben von der Größenordnung der Meßfehler. Man kann daraus schließen, daß – in ihren eigenen Worten – die Anwesenheit oder Abwesenheit der Sonne in mittleren Breiten (die Messungen wurden in Paris gemacht) keine merkliche Änderung in der Dicke der Ozonschicht bewirkt. Dies war eine wichtige Entdeckung, die bedeutet, daß für das Gleichgewicht der Ozonschicht andere Prozesse als die Sonneneinstrahlung maßgebend sind.

Es war wiederum Dobson, der die ersten Teilantworten hinsichtlich der von Fabry und Buisson beobachteten Variabilität des Ozons fand. Er installierte in Westeuropa sechs Instrumente, um auf einer Längenskala von einigen hundert km die Änderungen im Ozongehalt zu untersuchen. Dieses erste Untersuchungsnetz umfaßte Valentia in Irland, Oxford, Lerwick auf den Shetlandinseln, den Flughafen Lindenberg in Berlin, Åbisko in Schweden und Arosa in der Schweiz. Alle fotografischen Platten, mit den registrierten Sonnenspektren wurden nach Oxford geschickt, wo sie von Dobson und seinen Mitarbeitern ausgewertet wurden. Auf diese Beobachtungen gestützt, wiesen sie eine enge Beziehung zwischen der reduzierten Höhe des Ozons und der jeweiligen Großwetterlage nach. Erhöhte Ozonwerte wurden im allgemeinen in Tiefdruckgebieten, niedrige in Hochdruckgebieten festgestellt. Die Unterschiede erreichten 50 bis 80 Dobson, d.h. 0,5 bis 0,8 mm. Diese Werte waren vollkommen in Übereinstimmung mit den Ergebnissen von Fabry und Buisson in Marseille. Dobsons Messungen brachten einen neuen Aspekt in unser Wissen vom Verhalten des Ozons: die Meßwerte der reduzierten Höhe ändern sich in Abhängigkeit von den meteorologischen Bedingungen, was auf die Wirksamkeit von Vorgängen in den unteren Atmosphärenschichten, in der niederen Stratosphäre oder in der oberen Troposphäre, hinweist.

2.1.6 Eine erste Theorie des atmosphärischen Ozongleichgewichts

Noch vor der Welle der neuen Erkenntnisse organisierten Fabry und Dobson im Mai 1929 in Paris die erste internationale Konferenz über das atmosphärische Ozon. 27 Mitteilungen wurden dort vorgelegt, und der von Fabry selbst herausgegebene Konferenzbericht faßt alle oben aufgeführten Arbeiten zusammen. Er enthält auch die erste theoretische Studie zu den Mechanismen, die das atmosphärische Ozon hervorbringen können. Diese Analyse wurde von dem englischen Mathematiker und Geophysiker Sidney Chapman verfaßt, dessen Arbeiten so unterschiedliche Gebiete wie die Magnetfelder der Erde, der Ionosphäre und der neutralen Atmosphäre umfassen. Chapman hat auf diese Weise ein beträchtliches Werk der äußeren Geophysik hinterlassen.

Diese Theorie, die heute unter dem Namen Chapman–Zyklus bekannt ist, zeigt, daß der Mechanismus, der für die Erzeugung des atmosphärischen Ozons verantwortlich ist, mit der Dissoziation des Sauerstoffmoleküls O_2 durch die kurzwellige Sonnenstrahlung beginnt. Dieser Prozeß der Fotodissoziation ist die Folge der Absorption eines Lichtteilchens (Photons) durch O_2, dessen Energie ausreicht, das Molekül zu Schwingungen anzuregen, die schließlich zum Zerbrechen führen. Da die Energie der Photonen umgekehrt proportional zu ihrer Wellenlänge ist, findet Fotodissoziation statt, sobald die Wellenlänge kürzer als 240 nm ist. Diese Schwelle entspricht der Bindungsenergie der zwei Sauerstoffatome im Molekül O_2. Was wird dann aus den beiden Sauerstoffatomen? Sie befinden sich in einer Mischung aus Stickstoff und molekularem Sauerstoff. Die charakteristische thermische Bewegung des Gases, deren Stärke eine Funktion der Temperatur ist, führt ständig zu Zusammenstößen zwischen den Atomen und den Molekülen. Bei einem Zusammenstoß mit dem Stickstoff passiert nichts, und jedes Teilchen setzt seinen Weg unverändert fort. Im Gegensatz dazu kann sich bei einem Zusammenstoß eines Sauerstoffatoms mit einem Sauerstoffmolekül eine Verbindung aus drei Sauerstoffatomen, eben das Ozon, bilden. Dies vollzieht sich in zwei Stufen, da das Ozonmolekül wegen des Stoßes stark vibriert. Um sich zu stabilisieren, muß es erneut mit einem Gasteilchen zusammenstoßen. Am wahrscheinlichsten ist der Stoß mit einem Stickstoffmolekül, das zwar nicht direkt als Reaktionsprodukt, aber doch auf indirekte Weise eine entscheidende Rolle bei der Ozonbildung spielt. Das erzeugte Ozon ist seinerseits der Sonnenstrahlung ausgesetzt und kann wiederum durch Fotodissoziation in ein O_2-Molekül und ein freies Sauerstoffatom aufgespalten werden. Da die Bindung des dritten Atoms verhältnismäßig schwach ist, liegt die hierfür notwendige Energie weit unterhalb der, die für die Aufspaltung des Sauerstoffmoleküls erforderlich war. Die Fotodissoziation des Ozons findet bei Wellenlängen kürzer als 1180 nm statt. Die ersten drei Reaktionen des Chapman–Zyklus haben zwei neue Bestandteile der Atmosphäre erzeugt: den atomaren Sauerstoff und das Ozon. Das Ozon reagiert chemisch weder mit dem Stickstoffmolekül N_2 noch mit O_2. Dagegen kann es mit den Sauerstoffatomen reagieren, was zur Bildung von zwei Sauerstoffmolekülen führt. Das Ozon und der atomare Sauerstoff rekombinieren und erzeugen den molekularen Sauerstoff wieder, aus dem sie hervorgegangen sind. Der Zyklus ist damit abgeschlossen.

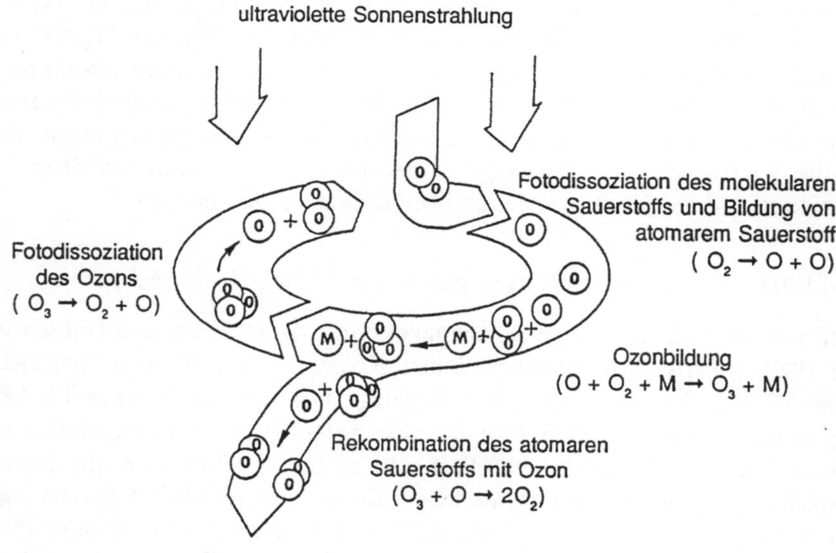

Der fotochemische Chapman-Zyklus

Auf diese Weise hat sich Chapman eine Folge von Reaktionen, die die Anwesenheit von Ozon in der hohen Atmosphäre erklären können, vorgestellt. Es handelt sich dabei um sehr spezielle chemische Vorgänge, da sie in einer verdünnten Atmosphäre ablaufen, wo der Druck weniger als ein Hundertstel des Bodendrucks beträgt und die Temperatur unter 0° C bleibt. Insbesondere können nur solche Reaktionen stattfinden, die keine äußere Energiezufuhr erfordern. Der Mechanismus von Chapman stellt die Verbindung zwischen der Sonneneinstrahlung und dem Ozon her und gestattet, die vertikale Verteilung des Ozons aus der des molekularen Sauerstoffs näherungsweise zu berechnen. Allerdings war damals das Absorptionsspektrum des molekularen Sauerstoffs für Wellenlängen größer als 200 nm unbekannt. In seinen Berechnungen berücksichtigt Chapman deshalb nur dessen Fotodissoziation unterhalb dieser Schwelle. Dies beschränkt im Endeffekt die Wirksamkeit des Prozesses, und insbesondere die Erzeugung des Ozons, auf Höhen über 45 km. Das so berechnete Maximum der Ozonschicht befindet sich also in dieser Höhe, in Übereinstimmung mit den Beobachtungen von Cabannes und Dufay. Hier treffen zwei Fehler zusammen, wobei Theorie und Beobachtung einen gemeinsamen Wert liefern, der sich einige Jahre später als falsch herausstellen wird.

2.1.7 Die vertikale Verteilung des Ozons

In den Jahren 1928–1929 beschloß Dobson, sein Ozonmeßnetz auf globale Abmessungen zu erweitern. Unter Beibehaltung der Instrumente in Oxford und Arosa verlegte er die vier anderen Spektrometer zum Observatorium „Table Mountain" bei Los Angeles in Kalifornien, nach Helnau in Ägypten, nach Kodai Kanal in Indien und nach Christchurch in Neuseeland, das damit der erste Stützpunkt auf der Südhalbkugel wurde. Dadurch konnte er die Veränderung des Ozons großmaßstäblich untersuchen und zeigen, daß sich die reduzierte Höhe sehr stark mit der Jahreszeit und der geografischen Breite ändert. Er entdeckte im folgenden, daß der Ozongehalt in den tropischen Äquatorialregionen 240 Dobson nicht übersteigt und dort im Lauf des Jahres nur wenig schwankt. In mittleren Breiten fand er wieder den höheren Wert von bis zu 400 Dobson mit einem sehr ausgeprägten Frühjahrsmaximum, und zwar auf beiden Hemisphären. Die klimatologischen Daten über das Ozon häuften sich, aber die Messungen blieben noch auf die integrierte Gesamtmenge beschränkt, ohne Hinweise auf die vertikale Verteilung. Diese wurde erst zu Beginn der dreißiger Jahre genauer ermittelt.

Im Zuge seiner Bemühungen um die Untersuchung des Ozons an verschiedenen Breitengraden fuhr Götz 1929 nach Spitzbergen, um dort im Verlauf des Sommers auf 75° nördlicher Breite zu beobachten. Bei dieser Expedition entdeckte er beiläufig einen instrumentellen Effekt, der, nach seiner korrekten Interpretation einige Jahre später, den Abstand der Ozonschicht vom Boden zu bestimmen erlaubte. Cabannes und Dufay hatten auf eine Idee hin, die ursprünglich von Fabry in seinem Artikel von 1921 im *Journal de physique* vorgeschlagen worden war, gezeigt, daß die reduzierte Höhe der Ozonschicht nicht nur im direkten Sonnenlicht, sondern auch im diffusen Licht der Atmosphäre gemessen werden kann. Indem man das Instrument auf den Zenit ausrichtet und dort beläßt, kann man messen, wie sich das Verhältnis des Sonnenlichts verschiedener Wellenlängen im Tagesverlauf, d.h. als Funktion der Höhe der Sonne über dem Horizont, ändert. Götz beobachtete nun, indem er bis zum Sonnenuntergang maß, daß das Inten-

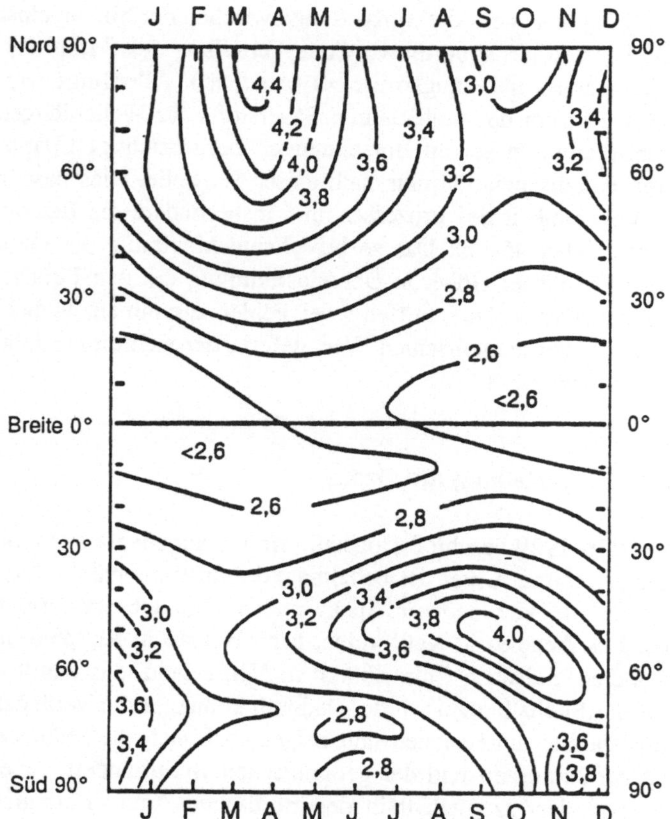

Verteilung der integrierten Ozonsäule (in mm) in Abhängigkeit
von der geographischen Breite und den Monaten des Jahres

sitätsverhältnis bei zwei benachbarten Wellenlängen im Ultravioletten abnahm. Es durchlief ein Minimum, wenn die Sonne zwischen 2° und 5° über dem Horizont stand, um dann überraschenderweise wieder anzusteigen bis die Sonne den Horizont berührte. Erst danach fiel es endgültig ab. Das Verhalten der Meßgröße kehrte sich also um, weshalb Götz dieser Erscheinung den Namen „Umkehreffekt" gab. Durch eine genaue Strahlungstransportrechnung für diesen Effekt konnten Götz und Dobson zeigen, daß die beobachteten Intensitätsänderungen direkt mit der vertikalen Verteilung der Ozonmoleküle zusammenhängen. Damit verfügte man über eine Methode, die Höhe der Ozonschicht über dem Boden zu messen. Die Resultate ergaben eine mittlere Höhe von 25 km. Dieser Wert überraschte, da er mit den ersten Berechnungen Chapmans nicht vereinbar war. Jedoch erklärte dieser Befund den von Dobson gefundenen Zusammenhang mit der Wetterlage, da die täglichen Schwankungen des Ozongehalts in dem Bereich zwischen 15 und 25 km Höhe stattfinden.

Sofern noch Zweifel bestehen konnten, wurden sie durch die ersten direkten Messungen in der Stratosphäre beseitigt. In Stuttgart hatten Erich Regener und sein Sohn Viktor seit einigen Jahren Meßgeräte entwickelt, die von einem meteorologischen Ballon getragen werden konnten. Nach Fertigstellung absolvierte dieses sehr leichte Sonnenspektrometer am 31. Juli 1934 seinen ersten Flug und erreichte 34 km Höhe. Alle vier Minuten wurde ein UV-Spektrum der Sonne auf fotografische Platten aufgenommen. Mit Hilfe der 40 so erhaltenen Spektren – 16 im Aufstieg, 24 im Sinken – konnte Regener die Entfernungsmessung von Götz und Dobson bestätigen: das Maximum der Ozonschicht befindet sich in etwa 25 km Höhe.

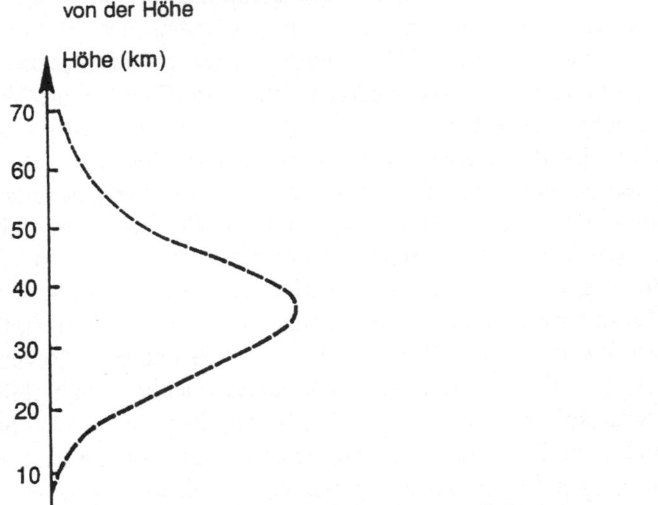

Die Verteilung des Ozons in der Atmosphäre

Die Theorie wurde erst einige Jahre später mit der Beobachtung versöhnt, als das Absorptionsspektrum des molekularen Sauerstoffs bei Wellenlängen größer als 200 nm von Herzberg richtig analysiert wurde. Die Fotodissoziation durch die Sonnenstrahlung im Bereich zwischen 200 und 240 nm konnte damit korrekt berücksichtigt werden. Sie bewirkt eine zusätzliche Ozonproduktion in geringerer Höhe, aus der sich eine Höhe des maximalen Ozongehalts berechnen ließ, die mit den letzten Beobachtungen verträglich war.

2.1.8 Die Stratosphäre – eine trockene Region

Die Arbeiten von Regener, die die Möglichkeit direkter Messungen in der Stratosphäre eröffneten, führten auch zur Aufklärung eines der anderen Rätsel, die die Meteorologengemeinschaft bewegten, seit Teisserenc de Bort die thermische Struktur der hohen Atmosphäre entschlüsselt hatte (von der wir später sehen werden, daß sie nicht ohne Beziehung zum Ozongleichgewicht ist): wie hoch ist der Wassergehalt der Stratosphäre? Handelt es sich um eine trockene Region oder hat im Gegenteil das Ansteigen der Temperatur in 15 km Höhe und darüber Kondensationsprozesse zur Folge, wie man sie in der Troposphäre beobachtet?

Die Antwort auf diese Frage ergibt sich aus einer präzisen Messung des stratosphärischen Wasserdampfgehalts. Während jedoch die Messung des stratosphärischen Ozons mit optischen Mitteln aus der Entfernung gemacht werden kann, ist das Problem des Wasserdampfs komplizierter. Der größte Teil des Wasserdampfs der Atmosphäre ist nämlich in den ersten, unteren km enthalten und alle bodengebundenen Fernbeobachtungen stoßen auf die Schranke der weitgehenden Absorption durch die niederen Schichten. Eine genaue Vermessung der hohen Schichten erfordert daher ein lokales Verfahren. Dieses beruht auf der Verwendung des Phosphoroxids, P_2O_5, eines sehr effektiven Trocknungsmittels. Regener fertigte ein automatisches System an, das in der Lage war, in einer vorbestimmten Höhe Luft in ein dieses Oxid enthaltendes Glasgefäß einzulassen. Indem er den Gewichtsunterschied des Phosphoroxids vor und nach dem Flug ermittelte, maß er die Menge des absorbierten Wassers. Bezogen auf die eingelassene Luftmenge konnte er dann daraus die lokale Wasserdampfkonzentration berechnen. Zwischen Juli 1938 und Februar 1939 unternam Regener drei Flüge in Höhen von 16, 22 und 11 km. Die unausweichliche Schlußfolgerung war, daß die Stratosphäre eine trockene Gegend ist, deren Wasserdampfgehalt einige Millionstel nicht übersteigt, während in der Troposphäre die beobachteten Werte zwischen einigen Tausendsteln und mehreren Hundertsteln liegen. Freilich blieb der für diese Austrocknung verantwortliche Mechanismus noch aufzufinden. Wir werden sehen, daß er uns viel über den Transport der atmosphärischen Bestandteile, vor allem des Ozons, in der Stratosphäre lehren wird. Aber da brach der Zweite Weltkrieg aus und die Erforschung der hohen Atmosphäre, wenigstens die ihrer chemischen Zusammensetzung, die nur wenige unmittelbare militärische Anwendungen hat, wurde erneut unterbrochen.

Die Jahre 1920–1940, die sowohl in experimenteller als auch in theoretischer Hinsicht besonders fruchtbar waren, haben Licht auf die Rolle und das Verhalten des Ozons in der hohen Atmosphäre geworfen. Aber auch nach den Arbeiten von Fabry, Dobson, Götz, Regener und Chapman blieben noch zahlreiche Fragen offen. Auch wenn man jetzt über eine Klimatologie des Ozons und einen ersten theoretischen Entwurf der fotochemischen Prozesse verfügte, war man weit davon entfernt, die Vorgänge, die für die beobachteten Änderungen des Ozonpegels über Zeitskalen von Tagen bis Jahren verantwortlich sind, zu kennen. Der Chapman–Zyklus, obwohl er schließlich die Berechnung der Höhe der Ozonschicht erlaubt hat, kann in keiner Weise die tatsächlich beobachteten

Ozonkonzentrationen erklären. Diese liegen nämlich um einen Faktor 10 über den berechneten Werten. Andere Mechanismen der Ozonerzeugung müssen in die theoretischen Schemata aufgenommen werden. Ferner, wenn das Ozon durch die Sonneneinstrahlung erzeugt wird, wie ist es dann zu erklären, daß die höchste Konzentration in hohen geografischen Breiten beobachtet wird, während doch die maximale Ozonproduktion in äquatorialen Bereichen, wo die Sonneneinstrahlung am intensivsten ist, zu erwarten wäre? Weiter: wie sind die beobachteten Schwankungen, bis zu 50 % täglich, des Ozongehalts in Höhen zwischen 10 und 25 km zu erklären? Welche Mechanismen sind für diese Umverteilung verantwortlich? Wenn auch unsere Kenntnis der Stratosphäre innerhalb von zwanzig Jahren wesentliche Fortschritte gemacht hat, so ist doch dieser Bereich der Atmosphäre, um eine Formulierung des englischen Geophysikers Whipple aufzunehmen, ein „Friedhof der Hypothesen".

2.2 Chemie, Dynamik und Strahlung

Nach dem Zweiten Weltkrieg verließ die Physik der hohen Atmosphäre das Niveau der reinen Beschreibung und entwickelte sich zu einer wirklich quantitativen Wissenschaft. Die Inbetriebnahme von Raumfahrzeugen – Raketensonden in den fünfziger Jahren, Satelliten nach 1960 – kehrte in gewisser Weise den Zugang zu den Problemen um. Wurden die Entdeckungen zu Anfang des Jahrhunderts im wesentlichen vom Boden aus, oder mit Ballons, die die ersten km Höhe erkundeten, gemacht, so schritten nun die Erkenntnisse der Vorgänge in der Stratosphäre durch Beobachtung der sehr hohen Atmosphärenschichten voran.

Bis zum Ende der sechziger Jahre war die Ozonforschung hauptsächlich akademisch und deshalb vorwiegend am Verständnis der Elemantarprozesse orientiert. Nachdem bekannt wurde, daß die menschlichen Aktivitäten imstande sind, das Gleichgewicht der hohen Atmospäre zu stören, beschleunigte sich plötzlich das Forschungstempo. Zu dieser Beschleunigung, die durch eine Vermehrung der Hilfsmittel angetrieben wurde, kam eine wesentliche Erweiterung der in die Forschung einbezogenen Gebiete. Das Studium des Verhaltens der Ozonschicht wurde interdisziplinär und dadurch beispielhaft für das Studium der Atmosphäre und ganz allgemein der irdischen Umgebung. Weit entfernt davon, sich auf eine einfach beschreibende, phänomenologische Auffassung zu beschränken, wurden das Wissen über die Komplexität der Vorgänge und das Ausmaß der relevanten Zeit- und Längenskalen ständig erweitert: von Bruchteilen einer Sekunde bis zu Jahren und Jahrzehnten, von Mikrometern bis zu Tausenden von Kilometern. Unser Verständnis wurde ebenso wie die notwendigen wissenschaftlichen Kenntnisse feiner und detailreicher.

Lange Zeit war die Erforschung der Atmosphäre aufgeteilt, es gab Spezialisten der hohen Atmosphäre, Meteorologen und Chemiker, die nebeneinanderher, aber kaum zusammenarbeiteten. Im Verlauf der letzten 30 Jahre hat die genaue, quantitative Beschreibung der Vorgänge, die das Gleichgewicht der irdischen Umgebung steuern, den ständigen Dialog zwischen Atmosphärenphysikern, Ozeanografen, Biologen, Hydrologen und Geophysikern erforderlich gemacht. Eine neue Wissenschaft der Umwelt, die ihre Grundlage in der Notwendigkeit hat, diesen Planeten Erde, auf dem wir leben, zu verstehen und seine Entwicklung unter der Einwirkung des Menschen vorauszusehen, scheint im Entstehen.

Bevor man diese globale Vision angehen kann, muß man allerdings zurückkehren zum Ozon und versuchen, die Mechanismen seines Gleichgewichts aufzudecken. Wir verlassen jetzt das historische Vorgehen und gehen über zu einem thematisch orientierten Aufbau, um das unablässige Wechselspiel in der Atmosphäre, das sich aus dem Zusammenwirken von chemischen, dynamischen und radiativen Prozessen ergibt, begreifbar zu machen. Dieses Wechselspiel ist charakteristisch für die hohe Atmosphäre und die Ursache dafür, daß ihre Interpretation so komplex ist. Aufgrund der wechselseitigen Abhängigkeit zwischen den verschiedenen wirksamen Mechanismen ist die Reaktion der Atmosphäre auf äußere Einwirkungen nämlich hochgradig nichtlinear. Solche Einwirkungen sind der Eintrag von Sonnenenergie am oberen Rand der Atmosphäre in ungefähr 100 km Höhe und der ständige Transport von Materie vom Boden in höhere Schichten. Das Studium der Stärke und natürlichen Veränderlichkeit dieser Einwirkungen ist ein unabdingbarer Schritt zum Verständnis des atmosphärischen Gleichgewichts.

2.2.1 Verschiedene Zeitskalen im Chapman–Gleichgewicht

Wir betrachten als erstes folgendes Problem: reicht der Chapman–Zyklus, der sich nur auf die Bestandteile des Sauerstoffs bezieht, aus, um das natürliche Gleichgewicht der Ozonschicht quantitativ zu erklären? Er ist ein rein chemischer Mechanismus und trägt den Bewegungen der Luftmassen, die zweifellos eine Umverteilung des Ozons weg vom Entstehungsort bewirken, keinerlei Rechnung. Um die Bedeutung dieser Prozesse abzuschätzen, interessieren wir uns vor allen Dingen für die Zeitskalen, die diesen Zyklus charakterisieren.

Alles beginnt mit der Fotodissoziation des Sauerstoffmoleküls. Wenn die Sonne im Zenit steht, werden in 45 km Höhe, wo die Fotodissoziation am stärksten ist, pro Sekunde und Kubikzentimeter 10 Millionen Sauerstoffmoleküle zerstört. Das scheint für sich genommen ein enormer Wert zu sein, die Atmosphäre enthält in dieser Höhe jedoch 5×10^{16} Sauerstoffmoleküle pro Kubikzentimeter. Es würde selbst bei ununterbrochener Sonneneinstrahlung 5 Milliarden Sekunden, das sind rund 160 Jahre, dauern, bis der Gehalt an Sauerstoffmolekülen erschöpft wäre. Das atmosphärische Reservoir hat also mehr als genug Zeit, sich aufzufüllen, das Defizit zu beseitigen und in den Gleichgewichtszustand zu kommen, den wir kennen. Aber wenn auch die Fotodissoziation des Sauerstoffs ein langsamer Prozeß ist, mit den Reaktionen, die durch Rekombination von atomarem und molekularem Sauerstoff Ozon bilden, verhält es sich ganz anders. Für diese beiden Prozesse betragen die charakteristischen Zeitskalen in 10 bis 80 km Höhe maximal einige Minuten. Diese Vorgänge laufen ab wie in einem Reservoir, in dem das Ozon und der atomare Sauerstoff sehr schnell wechselwirken und in ein Gleichgewicht gelangen, dessen Gesamtinhalt aber von wesentlich langsameren Prozessen bestimmt wird, die eine Quelle (die Fotodissoziation von O_2) und eine Senke (die Rekombination von Ozon und atomarem Sauerstoff, die beide Bestandteile vernichtet) darstellen. Diese letzte Reaktion ist ebenfalls verhältnismäßig langsam, ihre charakteristische Zeitskala beträgt zwischen mehreren Jahren in niedriger Höhe und einigen Stunden in 50 km Höhe.

Das chemische System ist also von zwei Zeitskalen gekennzeichnet. Die eine ist kurz und hängt mit dem Gleichgewicht der sehr reaktionsfreudigen Bestandteile (dem Ozon und dem atomaren Sauerstoff) zusammen, die man nach der Zahl ihrer Atome gewöhnlich unter der Bezeichnung ungerader Sauerstoff oder O_x zusammenfaßt. Die andere, längere beschreibt die Wechselwirkung dieses O_x mit dem zweiatomigen Sauerstoff. Es ergibt sich daraus eine erste Abschätzung der Zeit, die für die Einstellung des Gleichgewichts Ozon – atomarer Sauerstoff – molekularer Sauerstoff in der Stratosphäre notwendig ist. In großer Höhe, oberhalb 45 km, beträgt diese charakteristische Zeit einige Stunden und nimmt mit weiter zunehmender Höhe wegen der wachsenden Sonneneinstrahlung ab. Tiefer, in 30 km Höhe, liegt sie schon in der Größenordnung von Monaten und erreicht einige Jahre unterhalb von 20 km. Daraus wird verständlich, daß die fotochemischen Prozesse die lokal beobachteten Ozonkonzentrationen in der hohen Stratosphäre erklären können, nicht aber weiter unten. Wenn zur Wiederherstellung eines Gleichgewichts mehrere Monate oder sogar Jahre nötig sind, liegt es auf der Hand, daß die dynamischen Prozesse, die auf viel kürzeren Zeitskalen (in der Größenordnung von Tagen) ablaufen, das Ozon nach ihren eigenen Regeln verteilen werden. Dies führt zur Unterscheidung dreier verschiedener Höhenbereiche, je nach der Natur des Prozesses, der das Ozongleichgewicht bestimmt.

2.2.2 Höhenbereiche

Oberhalb 50 km überwiegen die fotochemischen Prozesse und das Ozon ist im fotochemischen Gleichgewicht. Der Einfluß der Fotodissoziation ist am stärksten und bewirkt insbesondere eine Variation des Ozongehalts mit dem Tagesrhythmus. Wenn die Sonne untergeht und die Fotodissoziation zum Erliegen kommt, entfällt die Quelle für den ungeraden Sauerstoff O_x. Der Gesamtgehalt an O_x bleibt aber während der Nacht praktisch konstant, da die Rekombination von atomarem Sauerstoff und Ozon, die die Senke für das O_x darstellt, langsamer als die 12 Stunden der Nacht ist. Jedoch verändert sich die Natur des O_x. Die Quelle für den atomaren Sauerstoff, die einzig von der Fotodissoziation gebildet wird, versiegt innerhalb kurzer Zeit. Nach wenigen Minuten hat der gesamte atomare Sauerstoff, der in Höhen unterhalb 75 km vorhanden ist, mit dem zweiatomigen Sauerstoff, einem Hauptbestandteil der Atmosphäre, zu Ozon rekombiniert. Dessen Konzentration erhöht sich deshalb in der Abenddämmerung rapide, im Verhältnis zum vorhandenen atomaren Sauerstoff: einige % in 50 km Höhe, fast 100 % in 80 km Höhe. Bei Sonnenaufgang wird dieses zusätzliche Ozon sehr schnell durch Fotodissoziation zerstört und das Reservoir des ungeraden

Sauerstoffs findet, wiederum innerhalb nur weniger Minuten, zurück zu seinem Tagesgleichgewicht.

Dieser lebhafte Austausch unter den reaktiven, je nach Tageszeit mehr oder weniger oxidierten, Teilchensorten ist für die hohe Atmosphäre allgemein charakteristisch. Die Sonnenstrahlung bewirkt, daß die Moleküle zerbrechen und einfachere Formen, Atome oder schwach oxidierte Moleküle, freigesetzt werden. Diese sind also tagsüber häufiger. Nachts gewinnen die Oxidationsvorgänge aufgrund des Reichtums an molekularem Sauerstoff die Oberhand. Die am meisten oxidierten Sorten häufen sich dann an und binden die einfacheren Sorten, bis sie bei Sonnenaufgang erneut freigesetzt werden. Die relative Bedeutung dieser Austauschvorgänge ist freilich eine Funktion der Tageslänge, und wir werden sehen, daß in hohen geografischen Breiten während der langen Polarnacht jeder fotochemische Einfluß erlischt, mit der Folge eines stark abgeänderten Gleichgewichts. Hierin liegt übrigens eine erste Erklärung für den von Dobson und Götz bei ihren Messungen im hohen Norden beobachteten erhöhten Ozongehalt.

Unterhalb 30 km wird die Verteilung des Ozons von der Dynamik kontrolliert. In diesem Bereich befindet sich die maximale Konzentration der Ozonschicht. Es ist nicht erstaunlich, daß der Gesamtgehalt an Ozon direkt mit der Bewegung der Luftmassen und folglich mit meteorologischen Vorgängen korreliert ist. Die Beobachtungen, die Dobson mit seinem ersten, europäischen Netz von Meßstationen gemacht hatte, werden dadurch bestätigt.

Im Höhenbereich zwischen 30 und 50 km sind die chemischen und die dynamischen Prozesse praktisch gleich wichtig. Hier kann man die Variablen nicht wie in der darüber- und daruntergelegenen Region trennen, und das Ozongleichgewicht erfordert eine komplexere Erklärung. Es ist auch der Bereich, wo sich die menschlichen Aktivitäten am stärksten bemerkbar machen.

2.2.3 Heizung und Kühlung durch Strahlung

Wir haben bis jetzt die Vorgänge, die mit dem thermischen Gleichgewicht der hohen Atmosphäre zusammenhängen, außer acht gelassen. Jedoch spielen auch sie ihre Rolle für das Ozongleichgewicht. Eine erste qualitative Beziehung zwischen der Anwesenheit des Ozons und der Temperaturzunahme mit der Höhe, die Teisserenc de Bort zu Beginn dieses Jahrhunderts beobachtet hat, wurde freilich schon aufgestellt. Aber welches ist der genaue Mechanismus dieser Aufheizung, d.h. für dieses Depot von Wärmeenergie in einer Höhe zwischen 20 und 50 km? Zunächst kann diese Energie nur von der Sonne kommen und liegt folglich in Form von Strahlung vor.

Die Photonen oder Lichtquanten setzen beim Zusammenstoß mit dem Ozonmolekül Sauerstoffatome und -moleküle frei. Die Lichtenergie dient also in erster Linie zur Aufspaltung des O_3-Moleküls. Das Ozon bildet sich aber durch Rekombination eines Sauerstoffatoms und eines Sauerstoffmoleküls umgehend wieder. Bei dieser Reaktion wird eine gewisse Energiemenge frei, die der Bindungsenergie zwischen dem Atom und dem Molekül entspricht. Die chemische Bilanz dieses Kreislaufs der ungeraden Sauerstoffe ist Null, da zum Schluß das ursprüngliche Ozonmolekül wieder vorhanden ist. Dagegen hat die Gesamtheit dieser Reaktionen in energetischer Hinsicht zu einer Umwandlung von Lichtenergie in kinetische Energie und damit zu einer Erhöhung der Geschwindigkeit des

Ozonmoleküls geführt. Nach der kinetischen Gastheorie ist die Temperatur eines Gases direkt proportional zum Quadrat der zufällig verteilten Geschwindigkeiten seiner Moleküle. Jede Erhöhung der Geschwindigkeiten macht sich somit als Temperaturerhöhung, als Aufheizung der Umgebung, bemerkbar.

In jedem Austauschzyklus zwischen dem Ozon und dem atomaren Sauerstoff wird also eine winzige Energiemenge auf die Umgebung übertragen. Wenn man alle in der Atmosphäre vorhandenen Ozonmoleküle und vor allem die charakteristische Zeitskala von einigen hundert Sekunden betrachtet, resultiert daraus als Gesamtbilanz eine tägliche Erwärmung von 4° bis 5° C pro Tag.

Mehrere Grad pro Tag! Selbstverständlich muß diese Aufheizung ausgeglichen und ein Mechanismus gefunden werden, der in der Lage ist, die Atmosphäre im gleichen Maß zu kühlen, da andernfalls die Situation sehr schnell instabil würde. Denken wir z. B. an die Venus, wo Temperaturen von einigen hundert Grad Celsius mit Druckwerten von einigen Dutzend Atmosphären einhergehen, unvereinbar mit jeder Form von Leben. Es entsteht also jetzt das Problem, dem Milieu eine gewisse Menge an Energie zu entziehen, und zwar notwendigerweise in Form kinetischer Energie, da sich der Energieentzug dann direkt in eine Temperaturverminderung umsetzt. Können wir einen zur Aufheizung entgegengesetzten Prozess finden, der imstande ist, kinetische Energie in Strahlungsenergie umzuwandeln? Wiederum wird der Zwischenschritt über die Zusammenstöße der Moleküle, die von ihrer thermischen Bewegung herrühren, benötigt.

Bei einem Zusammenstoß kann ein Molekül zu Vibrationen oder zur Rotation angeregt werden. Man sagt, daß es sich dann in einem „angeregten" Zustand befindet, da die Vibrations- oder Rotationsenergie über der des Ruhezustands liegt. Das Molekül hat dann zwei Möglichkeiten, diese überschüssige Energie loszuwerden. Es kann durch einen weiteren Zusammenstoß diese Energie an die Umgebung zurückgeben, die Energiebilanz ist dann insgesamt Null. Aber es kann die Energie auch als Lichtquant, dessen Energie und damit Wellenlänge exakt der Anregungsenergie entspricht, endgültig abstrahlen. Die Wahrscheinlichkeit eines solchen Emissionsmechanismus ist dabei von der Umgebungstemperatur über dieselben thermodynamischen Gesetze abhängig wie die Abstrahlung eines heißen Körpers. Diese Gesetze zeigen uns, daß bei einer mittleren Temperatur von 0° C, wie sie für die Stratosphäre charakteristisch ist, das Emissionsmaximum im Bereich der infraroten Wellenlängen zwischen 10 und 15 μm liegt. Welches sind nun die Bestandteile der Atmosphäre, die in diesem Spektralbereich emittieren können, deren Vibrations- und Rotationsanregungsenergien gerade Photonen mit Wellenlängen zwischen 10 und 15 μm entsprechen? Auch hier zwingt uns die Natur, die Skala der relativen Häufigkeiten sehr schnell hinabzusteigen, denn weder das Stickstoffmolekül, noch das Sauerstoffmolekül (die beide „homöopolar" sind, d.h. aus identischen Atomen bestehen), können im Infraroten emittieren.

Erneut sind es die nur in Spuren vorhandenen Bestandteile, die – wie das Ozon die Aufheizung – die Abkühlrate der Stratosphäre bestimmen. Die wichtigste Rolle spielt hierbei das Kohlendioxid, dessen relativer Gehalt 345 Millionstel beträgt und das damit das häufigste Spurengas in der Stratosphäre ist. Übrigens steht das im Gegensatz zur Troposphäre, wo der Wasserdampf, von dem es dort viel mehr gibt, die Hauptrolle spielt. Immerhin tragen der Wasserdampf und das Ozon ebenfalls einen kleinen Teil zu dieser Abkühlung durch Umwandlung von kinetischer in Strahlungsenergie bei.

Das Strahlungsgleichgewicht der Stratosphäre wird also vollständig vom Ozon, vom Kohlendioxid und, in geringerem Maß, vom Wasserdampf kontrolliert. Es ist das Ergebnis einer praktisch exakten Kompensation von Heiz- und Kühlprozessen. Wir halten fest, daß das Ozon zu beiden beiträgt.

2.2.4 Ozon als Schlüssel zur Kopplung zwischen Dynamik, Chemie und Strahlung

Strahlung, Chemie und Materietransport: diese drei Mechanismen beherrschen das Gleichgewicht in der Stratosphäre. Sie sind eng miteinander verkoppelt durch das Ozon, das man in allen dreien dieser Elementarprozesse findet. Erzeugt durch die Sonneneinstrahlung, bestimmt das Ozon das thermische Gleichgewicht der Stratosphäre, d.h. der warmen Schichten, die die Heizrate steuern. Mit den lokalen Temperaturunterschieden sind horizontale und vertikale Bewegungen der Luftmassen verbunden, die am Ende zur Homogenisierung der Atmosphäre führen. Gleichzeitig erfolgt dadurch aber eine Umverteilung des Ozons und folglich der Wärmequelle. Da sich damit der Kreis schließt, sind wir besonders dazu genötigt, die Gesamtheit der Prozesse im Auge zu behalten, wenn wir das Ozongleichgewicht im Höhenbereich zwischen 30 und 50 km verstehen wollen. Die unendliche Komplexität der Zusammenhänge erklärt zum Teil die Schwierigkeiten, die die Wissenschaftler hatten, um angesichts der Vervielfachung der Meßdaten und der theoretischen Lösungen die Schlüssel zu allen diesen Gleichgewichten zu finden. Trotzdem dürfen wir über dieser Komplexität nicht vergessen, daß wir allein vom Standpunkt des chemischen Gleichgewichts, d.h. des Chapman–Zyklus, aus noch nicht in der Lage sind, die beobachteten Konzentrationen des Ozons in verschiedenen Schichten der Atmosphäre abzuleiten. Die Menge an ungeradem Sauerstoff ist pro Volumeneinheit etwa um einen Faktor zehn zu hoch. Hinsichtlich der Ergiebigkeit des Zu- und Abgangs bedeutet das, daß entweder die Quelle (Fotodissoziation des molekularen Sauerstoffs) zu hoch ist – und zwar aufgrund der Nichtlinearität der Kopplung um etwa einen Faktor fünf – , oder daß die Senke (Rekombination zwischen atomarem Sauerstoff und Ozon) um einen Faktor fünf zu schwach ist. Wenn wir die Meßdaten, auf denen die quantitative Abschätzung dieser beiden Prozesse beruht, kritisch analysieren, so sind die Unsicherheiten bezüglich des Energieflusses der Sonne oder der Reaktionskoeffizienten, die die Reaktionswahrscheinlichkeit bestimmen, höchstens ein paar Dutzend Prozent. Als einzige Erklärung bleibt dann, daß chemische Prozesse fehlen, die imstande sind die Leistungsfähigkeit der Senken für den ungeraden Sauerstoff zu erhöhen und auf diese Weise die 80 % Defizit, die in Bezug auf die Erzeugung durch den Chapman–Zyklus bleiben, zu überwinden. Nachdem wir aber sämtliche Reaktionen, die chemisch zwischen den drei Teilchen (atomarer, zwei- und dreiatomiger Sauerstoff) möglich sind, berücksichtigt haben, ist es sicherlich notwendig, neue Bestandteile in das chemische Schema einzuführen.

Wie bequem wäre es, wenn das Ozongleichgewicht ausschließlich durch die verschiedenen Komponenten des Sauerstoffs bestimmt wäre! Angesichts des unermeßlichen Vorrats an molekularem Sauerstoff in der Atmosphäre, könnten es die menschlichen Aktivitäten nur auf Zeitskalen von Hunderttausenden oder Millionen von Jahren stören. Ganz andere Umwälzungen hätten dann vordringlich im Bewußtsein zu sein, und die Veränderung der Ozonschicht wäre weit davon entfernt, Priorität in Bezug auf den Schutz unserer natürlichen Umwelt zu haben.

2.2.5 Das Nachthimmelsleuchten

Wo und in welcher Form sind diese neuen Bestandteile zu finden? Verlassen wir für einen Moment die Stratosphäre und dringen in größere Höhen, jenseits von 80 km, vor. Die Spektroskopiker als Spezialisten der Atmosphärenphysik studierten nicht nur tagsüber die Absorption der Sonnenstrahlung durch die Atmosphäre, sondern setzten zusammen mit den Astronomen die genaue Analyse des Himmels und des von ihm ausgesandten Lichts auch nachts fort. Sie entdeckten dabei, daß uns außer dem Sternlicht eine diffusere Strahlung aus der Erdatmosphäre erreicht, die sehr gleichmäßig aus allen Richtungen einfällt. Die wichtigsten Eigenschaften dieses Nachthimmelsleuchtens wurden zwischen den beiden Kriegen und zu Beginn der fünfziger Jahre genauer bestimmt. Unter den Beobachtern finden wir mehrere bereits bekannte Namen, z. B. Cabannes und Dufay, aber auch andere Wissenschaftler aus ganz unterschiedlichen Bereichen wie Kastler, Bricard und Barbier in Frankreich, sowie Herzberg, Meinel und viele andere vom Rest der Welt. Auch auf diesem Gebiet zeigte sich die französische optische Schule besonders fruchtbar, eine große Anzahl von Entdeckungen kann ihr zugeschrieben werden.

Das Nachthimmelsleuchten ist charakterisiert durch eine Folge von Emissionslinien oder -banden im gesamten Bereich vom Ultravioletten bis zum Infraroten, die Stück für Stück die Bestandteile der sehr hohen Atmosphäre erkennen lassen. Triangulationsmessungen, bei denen derselbe Bereich des Himmels von drei weit voneinander entfernten Stellen auf dem Boden beobachtet wird, erlauben, die Höhe, aus der die Emission kommt, zu bestimmen. Es ergeben sich immer Werte größer als 80 km. In diesen Höhen ist der Druck bereits auf weniger als ein Millionstel seines Werts am Boden abgefallen, und Zusammenstöße zwischen Molekülen werden immer seltener.

Ein Molekül, das in einen angeregten Zustand gebracht wurde – sei es durch Erhöhung des Kern-abstands eines Elektrons, sei es, weil es durch einen Zusammenstoß oder eine chemische Reaktion in Schwingungen oder Rotation versetzt wurde – hat unter diesen Umständen die Zeit, durch Aussendung eines Lichtquants in den Grundzustand zurückzukehren, bevor es seine Anregungsenergie bei einem Stoß verliert.

Es ist diese schwache, nur nachts wahrnehmbare Strahlung, die uns Auskunft gibt über die Teilchenarten in der sehr hohen Atmosphäre. Natürlich findet man in erster Linie die charakteristischen Emissionslinien des molekularen Stickstoffs sowie des molekularen und atomaren Sauerstoffs wieder. Diese Linien sind übrigens auch die Ursache für die Farben der leuchtenden Girlanden, die man bei Nordlichtern beobachtet und die durch energiereiche Elektronen und Protonen des Sonnenwinds, die sich im Bereich der Magnetpole in hohen geografischen Breiten auf beiden Hemisphären sammeln, angeregt werden. Aber auch andere Linien lassen sich im Nachthimmelslicht identifizieren, die auf noch nicht genannte Teilchenarten zurückgehen. Dazu zählt vor allem das Stickstoffmonoxid

NO, ein Molekül, das aus einem Sauerstoff- und einem Stickstoffatom zusammengesetzt ist, und ein ähnliches Molekül, das Hydroxylradikal OH, das aus einem Sauerstoff- und einem Wasserstoffatom besteht. Die Bezeichnung „Radikal" weist auf die große chemische Reaktionsfreudigkeit hin, die mit der besonderen Elektronenkonfiguration des Radikals zusammenhängt. So gesehen, sind auch das Sauerstoffatom O und das Molekül NO Radikale.

Zu Beginn der fünfziger Jahre erklärten zwei Physiker, der Ire David Bates und der Belgier Marcel Nicolet, das Vorhandensein dieser Teilchen in der sehr hohen Atmosphäre, und beschrieben die dafür verantwortlichen Prozesse. Ihre Theorie über die Mechanismen der Fotodissoziation und Oxidation und über das Eindringen der Sonnenstrahlung bis in Höhen um 50 km legte die Grundlage für eine neue Chemie, die das Ozongleichgewicht erklärt. Eine neue wissenschaftliche Disziplin, die Aeronomie, als deren Väter Sydney Chapman und Marcel Nicolet zurecht gelten, entstand. Sie führten das Wort Aeronomie ein, das aus den griechischen Wurzeln $\dot{\alpha}\dot{\eta}\varrho$, Luft, und $\nu\acute{o}\mu o\varsigma$, Gesetz, gebildet ist. Sie definierten auf diese Weise die Aeronomie als die Wissenschaft von der Zusammensetzung der Atmosphären. Ihr Vorgehen war angesichts der kleinen Zahl von Meßgrößen, über die sie verfügten, weitgehend deduktiv. Es fand aber eine schnelle Bestätigung durch die optischen Spektrometer und Massenspektrometer für die chemische Analyse, die von Raketen in den fünfziger Jahren in die sehr hohe Atmosphäre getragen wurden. Pionieren wie Etienne Vassy und Jaques Blamont war es zu verdanken, daß auch Frankreich in diesem entscheidenden Abschnitt des Studiums der Atmosphäre nicht fehlte.

2.2.6 Wasserstoff– und Stickstoffverbindungen

Die Atmosphäre enthält also auch wasserstoff- und stickstoffhaltige Bestandteile, die, anders als der molekulare Stickstoff, in chemischen Austauschvorgängen eine Rolle spielen können. Kehren wir, um ihren Ursprung zu bestimmen, zum Boden zurück und analysieren dort die Zusammensetzung der Luft. Molekularer Stickstoff und Sauerstoff, die Hauptbestandteile, und die in Spuren vorhandenen Edelgase Argon, Neon und Krypton sind chemisch inert, d.h. reaktionsträge und interessieren uns deshalb jetzt nicht. Das Kohlendioxid CO_2 unterliegt bis in 80 km Höhe keinerlei Veränderung, wie seine vertikale Verteilung zeigt. Deshalb ist es erneut notwendig, auf der Skala der relativen Häufigkeiten nach unten zu gehen um Bestandteile zu suchen, deren Anteil einige Millionstel (abgekürzt *ppm* für *parts per million*) nicht übersteigt. Man findet dann mehrere Sorten, so Methan CH_4 (1,8 ppm), Stickstoffoxid N_2O (0,3 ppm), Wasserdampf (3 bis 4 ppm in der Stratosphäre) und molekularen Wasserstoff H_2 (0,5 ppm). Alle enthalten in der Tat Wasserstoff- oder Stickstoffatome, die uns interessieren.

Wenn man die vertikale Verteilung dieser Bestandteile untersucht, stellt man fest, daß ihre relative Häufigkeit aufgrund der Umwälzungen der Luftmassen über die ganze Troposphäre konstant bleibt. Diese Umwälzungen erklären übrigens auch, weshalb diese Bestandteile, deren Masse naturgemäß größer ist als die des Sauerstoffs oder des Stickstoffs, überhaupt in solche Höhen gelangen können. Bis in ungefähr 100 km Höhe wird das atmosphärische Gas durch die unablässigen Stöße zwischen den Molekülen der verschiedenen Bestandteile vollständig durchmischt. In der Troposphäre beträgt die Zeit für eine vollständige Durchmischung 7 bis 10 Jahre. Das bedeutet, daß eine am Boden emittierte Substanz im Mittel ebenso lange braucht, bis sie in der Stratosphäre ankommt. Erst in größeren Höhen ermöglicht die geringe Dichte und die daraus folgende Seltenheit der Stöße, daß die klassischen Diffusionsgesetze zum Zuge kommen. Die leichtesten Gase entweichen dann in große Höhen. Jenseits von 500 km wird der leichteste Bestandteil der Atmosphäre, der atomare Wasserstoff, zum Hauptbestandteil. Allerdings führt die langsame vertikale Bewegung zwischen dem Boden und 100 km Höhe nur dann zu einer konstanten relativen Häufigkeit, wenn zwischendurch keine anderen Prozesse die chemische Zusammensetzung der Konstituenten ändern. So nimmt der relative Gehalt an Methan, wie auch der an Stickoxid und molekularem Wasserstoff, sehr schnell ab wenn man über die Troposphäre hinausgeht. In 30 km Höhe haben sie nur noch einige Hunderstel der in der Troposphäre beobachteten Häufigkeit. Es muß also in der unteren Stratosphäre ein wirksamer Zerstörungsmechanismus existieren, der für diese rapide Abnahme verantwortlich ist.

2.2.7 Eine Teilchensorte von nur 1000 Atomen

Man würde sicher als erstes wieder auf Fotodissoziation dieser Moleküle durch die Sonnenstrahlung tippen. In Anbetracht der Stabilität dieser Moleküle wären dazu ziemlich hohe Energien mit Wellenlängen unter 130 nm nötig. Bei diesen kurzen Wellenlängen kann die Sonnenstrahlung aber nicht bis in die tiefe Stratosphäre vordringen, da sie durch molekularen Sauerstoff und Stickstoff bereits oberhalb 100 km blockiert wird. Man muß folglich nach anderen Vorgängen suchen, insbesondere nach Oxidationsprozessen, da in diesen Höhen zumindest tagsüber freie Sauerstoffatome existieren. Solche Prozesse gibt es in der Tat, sie sind aber viel zu langsam um die beobachtete Abnahme zu erklären. Wo kann man also den Verantwortlichen für diese Zerstörung der stabilen Sorten Methan, Wasserdampf, Stickoxid und molekularen Wasserstoff finden?

Es stellt sich heraus, daß es das Ozon selbst ist, das die Antwort liefert. Die Verbindung zwischen dem freien Sauerstoffatom und dem Molekül O_2, die zur Bildung des Ozons führt, kann sehr leicht aufgebrochen werden, bereits von Strahlung mit Wellenlängen kürzer als 1,1 μm. Wenn z. B. ultraviolette Strahlung ein Ozonmolekül aufspaltet, so bleibt eine große Energiemenge zur Verfügung, die auf eines der Spaltungsprodukte, das Sauerstoffatom oder -molekül, übertragen werden kann.

Insbesondere kann das Sauerstoffatom, wenn die Wellenlänge des Photons unter 310 nm liegt, genügend Energie aufnehmen, um seine elektronische Struktur zu ändern. Es geht dann in einen angeregten Zustand über, den die Spektroskopiker „Singulettzustand" nennen und mit ^1D bezeichnen, im Gegensatz zum Grundzustand, dem Triplett ^3P. Was wird mit diesem angeregten Atom? Innerhalb kürzester Zeit stößt es mit einem Stickstoff- oder Sauerstoffmolekül zusammen und gibt seine Überschußenergie in Form kinetischer Energie ab. Auf diese Weise bildet sich ein Gleichgewichtszustand heraus, der zu einer maximalen Konzentration angeregter Sauerstoffatome von ungefähr 1000 pro cm^3 in 30 km Höhe führt. Die dieser Konzentration entsprechende relative Häufigkeit ist 1 : 10^{13}!

Dieses angeregte Sauerstoffatom ist nicht lediglich eine Kuriosität in der Atmosphäre. Seine chemische Reaktivität ist wesentlich höher als die des Sauerstoffatoms im Grundzustand. Deshalb genügt seine relative Häufigkeit, obwohl sie nur ein Zehnmillionstel des letzteren beträgt, um die Oxidation der stabilen Wasserstoff- und Stickstoffverbindungen zu erklären.

Wir hatten bereits wiederholt betont, wie fein ausgewogen das atmosphärische Gleichgewicht ist. Jetzt stellen wir fest, daß es ein Bestandteil mit einer maximalen Häufigkeit von der Größenordnung 1000 pro cm^3 ist, der die Gesamtheit der chemischen Mechanismen, die mit den Wasserstoff- und Stickstoffverbindungen in der Atmosphäre zu tun haben, in Gang bringt. Darüber hinaus bemerken wir, daß das Ozon selbst ein Teilchen erzeugt, von dem wir im folgenden sehen werden, daß es zum Teil für die Zerstörung des Ozons verantwortlich ist! Einmal mehr wirft dies ein Licht auf die ungeheure Komplexität der Wechselwirkungen zwischen der Sonnenstrahlung und den chemischen Mechanismen in einer verdünnten Atmosphäre. Daran hängt das gesamte Gleichgewicht des Lebens auf der Erde!

2.2.8 Das Gleichgewicht der Wasserstoff- und Stickstoffverbindungen

Das angeregte Atom O^1D, das in der Stratosphäre zwischen 20 und 40 km Höhe vorhanden ist, oxidiert das Methan, den Wasserdampf, den molekularen Wasserdampf und das Stickoxid. Diese Reaktionen erzeugen, je nachdem, das Hydroxylradikal OH oder das Stickstoffmonoxid NO, chemisch aktive Komponenten, die möglicherweise die Feinheiten des Ozongleichgewichts erklären können.

Aber interessieren wir uns zunächst für das Schicksal der Teilchensorten selbst, die sich nach ihrer Entstehung in einer oxydierenden Atmosphäre befinden. Durch Oxidation vor allem mit Ozon gehen sie über in Stickstoffdioxid NO_2 bzw. das Radikal Hydroperoxyl HO_2; bis hierher verläuft die Entwicklung zwischen den beiden „Familien" also vollkommen analog. Für die Wasserstoffverbindungen endet die Oxidationskette aber hier, während sie für die Stickstoffverbindungen noch weitergehen kann: es existieren höher oxidierte Formen wie das Trioxid NO_3 und sogar das Hemipentoxid N_2O_5.

Der umgekehrte Vorgang, die Rückkehr zu weniger stark oxidierten Formen, kann über mehrere Wege verlaufen.

Der erste Mechanismus ist die Reaktion mit dem atomaren Sauerstoff, die eines der Sauerstoffatome im Dioxid NO_2 oder des Radikals HO_2 bindet, wodurch ein Sauerstoffmolekül entsteht und das Monoxid NO bzw. das Radikal OH zurückgeliefert wird. Es ist ein Paradox der Atmosphärenchemie, daß das Sauerstoffatom die Rolle des Reduktionsmittels übernimmt!

Der zweite Mechanismus bringt das Ozon O_3 ins Spiel, das das nur leicht gebundene Sauerstoffmolekül freisetzt, welches sich dann wiederum mit einem anderen Sauerstoffatom, das von den Molekülen NO_2 oder HO_2 geliefert wird, verbindet. Wieder erhält man am Ende NO bzw. OH zurück.

Schließlich können die Stickstoffverbindungen durch Fotodissoziation mit Lichtquanten vorwiegend sichtbarer Wellenlängen aufgespalten werden, so daß aus NO_2 oder NO_3 wieder die einfache Form NO entsteht.

Alle diese komplexen Vorgänge bewirken im Endeffekt nur den Austausch der chemisch aktiven Komponenten untereinander: OH, HO_2 oder HO_x auf der einen, NO, NO_x und N_2O_5 auf der anderen Seite. Die einfache Regel, die bereits im Zusammenhang mit den verschiedenen Formen des Sauerstoffs genannt wurde, gilt übrigens auch hier: nachts verschwinden die am wenigsten oxydierten Formen OH und NO, der Tagesgehalt variiert je nach Stärke der Sonneneinstrahlung. Wie schon im Fall des ungeraden Sauerstoffs O_x, findet die Wechselwirkung der Komponenten HO_x und NO_x in einem Reservoir statt, das durch die Oxidation von Bestandteilen aus der Troposphäre gespeist wird. Der Gesamtgehalt dieses Reservoirs beträgt nur einige Milliardstel für die Stickstoffverbindungen, maximal einige Hundertmilliardstel für die selteneren Wasserstoffverbindungen.

Zum Schluß müssen diese neuen Bestandteile aus der Stratosphäre wieder entfernt werden:

In der gleichen Weise wie der atomare Sauerstoff und das Ozon rekombinieren und wieder molekularen Sauerstoff ergeben, reagieren die chemisch aktiven Stickstoffverbindungen untereinander um stabilere Formen zu bilden. Es handelt sich um saure Formen, Wasserstoffperoxid H_2O_2 im Fall der Wasserstoffverbindungen, Salpetersäure HNO_3 im Fall der Stickstoffverbindungen. Diese Bestandteile diffundieren allmählich in die niedere Stratosphäre und die Troposphäre, wo sie aufgrund ihrer Wasserlöslichkeit sehr schnell aus dem atmosphärischen Gas entfernt werden. Sie stellen also für die Stratosphäre eine Senke dar, in der die Wasserstoff- und Stickstoffverbindungen verschwinden.

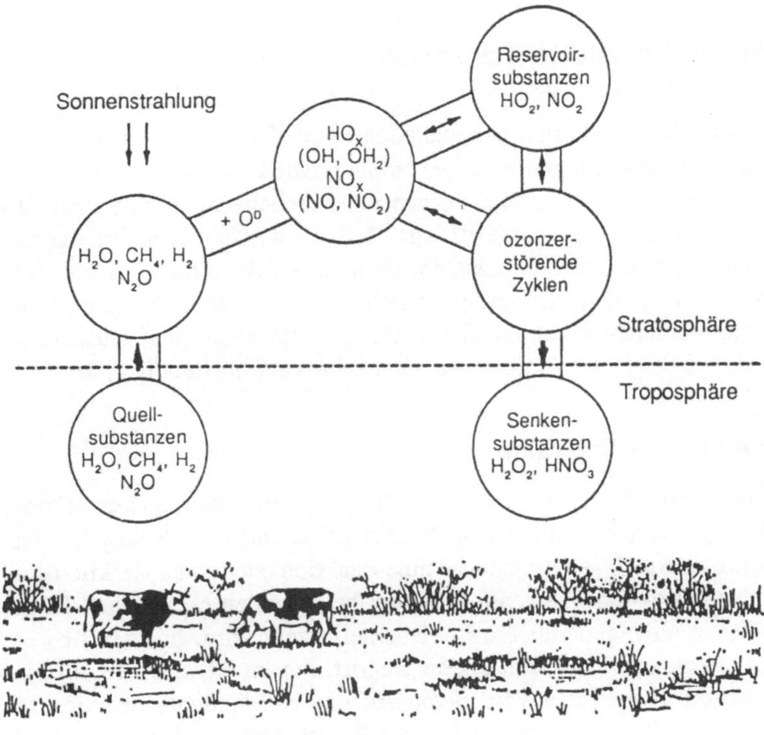

Der Kreislauf der Wasserstoff- und Stickstoffverbindungen
in der Atmosphäre

Die beiden Kreisläufe vom Methan bis zum Stickoxid, über den Wasserdampf und den molekularen Wasserstoff, die die Quellen der stratosphärischen Bestandteile sind, schließen sich hier. Sie führen nacheinander über Oxidation, Dissoziation und Rekombination zum Wasserstoffperoxid und zum Stickoxid. Sie verlaufen verhältnismäßig linear, so daß man glauben könnte, die beiden Familien bestehen ohne Wechselwirkung nebeneinander. In Wirklichkeit gibt es aber sehr wohl Wechselwirkungen.

Sie führen durch Rekombination des Hydroxylradikals OH mit dem Stickstoffdioxid NO_2 zur Bildung von Salpetersäure HNO_3, und durch Rekombination des Hydroperoxylradikals HO_2 mit NO_2 zu Peroxosalpetersäure HO_2NO_2 bzw. HNO_4.

Diese Wechselwirkungen fügen den bereits von den aktiven Stickstoff- und Wasserstoffverbindungen belegten Reservoiren ein weiteres als Bindeglied hinzu und komplizieren dadurch das Gesamtsystem weiter. Nun weiß aber jeder Hydraulikspezialist – um diese von den gekoppelten Reservoiren nahegelegte Analogie zu vervollständigen – sehr gut, daß ein System aus gekoppelten Röhren unterschiedlichen Durchmessers, mit Zu- und Abflüssen unterschiedlichen Durchsatzes, aufgrund der vielfältigen Wechselwirkungen umso weniger linear ist, je mehr Komponenten es hat. An diesem Punkt geht es jetzt darum, die Reservoire, die „überlaufen" oder „austrocknen" können, genau zu bestimmen.

2.3 Das natürliche Gleichgewicht der Ozonschicht

Zu den einfachen oxidierten Bestandteilen in der Stratosphäre sind Wasserstoff- und Stickstoffverbindungen hinzugekommen. Mit Hilfe welcher Prozesse kann man nun diese nur in Spuren vorhandenen Teilchenarten mit dem Ozon in Verbindung bringen, um das 80%–ige Defizit zwischen den Erzeugungs- und den Zerstörungsmechanismen, das der Chapman–Zyklus nicht erklären kann, zu überwinden? Wie kann man ferner verstehen, daß Bestandteile, deren Häufigkeit nur einige Milliardstel beträgt, das Gleichgewicht einer rund tausendmal häufigeren Substanz steuern – wenn sie auch sehr reaktionsfreudig sind?

2.3.1 Katalytische Kreisläufe

Die Erklärung für die Rolle der Spurenelemente – außer dem Sauerstoffatom – im Ozongleichgewicht beruht auf dem Begriff der chemischen Katalyse. Eine Substanz wirkt als Katalysator, wenn sie eine Reaktion oder einen Reaktionskreislauf herbeiführt oder kontrolliert, am Ende der betreffenden chemischen Reaktionen aber selbst in unveränderter Form wiederhergestellt wird. In ihrer Abwesenheit findet die Reaktion nicht statt. Dieser Begriff, der im allgemeinen auf eine einzige Reaktion angewendet wird, kann auf ein vollständiges Reaktionsschema, das mehrere Stufen und Bestandteile umfaßt, erweitert werden.

Im Fall des Ozons geht es darum, die Reaktionszyklen zu identifizieren, die den Gehalt des Reservoirs des ungeraden Sauerstoffs O_x (atomarer Sauerstoff und Ozon) begrenzen. In der Tat liegt die Antwort in den Austauschreaktionen zwischen den Radikalen der Wasserstoff- und der Stickstoffamilien, OH, HO_2, NO und NO_2.

Betrachten wir z. B. das Hydroxylradikal OH. Es wird durch Ozon sofort oxidiert und bildet ein Sauerstoffmolekül O_2 und das Hydroperoxylradikal HO_2. Letzteres wiederum reagiert mit atomarem Sauerstoff, dessen reduktiven Charakter wir bereits betont haben, und liefert das OH–Radikal zurück, zusammen mit einem weiteren Sauerstoffatom. Ziehen wir die Bilanz dieser beiden Reaktionen, so sehen wir, daß das Radikal OH, das den Zyklus in Gang setzt, durch die zweite Reaktion wiederhergestellt wird. Das Radikal HO_2 wird zuerst gebildet, dann vernichtet.

Was die Wasserstoffverbindungen anbelangt, ist also nichts geschehen. Dagegen sind in zwei Etappen ein Ozonmolekül und ein Sauerstoffatom verschwunden und zwei Sauerstoffatome wurden gebildet. Der Prozess ist damit äquivalent der direkten Rekombination zwischen dem Ozon und dem Sauerstoffatom, die im Chapman–Zyklus vorkommt und von der wir schon wissen, daß sie nicht ausreicht, um das Ozongleichgewicht quantitativ zu erklären.

Natürlich gibt es analoge Prozesse mit den Stickstoffverbindungen, wobei das Paar NO und NO_2 die gleiche Rolle spielt wie das Paar OH und HO_2. Man kann sich aber auch noch weitere katalytische Kreisläufe vorstellen, die ebenfalls zur Eliminierung des Ozons, oder genauer des ungeraden Sauerstoffs, führen.

Stellen wir uns also vor, daß, nachdem das Radikal OH mit dem Ozon reagiert und O_2 und HO_2 gebildet hat, das Letztere wieder auf ein Ozonmolekül trifft. Es überläßt ihm dann ein Sauerstoffatom, was zur Bildung zweier neuer Sauerstoffmoleküle aus dem Ozon führt und das Radikal OH zurückliefert. Die Bilanz ist einfach: zwei Ozonmoleküle ergeben drei Sauerstoffmoleküle. Wenn man in ähnlicher Weise von einem Molekül des Stickstoffmonoxids, das mit dem atomaren Sauerstoff reagiert, ausgeht, wird direkt das Stickstoffdioxid NO_2 gebildet. Dieses reagiert dann in normaler Weise mit einem weiteren Sauerstoffatom und liefert ein Sauerstoffmolekül und das Monoxid NO. Die Bilanz entspricht dieses Mal der Rekombination zweier Sauerstoffatome, die ein Sauerstoffmolekül bilden.

Die Spurensubstanzen haben auf diese Weise Rekombinationsprozesse katalysiert, für die direkte Reaktionen entweder extrem langsam sind oder gar nicht existieren. Das zweite, noch subtilere Beispiel bringt nur den atomaren Sauerstoff ins Spiel. Das Ozon ist von diesem Kreislauf nicht betroffen, und doch ist das Ergebnis da! Indem dem Reservoir an ungeradem Sauerstoff atomarer Sauerstoff entzogen wird, vermindert man gleichzeitig den Gehalt an Ozon, da genausoviele Sauerstoffatome in der Lage sind, zu Ozon zu rekombinieren wie zu verschwinden. Auch ohne selbst von den Reaktionen betroffen zu sein, kann der Ozongehalt abnehmen! Hier zeigt sich die Tragweite des Begriffs der katalytischen Kreisläufe. Sie sind der Schlüssel zu den ozonzerstörenden Prozessen, die bis jetzt gefehlt haben.

Aber wir haben immer noch nicht den zweiten Teil des Problems gelöst, der mit dem Faktor Tausend zwischen den Häufigkeiten der Spurensubstanzen HO_x und NO_x einerseits und dem Ozon andererseits verbunden ist. Dazu muß man erneut den Begriff der Zeitskalen betrachten. Da HO_x und NO_x nach einem katalytischen Kreislauf wieder unverändert vorliegen, sind sie erneut verfügbar, um weiteren ungeraden Sauerstoff zu eliminieren. Alles hängt dann von ihrer Lebensdauer in der Stratosphäre ab. Wenn diese groß ist gegenüber der Dauer

1. Etappe:
$$NO + O_3 \rightarrow NO_2 + O$$

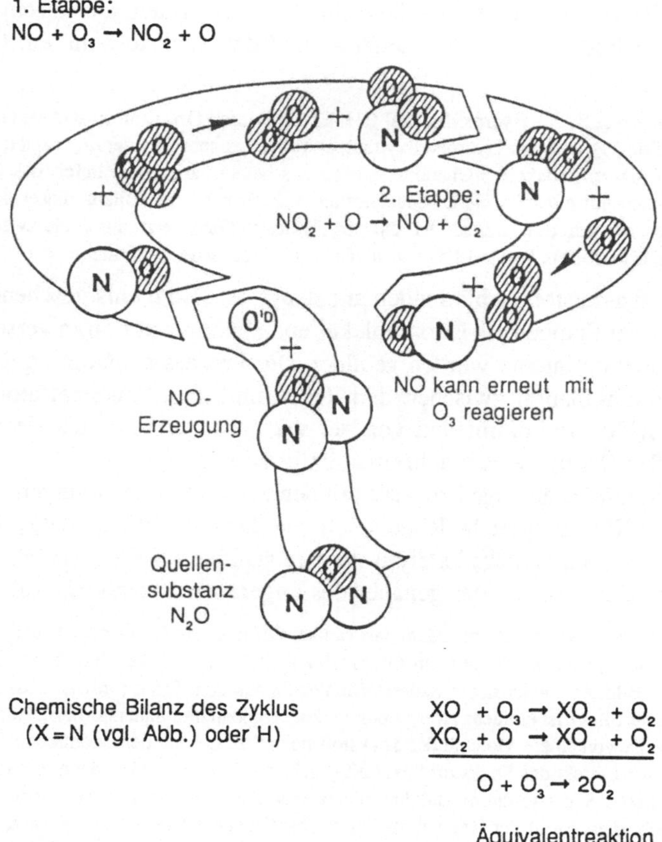

Chemische Bilanz des Zyklus
(X = N (vgl. Abb.) oder H)

$$XO + O_3 \rightarrow XO_2 + O_2$$
$$XO_2 + O \rightarrow XO + O_2$$
$$\overline{}$$
$$O + O_3 \rightarrow 2O_2$$

Äquivalentreaktion

andere Zyklen

$$XO + O_3 \rightarrow XO_2 + O_2$$
$$XO_2 + O_3 \rightarrow XO + 2O_2$$
$$\overline{}$$
$$2O_3 \rightarrow 3O_2$$

Äquivalentreaktion

$$XO + O + (M) \rightarrow XO_2 + M$$
$$XO_2 + O \rightarrow XO + O_2$$
$$\overline{}$$
$$O + O \rightarrow O_2$$

Äquivalentreaktion

Die katalytischen Kreisläufe der Ozonzerstörung durch
Wasserstoff- und Stickstoffverbindungen

eines katalytischen Zyklus, können sie sehr oft wirken. Ein einziges Radikal-paar OH und HO_2 bzw. NO und NO_2, kann dann eine sehr große Anzahl von Ozonmolekülen zerstören. Dies ist in der Tat der Fall, und man schätzt je nach Höhenbereich zwischen 1000 und 10.000 wirksamer Zyklen, die die Paare HO_x bzw. NO_x durchmachen können, bevor sie als Säuren in der Senke verschwinden. Diese hohe Zahl erklärt also definitiv, wie Substanzen, deren relative Häufigkeit einige Milliardstel nicht übersteigt, den tausend- oder zehntausendfach höheren Gehalt an Ozon effektiv kontrollieren können.

2.3.2 Spurensubstanzen können Ozon erzeugen

In unserem Eifer, die ozonzerstörenden Zyklen zu identifizieren, haben wir einen Aspekt der chemischen Reaktionen vernachlässigt, dessen Bedeutung wir im folgenden betrachten wollen. Unter all den vorstellbaren katalytischen Kreisläufen gibt es auch solche, deren Wirkung auf das Ozon nicht notwendig negativ ist. Bei der Untersuchung der Stickstoffverbindungen haben wir erwähnt, daß der Mechanismus der Fotodissoziation, der von der sichtbaren Sonnenstrahlung hervorgerufen wird, zum Aufbrechen der Oxide NO_2 und NO_3 beiträgt und NO liefert. Betrachten wir also noch einmal den katalytischen Zyklus des NO_x, der durch die Reaktion des Monoxids NO mit dem Ozon in Gang gesetzt wird.

Nach seiner Bildung kann das Dioxid NO_2 verschiedene Wege einschlagen. Wenn es mit einem Sauerstoffatom reagiert, erhalten wir den ozonzerstörenden Zyklus wieder. Wenn es jedoch vorher fotodissoziiert wird, liefert es das Monoxid NO zurück und setzt ein Sauerstoffatom frei, das sich innerhalb weniger als einer Sekunde mit einem Sauerstoffmolekül zu Ozon verbindet. Die chemische Bilanz ist dann Null.

Es gibt also einen Wettbewerb zwischen einem aktiven, ozonzerstörenden und einem inaktiven Reaktionskreislauf. Abhängig von der lokalen relativen Bedeutung der Oxidationsprozesse und der Fotodissoziation kann das Gleichgewicht nach der einen oder anderen Seite verschoben sein. Das Spiel wird dadurch etwas weiter kompliziert, daß je nach Höhenbereich ein und dieselbe Teilchensorte Ozon zerstören oder inaktiv bleiben kann. Übrigens sind wir noch nicht am Ende unserer Überraschungen, da die gleiche Substanz, die in einer gewissen Höhe Ozon zerstört, dieses in einer anderen Höhe *erzeugen* kann! Dies ist vor allem für die Stickoxide der Fall.

Die Fotodissoziation des Dioxids NO_2 erzeugt ein Sauerstoffatom und damit sofort ein Ozonmolekül und ein NO–Molekül. Wenn das so gebildete Monoxid von einem anderen Bestandteil als dem Ozon oxidiert wird, gelangt es in eine Reaktionskette, in der das Ozon nicht vorkommt. Das Dioxid bildet sich neu, wird unter der Wirkung der Sonnenstrahlung aufgespalten und setzt ein Sauerstoffatom frei, das seinerseits Ozon erzeugt. Dessen Bilanz ist also positiv und seine Konzentration erhöht sich.

Genau dies passiert in der niederen Stratosphäre und in der Troposphäre, wo die Fotodissoziation über die Oxidationsmechanismen dominiert. Hier liegt der Ursprung des Fehlers, den die Wissenschaftler in den frühen siebziger Jahren gemacht haben, als sie den Überschallflug als Ozonzerstörer betrachteten. Die Stickstoffverbindungen, die von den Flugzeugmotoren emittiert werden, können in Höhen unterhalb 20 km Ozon erzeugen!

2.3.3 Eine ausgeglichene chemische Bilanz?

Die katalytischen Kreisläufe der Teilchensorten HO_x und NO_x müssen also in der chemischen Gesamtbilanz quantitativ berücksichtigt werden. Die Rolle, die die verschiedenen Substanzen dabei spielen, ist abhängig vom Höhenbereich. Drei Bereiche sind zu unterscheiden. In Höhen oberhalb 50 km können die katalytischen Zyklen, die die Radikale OH und HO_2 beinhalten, allein 70 % des

Ozonverlusts erklären und so den Chapman–Zyklus vervollständigen. Es sind also hauptsächlich die Wasserstoffverbindungen, die das Ozon in größeren Höhen – in der Mesosphäre – kontrollieren. In niedrigen Höhen, zwischen 15 und 35 km, sind es die Stickstoffverbindungen NO und NO_2, die zu 70 % zum Ozonabbau beitragen und deshalb sein chemisches Gleichgewicht beherrschen. In der dazwischenliegenden Region, von 35 bis 50 km Höhe, muß die Gesamtheit aller Reaktionskreisläufe berücksichtigt werden, wobei jede der beiden Familien HO_x und NO_x mit knapp 30 % zum Ozonverlust beiträgt. In dieser Region ist die Bilanz also nicht exakt ausgeglichen, da auch unter Einbeziehung der 20 % Verlust, die aus dem Chapman–Zyklus resultieren, nur rund 75 % der Ozonproduktion kompensiert wird, so daß ein Defizit an Verlusten von 25 % in dieser Region noch zu überwinden ist.

Die bodennahen Quellen für die stratosphärischen Wasserstoff- und Stickstoffverbindungen konnten wir unter den Teilchensorten mit relativen Häufigkeiten von einigen Millionstel identifizieren. Damit haben wir bereits alle in der Stratosphäre chemisch aktiven Wasserstoff- und Stickstoffverbindungen berücksichtigt. Die Untersuchung dieser Substanzen hat uns unter Berücksichtigung der Wichtigkeit des Begriffs des katalytischen Kreislaufs jedoch gezeigt, daß es nötig

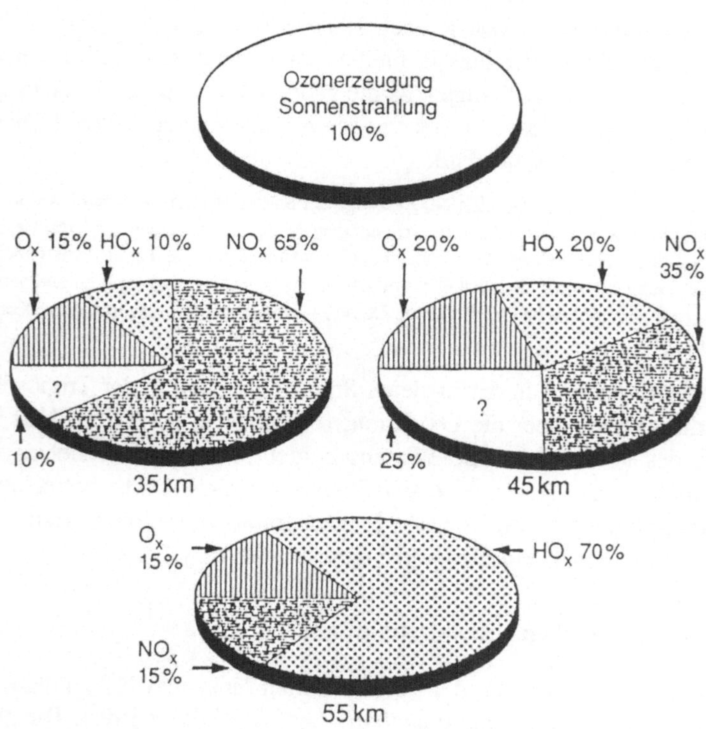

Relativer Beitrag der Sauerstoff-, Wasserstoff- und Stickstoffverbindungen zur Ozonzerstörung (natürliches Gleichgewicht)

ist, Teilchensorten einzubeziehen, deren relative Häufigkeit deutlich unter einem Milliardstel liegt. Wenn wir die Skala der relativen Häufigkeiten weiter hinabsteigen, tritt eine neue Familie von Substanzen, die mit dem Ozon in der Stratosphäre wechselwirken können, auf: die Chlorverbindungen. Das Vorgehen ist nun schon wohlbekannt: zuerst werden die als Quellen fungierenden Substanzen ausfindig gemacht, wobei man im Auge behalten muß, daß nur diejenigen von direktem Interesse für das Ozongleichgewicht sind, die durch Diffusion bis in die Stratosphäre aufsteigen können. Ihre zahlenmäßige Bedeutung im Vergleich zum Ozon ist also nicht nur eine Funktion ihrer Konzentration oder ihrer Erzeugungsrate am Boden. Auch die Zeit, während der diese Substanzen ohne chemische Veränderungen in der Troposphäre verbleiben, ist zu berücksichtigen. Um die Stoffe zu identifizieren, kann man sich also auf die Änderung ihrer relativen Konzentration mit der Höhe stützen, die ähnlich der der Quellsorten für die Wasserstoff- und Stickstoffverbindungen sein sollte. Man erwartet einen über die Troposphäre hin konstanten Wert, und eine schnelle Abnahme, sobald die Tropopause überschritten ist.

2.3.4 Die Chlorverbindungen

Wenn man die Zusammensetzung des atmosphärischen Gases genau unter die Lupe nimmt, findet man eine Reihe von Kohlenstoff–Chlorverbindungen, die gerade die Eigenschaften solcher Quellsubstanzen aufweisen. Sie werden auf natürliche Weise oder durch industrielle Synthese gebildet, indem die Kohlenwasserstoffe ein Chloratom oder ein anderes Halogen, wie Jod oder Brom, anlagern. Die wichtigsten organischen Chlorverbindungen sind Methylchlorid CH_3Cl (die einzige mit natürlichem Ursprung), Kohlenstofftetrachlorid CCl_4, Trichloräthan CH_3CCl_3 und natürlich die Fluor-Chlor-Kohlenwasserstoffe, auf die wir immer wieder zurückkommen werden. Die gesamte relative Häufigkeit aller dieser Bestandteile am Boden beträgt weniger als zwei Milliardstel. Sie bleibt im wesentlichen konstant bis zur Tropopause und nimmt dann zwischen 15 und 40 km Höhe sehr schnell ab.

Außer dem Methylchlorid, das wie das Methan und die Stickoxide durch das Atom O^1D oxidiert wird, werden die Chlorverbindungen durch die Sonnenstrahlung zerstört. Sobald die Wellenlänge eine Schwelle in der Nähe von 250 nm unterschreitet, ist die Energie ausreichend um die Bindung der Chloratome mit dem Rest des Moleküls aufzubrechen. Dadurch wird ein aktives Chloratom freigesetzt. Der molekulare Sauerstoff absorbiert Strahlung mit Wellenlängen unterhalb 240 nm, wobei die Effektivität dieser Absorption mit wachsender Wellenlänge abnimmt. Für ihn tritt dann das Ozon ein, dessen Absorptionsmaximum jedoch erst bei 250 nm erreicht wird. Das bedeutet, daß es in der Atmosphäre bildlich gesprochen ein „Fenster" gibt, das der Sonnenstrahlung erlaubt, tiefer, nämlich bis in 20 km Höhe, einzudringen. Nun ist dieses Fenster genau auf den Spektralbereich zentriert, in dem die Chlorverbindungen dissoziiert werden können. Wiederum konfrontiert uns hier die Natur mit einer dieser rätselhaften, „zufälligen" Übereinstimmungen. So trifft alles zusammen, um das Gleichgewicht in der Stratosphäre noch empfindlicher zu machen.

Die freigesetzten Chloratome werden vom Ozon nach dem nunmehr klassischen Schema sofort zu Chlormonoxid ClO oxidiert. Dieses Monoxid wiederum wird von den Sauerstoffatomen angegriffen und zu Chlor zurückgebildet. Man findet also mit dem Paar Chloratom–Chlormonoxid wieder einen ozonabbauenden katalytischen Zyklus, analog dem für HO_x und NO_x aufgezeigten.

Eine Besonderheit dieses Zyklus ist seine enorme Effizienz. Bei gleicher Konzentration zerstört er das Ozon fünfmal schneller als der von den Stickstoffverbindungen in Gang gesetzte Kreislauf. In beiden Fällen ist die Effizienz proportional zur Konzentration der zur Verfügung stehenden Menge der Teilchen NO_x bzw. ClO. Da der momentane Gehalt an aktivem Chlor in 35 km Höhe bei etwa 2,8 Milliardstel, und der des NO_x bei 12 bis 13 Milliardstel liegt, bewirken die Chlorverbindungen unter Berücksichtigung der relativen Wirksamkeit der beiden Zyklen einen Ozonverlust, der dem durch das NO_x (den wir auf 30 % der produzierten Gesamtmenge geschätzt hatten) fast gleichkommt. Hier sind die Verlustprozente zu finden, die die Ozonbilanz schließlich auszugleichen erlauben.

Der Chlorkreislauf wird ebenfalls mit Hilfe einer als Senke wirkenden Säure abgeschlossen, nämlich mit der Salzsäure HCl. Die wichtigste Erscheinung ist aber zweifellos die starke Wechselwirkung dieses Zyklus mit den Wasserstoff- und Kohlenstoffverbindungen.

Die Reaktion des Chlormonoxids mit dem Radikal Hydroperoxyl HO_2 führt zu Verbindungen, die sowohl Chlor als auch Wasserstoff enthalten (die unterchlorige Säure HOCl). Analog führt die Reaktion mit NO_2 zu Chlornitrat $ClONO_2$.

Interessieren wir uns etwas näher für die letzte Verbindung. Sie stellt so etwas wie ein Pufferreservoir dar, in dem sowohl das Chlor als auch der Stickstoff in einer Form gespeichert sind, die nicht in der Lage ist, das Ozon anzugreifen. Ihre Existenz bewirkt also eine Herabsetzung der Wirksamkeit der Chlor- und Stickstoffzyklen hinsichtlich der Ozonzerstörung. Wenn sich die Konzentration von Chlor in der Stratosphäre erhöht, kann ein Teil als Chlornitrat gespeichert werden, solange der Gehalt an NO_x noch deutlich über dem an ClO_x liegt. Dies mäßigt die Schärfe der ozonzerstörenden Wirkung des Chlors. Aber sobald dieses Reservoir gesättigt ist, verstärken sich die zerstörerischen Effekte ohne daß eine weitere Bremse existiert. Es muß übrigens gesagt werden, daß eine Erhöhung des Gesamtgehalts an Stickstoffverbindungen die Effizienz dieses Pufferreservoirs absenken würde, da es dann aufgrund der erhöhten NO_x–Häufigkeit bereits gesättigt wäre. Man könnte nun versucht sein zu denken, daß zur Eindämmung der Effekte, die durch eine Erhöhung der einen oder anderen Sorte (Chlor, Stickstoff oder Wasserstoff) herbeigeführt würden, eine *gleichzeitige* Erhöhung genügen würde, da damit eine Absättigung der Pufferreservoire vermieden werden könnte. Vergessen wir aber nicht, daß nur ein Bruchteil der aktiven Sorten auf diese Weise weggespeichert wird, und daß man damit einen unvermeidlichen Prozess nur verlangsamen würde!

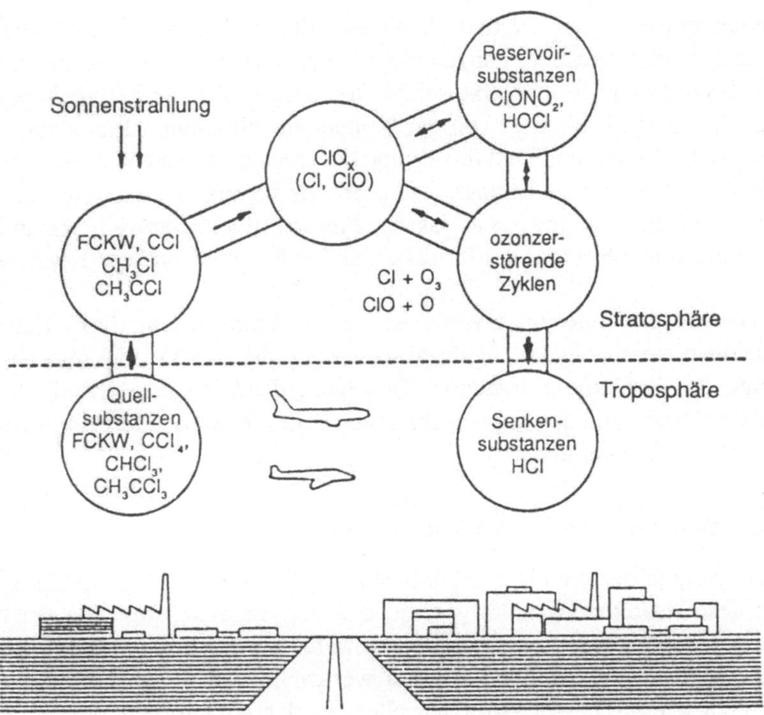

Der Kreislauf der Chlorverbindungen in der Atmosphäre

2.3.5 Der Einfluß des Menschen

Wir haben inzwischen in der Stratosphäre etwa 30 Spurensubstanzen – Verbindungen des Sauerstoffs, des Stickstoffs, des Wasserstoffs und des Chlors – identifiziert, deren relative Häufigkeiten zwischen Bruchteilen von Milliardsteln und einigen Millionsteln liegen und die alle in größerem oder kleinerem Umfang für das Ozongleichgewicht Bedeutung haben. In dem Maß, wie wir in eine immer komplexere Chemie eingedrungen sind, konnten wir ermessen, wie zerbrechlich die Balance in der Atmosphäre tatsächlich ist. Unsere Auffassung von diesen Problemen hat sich erkennbar entwickelt, und uns ist klar geworden, wie wenig genügt, die Balance zu zerstören. Nachdem wir die Rolle von Bestandteilen, deren Quellen am Boden nur eine relative Häufigkeit von einigen Millionsteln aufweisen, besprochen haben, können wir uns jetzt leichter vorstellen, wie sehr der Mensch durch seine industriellen und landwirtschaftlichen Aktivitäten, durch seinen unablässigen Bedarf an Rohstoffen für das, was man gemeinhin den technischen Fortschritt nennt, auf dem natürlichen Gleichgewicht lastet.

Um deren Auswirkungen besser einschätzen zu können, muß man zur Erdoberfläche zurückkehren und dort die Störungen quantitativ erfassen, die auf die verschiedenen Quellbestandteile der in der Stratosphäre chemische aktiven Substanzen (vor allem das Methan, die Stickoxide und die Kohlenstoff–Chlor–

Verbindungen) ausgeübt werden. Auch das Kohlendioxid, wiewohl chemisch träge, darf in unseren Überlegungen nicht vernachlässigt werden, da es das Temperaturgleichgewicht in der Stratosphäre kontrolliert. All die besprochenen chemischen Vorgänge hängen ja von der Temperatur ab: wenn diese sinkt, nimmt die chemische Aktivität ab und das Tempo der Ozonzerstörung wird verlangsamt. Was den Wasserdampf anbelangt, so haben wir bereits auf das ungeheure Reservoir der Ozeane hingewiesen, das der Mensch glücklicherweise kaum direkt stören kann, zumindest was die Prozesse des Verdampfens und der Kondensation betrifft.

Bevor wir die Stratosphäre verlassen, um die Untersuchung dieser Störungen im einzelnen vorzunehmen, bleibt jedoch noch der Einfluß der dynamischen Vorgänge, die durch die großräumige Bewegung der Luftmassen für die Umverteilung des Ozons und der Spurensubstanzen über die ganze Erde verantwortlich sind, genauer zu bestimmen.

2.3.6 Die Bewegung der Luftmassen in der Stratosphäre

Seit dem Beginn der dreißiger Jahre haben vom Boden aus durchgeführte Messungen des Gesamtozongehalts gezeigt, daß die Häufigkeitsmaxima bei hohen geografischen Breiten und um die Zeit der Frühjahrstag- und Nachtgleiche beobachtet werden. Die Minima dagegen werden in den gleichen Regionen im Herbst beobachtet. Da das Ozon vor allem in den Äquatorialregionen, wo die Sonneneinstrahlung stark genug ist, um ständig molekularen Sauerstoff zu dissoziieren, erzeugt wird, können nur Transportvorgänge diese Verteilung erklären. Dies umso mehr, als in niedrigen Höhen, zwischen 15 und 30 km, die chemisch bedingte Lebensdauer des Ozons sehr lang ist, von der Größenordnung einiger Monate oder Jahre, so daß das Ozon den Verlagerungen der Luftmassen träge zu folgen vermag.

Bereits die einfache Betrachtung der Verteilung des Ozons über die geografische Breite erweckt den Gedanken, daß die meridionalen Verlagerungen (d.h. die Verlagerungen in einer Ebene, die die Polachse enthält) hauptsächlich vom Äquator zum winterlichen Pol gerichtet sind.

Durch das mehrmonatige Andauern der Nacht im Winter, das jede chemische Reaktivität unterdrückt, kann sich das Ozon bis zum Wiedererscheinen der Sonne am Ende des Winters anreichern. Die beträchtliche Menge an Ozon, die damit an den Polen angehäuft wird, bewirkt im Frühjahr eine sehr schnelle Aufheizung durch die Absorption von Sonnenstrahlung. Die Luftmassen setzen sich wieder in Bewegung und steigen in die Höhe. Sie bewegen sich sodann, in sehr großer Höhe oberhalb 50 km, in Richtung zum Äquator und weiter zum entgegengesetzten Pol, für den der Winter bevorsteht.

Wie das Pendel einer Uhr, das auf den Rhythmus der Jahreszeiten eingestellt ist, kehrt sich also die Zirkulation längs der Meridiane in der Stratosphäre und der Mesosphäre unter dem Einfluß des Ozons regelmäßig um.

Dieser Bewegung von einem Pol zum anderen in sehr großer Höhe überlagert sich eine weitere vom Äquator zu den Polen gerichtete Strömung in der niederen Stratosphäre. Deren Dasein wird durch zwei Beobachtungen aus den dreißiger

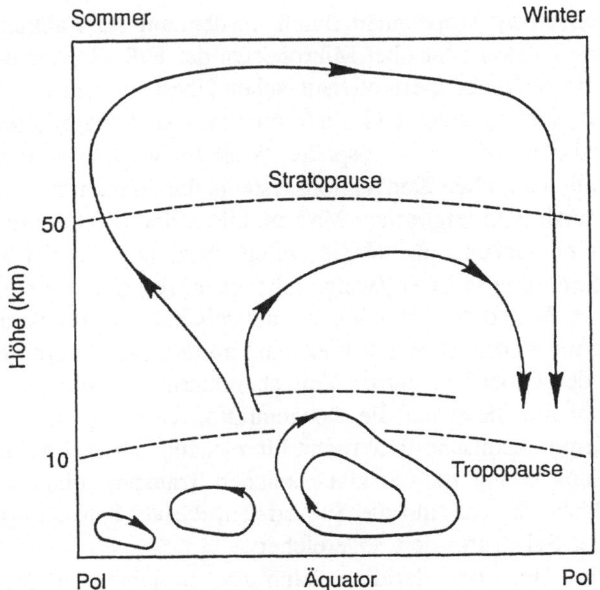

Die atmosphärische Luftströmung längs der
Meridiane in der Stratosphäre

Jahren direkt unter Beweis gestellt: die Trockenheit der Stratosphäre, deren maximaler Gehalt an Wasserdampf einige Millionstel nicht übersteigt, und die Anhäufung von Ozon in hoher geografischer Breite. Ausgehend von diesen beiden Beobachtungen fanden Brewer und Dobson gleich nach dem Zweiten Weltkrieg einen Zirkulationsmechanismus, der heute ihren Namen trägt.

Nach den Gesetzen der klassischen Thermodynamik, kann der Partialdruck des Wasserdampfs in einer Luftmasse gegebener Temperatur nicht höher als ein Maximalwert, der sogenannte Sättigungsdruck, werden. Wird dieser Druck überschritten, so kondensiert das Gas, d.h. der Dampf, zu Tröpfchen oder verfestigt sich zu Eis, je nach Temperatur. Die relative Feuchte einer Luftmenge, wie sie in meteorologischen Berichten angegeben wird, drückt übrigens den Wassergehalt der Luft in Prozent eben des Sättigungsdrucks aus. Nun nimmt dieser maximal mögliche Druck mit sinkender Temperatur ab. Da die Temperatur der Atmosphäre bis zur Tropopause mit der Höhe abnimmt, muß auch der Gehalt an Wasserdampf abnehmen, so daß die Atmosphärenschichten mit zunehmender Höhe immer trockener werden. Der geringste Gehalt wird am Temperaturminimum, d.h. gerade an der Tropopause erreicht. In unseren Breiten liegt dieses Minimum bei −60° bis −70° C, was einen Wasserdampfgehalt von 30 bis 40 Millionstel zuläßt, ein Wert, der weit über dem der Stratosphäre liegt. Der geringe Wasserdampfgehalt der Stratosphäre kann seine Ursache also nicht in Austauschvorgängen mit der mittleren und hohen Troposphäre haben. Um Werte von einigen Millionstel zu erhalten, wären Temperaturen um −90° C nötig. Solche Temperaturen finden sich nur in Teilen der Äquatorialregionen, wo sich rasch aufsteigende Luftmassen der Troposphäre durch Ausdehnung stark abkühlen. Das ist z. B. in der Panamaregion oder über Mikronesien der Fall. Brewer und Dobson, die sich auf solche einfachen thermodynamischen Überlegungen stützten, vermuteten die Existenz einer senkrechten Luftströmung in den Äquatorialbereichen der hohen Tropo- und der niederen Stratosphäre. Diese Aufwärtsströmung würde den aufsteigenden Teil des großen Konvektionssystems der äquatorialen Troposphäre verlängern, das nach dem englischen Mathematiker, der 1835 als erster die zugehörige Theorie entwickelte, als „Hadleyzellen" bekannt ist. In der Stratosphäre teilt sich diese Strömung in zwei Zweige auf: einen, der sich am sommerlichen Pol mit den dort aufgrund der Ozonheizung aufsteigenden Luftmassen vereinigt, und einen, der zum winterlichen Pol fließt und zu der Anhäufung von Materie, die diesen Teil des Globus zu dieser Zeit charakterisiert, beiträgt. Man findet deshalb dort nicht nur die maximale Konzentration an Ozon, sondern auch an Bestandteilen, deren chemische Reaktivität hinreichend schwach ist für eine Lebensdauer, die lang genug ist, um einen solchen Transport ohne Veränderung zu überstehen. Insbesondere sind die Substanzen, die als Senke fungieren (wie Salpetersäure oder Salzsäure) dort angereichert.

Die Zirkulation längs der Meridiane kann also die jahreszeitlichen Schwankungen des Ozongehalts der Stratosphäre erklären. Diese Beschreibung der Dynamik der hohen Atmosphäre wird aber kompliziert durch eine Reihe weiterer Transportphänomene, deren Zeitskalen im allgemeinen kürzer sind. In erster Linie ist hier eine beschleunigende Kraft zu erwähnen, die zu Anfang des 19. Jahrhunderts von dem französischen Mathematiker Coriolis aufgezeigt wurde. Durch die Erdrotation wird auf jeden auf der Erdoberfläche bewegten Gegenstand eine Kraft ausgeübt, die auf der Nordhalbkugel seine Bewegung nach rechts abzulenken versucht. Wenn man den Äquator nach Süden überschreitet, kehrt sich die Richtung der Kraft um, so daß eine Ablenkung nach links erfolgt. Die Größe der Kraft ist proportional zur Geschwindigkeit des Gegenstands und hängt von der geografischen Breite ab. Am Pol ist sie maximal, am Äquator Null. Die Corioliskraft spielt eine fundamentale Rolle in allen dynamischen Vorgängen der Atmosphäre. In der Troposphäre bestimmt sie direkt die Richtung der Luftströmungen. In der Stratosphäre bewirkt sie eine Strömung entlang der Breitenkreise, die sogenannte Zonalströmung, die extrem schnell ist, da die betroffenen Luftmassen die Erde innerhalb einiger Tage oder Wochen umkreisen. Ihre Richtung wird durch die Richtung der meridionalen Strömung festgelegt. Auf der Winterhalbkugel strömt die Luft vom Äquator zu den Polen. Die Rechtsablenkung auf der Nordhalbkugel führt zu einer Strömung von West nach Ost. Diese kehrt sich im Sommer, wenn die Luftmassen zum Äquator zurückströmen, um. Die Zonalströmung ist keineswegs völlig regelmäßig. Unter der Einwirkung der horizontalen Druck- und Temperaturschwankungen können sich die Bahnen mehr oder weniger verschieben. Auf diese Weise bilden sich richtige Wellen aus, die zum Teil durch die Bewegung der troposphärischen Luftmassen angeregt werden. Sie tragen ebenfalls zur horizontalen und vertikalen Verteilung der Bestandteile der Stratosphäre bei. Ihre zeitlichen Perioden umspannen den großen Bereich von einigen Minuten bis zu mehreren Monaten. Einige laufen rund um die Erde, andere bleiben an bestimmte Breiten- oder Längenbereiche gebunden.

2.3.7 Zeitskalen und Längenskalen

Aus diesem Durcheinander von Bewegungen, die sich bald beschleunigen, bald abbremsen und die alle Intensitäts-, Zeit- und Längenskalen abdecken, muß der Wissenschaftler, der mit der Dynamik der Stratosphäre befaßt ist, einige einfache Gesetze abstrahieren, die das Verhalten der Atmosphäre präzise zu simulieren gestatten. Diese Aufgabe ist umso schwieriger, als die Stratosphäre die Energie, die die thermische Maschine antreibt, gleichermaßen von oben und unten empfängt – im Unterschied zur Troposphäre, wo der größte Teil dieser Energie vom Boden kommt. Von oben her erzeugt die Sonnenstrahlung, die vom Ozon absorbiert wird, horizontale und vertikale Unterschiede, die die Luftmassen in Bewegung setzen. Von unten her sind es in der Troposphäre angeregte Instabilitäten, die sich nach oben in eine immer stärker verdünnte Atmosphäre fortpflanzen und dadurch in dem Maß, wie sie aufsteigen, anwachsen. Hierzu ist festzustellen, daß unser Verständnis der Vorgänge, die sich auf Längenskalen von einigen Kilometern bis zu einigen hundert Kilometern abspielen, noch sehr ungenau ist. Diese Vorgänge in Simulationsmodellen der Atmosphäre zu berücksichtigen, ist deshalb besonders schwierig. Die gegenwärtige Leistungsfähigkeit von Großrechenanlagen begrenzt solche Simulationen auf eine räumliche Auflösung, die bestenfalls einige hundert km beträgt. Wie kann man dann alle diese Prozesse, deren Längenskalen unter der Maschenweite der Modelle bleiben, die aber die großräumigeren Bewegungen beeinflussen, quantitativ erfassen?

Man stößt hier auf ein extrem schwieriges Problem, die sogenannte Skalenintegration, das man in allen Bereichen der Umweltforschung wiederfindet. Ein Klimatologe muß Kondensations- und Verdampfungsprozesse, wie sie für klumpige Wolkenstrukturen charakteristisch sind, in Betracht ziehen; ein Bodenspezialist muß aus Messungen, die an einigen Quadratmetern Boden gemacht sind, die Emissionen eines ganzen Ökosystems von mehreren Hektar Größe ermitteln. In der Stratosphäre muß man alle Ozillationen der Atmosphäre, auch die räumlich stark begrenzten, berücksichtigen und den Massenaustausch zwischen der Troposphäre und der Stratosphäre möglichst genau bestimmen. Darüberhinaus sind alle geordneten Bewegungen – Wellen oder gemittelte Zirkulation – in jedem Moment dafür anfällig, in Turbulenz zu entarten. Unter solchen Bedingungen, die durch Wirbelbewegungen von einigen Zentimetern bis einigen hundert Metern Größe gekennzeichnet werden, nehmen die thermodynamischen Variablen, die den Zustand des Gases beschreiben (Druck, Temperatur, Geschwindigkeit, Konzentration der verschiedenen Substanzen) zufälligen Charakter an. Sie können nicht länger durch gemittelte Größen des allgemeinen Massenstromes beschrieben werden. Auch hier muß man auf neue Formen der Parametrisierung, die im wesentlichen auf statistischen Methoden beruhen und die noch mit Vorsicht zu betrachten sind, zurückgreifen.

2.3.8 Kenntnisse und Unsicherheiten

Unsere Kenntnis vom natürlichen Gleichgewicht in der Stratosphäre hat also im Verlauf von vierzig Jahren große Fortschritte gemacht. Die wissenschaftlichen Aktivitäten sind seit Beginn der siebziger Jahre besonders intensiv. Einige hundert Wissenschaftler aus der ganzen Welt widmen sich heute diesen Untersuchungen, die ein verhältnismäßig zusammenhängendes Bild der chemischen und dynamischen Mechanismen sowie der Strahlungsprozesse, die das Verhalten der Ozonschicht steuern, ergeben. Die Forschungsanstrengungen gelten sowohl den Beobachtungen und Messungen als auch den theoretischen Simulationen. Die Theorien werden gestützt durch Laboruntersuchungen von chemischen Reaktionen und Photodissoziationsvorgängen mit immer leistungsfähigeren Instrumenten, die präzise Mischungsverhältnisse der atmosphärischen Bestandteile zulassen, ebenso durch systematische Beobachtungen am Boden, und von Flugzeugen und Ballons oder, seit Beginn der sechziger Jahre, von Satelliten aus. Dadurch konnten auch neue theoretische Konzepte eingeführt werden. Seit rund zwanzig Jahren haben sich auch die Rechenmodelle, die das Verhalten der hohen Atmosphäre simulieren, vervielfacht. Die Entwicklung und Verfeinerung solcher Modelle wird durch immer schnellere Rechner begünstigt. Mit ihnen kann man heute die vertikalen, horizontalen, zonalen und meridionalen Variationen der Stratosphäre simulieren. Dabei werden ständig neue Anstrengungen unternommen, gleichzeitig chemische, dynamische und Strahlungsvorgänge zu erfassen. Simulationen sind hinsichtlich neuer Erkenntnisse oder zur Vorhersage ein unerläßliches Werkzeug, um Meßwerte zu berücksichtigen, die zeitlich oder räumlich noch zu viele Lücken aufweisen. Durch Vergleich von Größen unterschiedlicher Herkunft kann man manchmal mit ihrer Hilfe die Unsicherheiten erkennen, die in unserem Verständnis der Elementarprozesse noch verbleiben.

Solche Unsicherheiten gibt es in verschiedener Hinsicht. Was die Chemie anbelangt, so können die Unsicherheiten bezüglich der Geschwindigkeiten der beteiligten Reaktionen bis zu 50 % betragen. Die Laborexperimente sind ziemlich schwierig durchzuführen, da man die in der Stratosphäre herrschenden Druck- und Temperaturverhältnisse herstellen muß: von einem Zehntel bis weniger als einem Tausendstel des Bodendrucks, von $-90°$ bis $0°$ C. Obwohl das bisher schon mehrmals gelungen ist, kann man nie ausschließen, daß bei einer neuen Meßreihe unter Verwendung einer anderen experimentellen Technik ein Reaktionskoeffizient um mehrere Größenordnungen größer oder kleiner herauskommt.

Zu derartigen Unsicherheiten, die dem untersuchten Problem eigen sind, kommen solche, die damit zusammenhängen, daß die Stratosphäre kein isoliertes System ist. Bevor die Sonnenstrahlung Höhen unter 50 km erreichen kann, muß sie die oberen Atmosphärenschichten durchdringen. Von der genauen Bestimmung der Abschwächung, die sie dabei erleidet, hängt es ab, wie exakt die Intensitäten in geringerer Höhe, die die photochemischen Reaktionen antreiben, bekannt sind. Es müssen dabei die absoluten Werte der Intensitäten (d.h. nicht nur die relativen) gemessen werden. Solche Messungen sind, wie überall in der Physik, am schwierigsten auszuführen. Außerdem verändert die Sonne die von ihr ausgesandte Lichtintensität sowohl in einem kurzen, siebenundzwanzigtägigen als auch in einem langen, elfjährigen Rhythmus, was das Problem weiter kompliziert. Die Unsicherheiten hinsichtlich der genauen Stärke der Sonneneinstrahlung betragen je nach Wellenlänge immer noch 10 bis 20 %. Darin liegt übrigens die Ursache für eine der größeren Schwierigkeiten, die hinsichtlich unseres Verständnisses des Ozongleichgewichts noch bestehen. In Höhen zwischen 45 und 55 km, einer Region, in der die chemischen Prozesse alles bestimmen, mißt man 10 bis 15 % mehr Ozon, als nach den Modellen errechnet wird.

Schließlich kommen von der Erdoberfläche Teilchensorten, die in der Stratosphäre chemisch aktive Bestandteile freisetzen. Nun wird die Ergiebigkeit dieser Quellen zum Teil von der Verweilzeit der Teilchen in der niederen Atmosphäre bestimmt. Diese aber hängt wiederum von den physikalischen und chemischen Wechselwirkungen in der Troposphäre ab, deren Erforschung sich gegenwärtig in vollem Aufschwung befindet. Das genaue Studium dieser Mechanismen und die experimentellen Meßmethoden müssen hier erst noch entwickelt werden.

Diese zahlreichen Unsicherheiten können nur durch eine fortwährende Wechselbeziehung zwischen theoretischen und experimentellen Methoden geklärt werden. Sie sollten uns jedoch nicht von den zwei wesentlichen Fragen ablenken, die durch die Zerbrechlichkeit des stratosphärischen Gleichgewichts aufgeworfen werden: können die menschlichen Aktivitäten den natürlichen Quellen der atmosphärischen Bestandteile künstliche hinzufügen? Und wenn ja, welche Auswirkung haben diese Aktivitäten auf die Ozonschicht? Wie ändert sich die Balance der irdischen Umwelt?

3. Die Zerstörung des Gleichgewichts

3.1 Veränderungen in der chemischen Zusammensetzung der Atmosphäre

Das Ozonproblem trifft heute mit den globalen Modifikationen in der chemischen Zusammensetzung der Atmosphäre und den klimatischen Veränderungen, die sich daraus ergeben können, zusammen. Wie wir inzwischen wissen, hängt nämlich das natürliche Gleichgewicht der Ozonschicht nicht ausschließlich von Prozessen, die für die mittlere und hohe Erdatmosphäre charakteristisch sind, ab. Es wird auch beeinflußt durch die Existenz freier Radikale – chemisch aktiver Teilchen – in der Stratosphäre, deren Quellen sich hauptsächlich in Bodennähe befinden, und zwar in Form von stabilen Bestandteilen wie Methan, Wasserdampf, molekularem Wasserstoff, Stickoxid oder Kohlenstoff–Chlor–Verbindungen. Diese kommen durch physikalische oder biologische Prozesse in die Atmosphäre, so daß ihre Konzentration durch die ständige Kopplung zwischen der Atmosphäre, der Erdoberfläche, den Ozeanen und der pflanzlichen und tierischen Biosphäre bestimmt wird.

In den zurückliegenden Jahrtausenden hat sich auf diese Weise ein natürliches Gleichgewicht herausgebildet, das nur aufgrund der großen, durch kosmische oder geologische Ereignisse gesteuerten Klimazyklen schwankt. Seit rund hundert Jahren aber haben die menschlichen Aktivitäten den natürlichen Quellen künstliche hinzugefügt, deren Stärke unaufhörlich wächst. Die Tatbestände sind nicht wegzuleugnen: innerhalb von 100 Jahren hat der Gehalt an Kohlendioxid um 30 %, der des Methans um mehr als 100 % und der der Stickoxide um 25 % zugenommen. Der Mensch kann zwar die Quellen manipulieren, aber er hat keine Kontrolle über die regulativen Prozesse, die in den Ozeanen und in der Biosphäre ablaufen. Dies wird durch die unterschiedlichen Zeitskalen verhindert.

3.1.1 Die großen Reservoire des Planeten

Stellen wir uns ein System kommunizierender Röhren vor, so wie die von unseren Vorfahren zur Zeitmessung verwandte Klepshydra. Die Ausflußmengen der aufeinanderfolgenden Röhren sind perfekt aufeinander abgestimmt, um einen vorher festgelegten Gleichgewichtszustand zu erreichen. Wenn man willkürlich die an irgendeiner Stelle zufließende Menge verändert, setzt eine Kettenreaktion ein, und der Inhalt aller Gefäße verändert sich in Abhängigkeit von den Zu- und Abflußmengen eines jeden von ihnen. Das System ist nicht mehr im

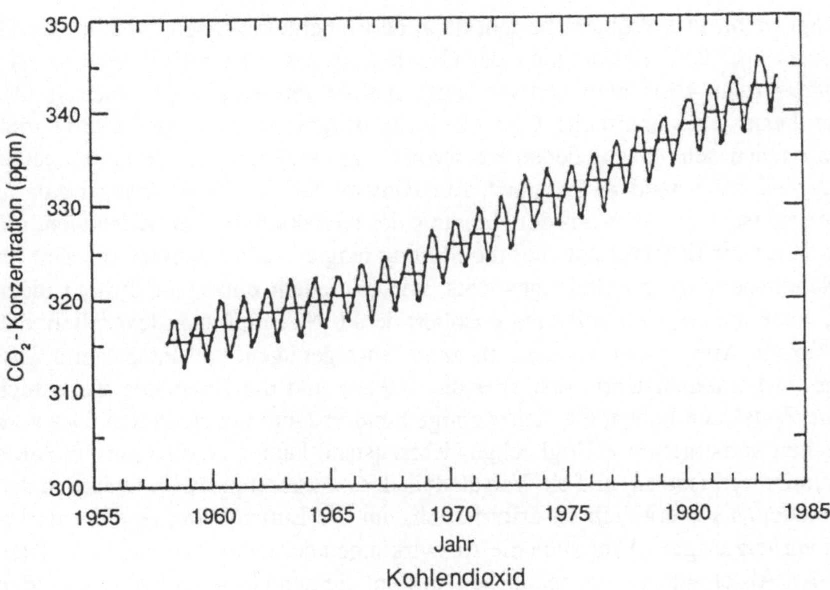

Kohlendioxid

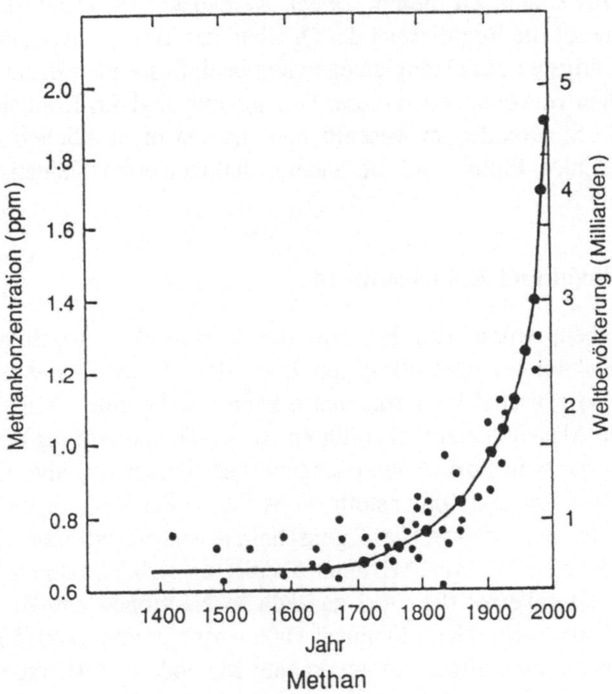

Methan

Entwicklung der relativen Konzentrationen des Kohlendioxids
und des Methans in der Atmosphäre

Gleichgewicht. Das Problem besteht dann darin, herauszufinden, welches Gefäß als erstes überläuft. Hinsichtlich der Gesamtheit des gekoppelten Systems Atmospäre–Ozean–Biosphäre sind wir heute in einer vergleichbaren Situation. Das vorher bestehende natürliche Gleichgewicht ist gestört, und die Materie muß sich zwischen den verschiedenen Reservoiren neu verteilen, um zu einem neuen Gleichgewichtszustand zu kommen. Ein Hinweis auf die Zeitspanne, die dafür notwendig ist, ergibt sich aus der Kenntnis der charakteristischen Zeitskalen, mit denen jedes der Untersysteme auf die Störung reagiert. Diese messen die Zeit für die Neueinstellung des Gleichgewichts, wie sie jedem einzelnen System eigen wäre, wenn man es sich vollständig isoliert denkt. Nun muß man feststellen, daß zwar für die Atmosphäre weniger als zehn Jahre genügen, um die gesamte Gasmenge zu homogenisieren, daß aber die Ozeane und die Biosphäre wesentlich längere Zeitskalen haben, die sicher einige hundert Jahre überschreiten. Der vom Menschen herbeigeführte Ungleichgewichtszustand kann sich also über mehrere Jahrhunderte fortsetzen, und ein Verständnis der Austauschprozesse zwischen den verschiedenen Reservoiren ist erforderlich, um die Entwicklung des Gesamtsystems vorherzusagen. Aber auch die Auswirkungen der menschlichen Aktivitäten auf jeden Abschnitt der biochemischen Zyklen, die den Gesamtinhalt eines jeden Reservoirs festlegen, müssen quantitativ erfaßt werden. Diesem Vorgehen, das jedem Versuch, in die Zukunft zu extrapolieren, vorausgehen muß, werden wir uns im folgenden zuwenden. Zu diesem Zweck werden wir im Detail die Prozesse untersuchen, die für die Regulierung der Quellen, der Transportvorgänge und der Senken der wichtigsten das Ozongleichgewicht beeinflussenden Bestandteile sorgen. Die natürlich vorkommenden dieser Bestandteile sind das Kohlendioxid, das Methan und die Stickoxide; im wesentlichen aus den menschlichen Aktivitäten resultieren die Chlor–Fluor– und die anderen halogenierten Kohlenstoffverbindungen.

3.1.2 Kohlendioxid und Kohlenstoff–14

Historisch gesehen, wurde das Problem der klimatischen Konsequenzen eines erhöhten Kohlendioxidgehalts gegen Ende des 19. Jahrhunderts von dem schwedischen Wissenschaftler Arrhenius erkannt. Aber eine Vermehrung, die auf menschliche Aktivitäten zurückzuführen ist, wurde erst Anfang der fünfziger Jahre von Hans Suess in Kalifornien nachgewiesen. Dieser bemühte sich um die Messung der Variation des Kohlenstoffisotops ^{14}C in der Vergangenheit. Dieses Isotop hat die gleichen chemischen Eigenschaften wie der normale Kohlenstoff ^{12}C, ist aber nicht stabil. Von ^{12}C unterscheidet es sich nur durch die innere Struktur seines Atomkerns, der zwei zusätzliche Neutronen enthält (daher die Masse 14) und als β-Strahler mit einer Halbwertszeit von rund 5600 Jahren zerfällt. Es ist heute eine allgemein anerkannte Methode der Altersbestimmung, Materialien, die eine gewisse Menge an atmosphärischem Kohlenstoff aufgenommen haben, mit Hilfe von ^{14}C zu datieren. ^{14}C wird nämlich in der Atmosphäre durch Kernreaktionen erzeugt, die von energiereichen Teilchen der kosmischen Höhenstrahlung, die in der Atmosphäre mit Stickstoffkernen zusammenstoßen, ausgelöst werden. Die Entstehungsrate der ^{14}C-Atome ist konstant, ebenso die Zerfallsrate, so daß sich ein radioaktives Gleichgewicht ausbildet. Die Folge ist ein konstanter ^{14}C-Gehalt in der Luft (man weiß heute, daß dieser Gehalt in der Vergangenheit um einige % geschwankt hat, die Gründe hierfür sind aber unbekannt). In der Atmosphäre verbindet sich das ^{14}C – ebenso wie das normale ^{12}C – sehr schnell mit dem Sauerstoffmolekül und bildet das Isotop $^{14}CO_2$ des Kohlendioxids, das genauso wie das gewöhnliche CO_2 von den Pflanzen assimiliert und dann von den Tieren aufgenommen wird. Dadurch besteht der Kohlenstoff in allen pflanzlichen und tierischen Geweben zu einem Tausendmilliardstel aus ^{14}C. Sobald ein Lebewesen stirbt, hören die Austauschvorgänge mit der Atmosphäre auf und die Quelle für das ^{14}C versiegt. Es zerfällt, und seine Konzentration im Gewebe nimmt im Laufe der Zeit ab. Da man die Zerfallsrate kennt, kann man mit hoher Genauigkeit das Alter von allen Materialien, die Kohlenstoff aus der Atmosphäre enthalten, bestimmen: von Pflanzen, Tieren, Korallen und Tropfsteinen in Höhlen. Die modernsten Meßverfahren erlauben eine Genauigkeit von 50 Jahren für Alter um 5000 Jahre und von 200 Jahren für Alter um 25.000 Jahre, d.h. eine Genauigkeit von etwa 1 %. Zusätzliche Unsicherheiten kommen von den unverstandenen Schwankungen des atmosphärischen ^{14}C-Gehalts. Von den Kohlezeichnungen in der Grotte von Lascaux bis hin zum berühmten Leichentuch von Turin reicht die Erfolgsliste dieser Datierungsmethode.

Aber kehren wir zu Hans Suess zurück. Seine Absicht war, die zurückliegenden Schwankungen des ^{14}C mit Hilfe einer Reihe von Holzproben zu bestimmen. Er benützte dazu die Methode der Dendrochronologie, die darin besteht, das Alter eines Holzes durch Zählen der Jahresringe zu ermitteln. Zunächst stellte er, wie nach dem Zerfallsgesetz erwartet, ein kontinuierliches Anwachsen des ^{14}C-Gehalts der einzelnen Jahresringe bis etwa 1850 fest. Ab 1850 verlangsamte sich dieses Anwachsen jedoch, als ob der Anteil an ^{14}C in der Atmosphäre plötzlich abgenommen hätte; quantitativ betrachtet, bestand ein Defizit von ungefähr 2 % gegenüber den Werten, die auf der Basis des bis 1850 beobachteten Anwachsens für 1950 zu erwarten gewesen wären. Die Erklärung für diese Abnahme ist wohlgemerkt nicht in einem Rückgang der kosmischen Höhenstrahlung, der Quelle für das atmosphärische ^{14}C, zu suchen. Sie liegt vielmehr in einer relativen Verminderung des atmosphärischen $^{14}CO_2$ im Vergleich zum stabilen $^{12}CO_2$, das mit Beginn der Industrialisierung um die Mitte des 19. Jahrhunderts plötzlich anstieg. Die Industrie verbrauchte in immer höherem Maß fossilen Kohlenstoff, zuerst als Kohle und später als Erdöl, das bei der Verbrennung Kohlendioxid produziert. Der fossile Kohlenstoff ist mehrere Millionen Jahre alt und enthält kein ^{14}C mehr, da dessen Halbwertszeit mit 5600 Jahren hierfür zu kurz ist. Auf diese Weise wurde zum ersten Mal, und zwar mit einer präzisen Messung, die Änderung eines Bestandteils der Atmosphäre aufgrund menschlicher Aktivitäten nachgewiesen.

3.1.3 Die großen Klimazyklen

Eine direkte Messung des Kohlendioxidgehalts in der Atmosphäre kann diese Änderung quantitativ belegen. Der amerikanische Geophysiker C.D. Keeling hat an dem Observatorium auf dem Mauna Loa auf Hawaii im Jahr 1957 eine Meßreihe des atmosphärischen CO_2 begonnen, die heute noch läuft. Dieser auf einem erloschenen Vulkan in 4000 m Höhe fern von allen direkten Verschmutzungsquellen gelegene Platz ist außerordentlich repräsentativ für die globalen Auswirkungen der menschlichen Einträge in die Atmosphäre, die man inzwischen als „Grundverschmutzung" bezeichnet. Die Kurve der CO_2-Änderungen auf dem Mauna Loa seit 1957 ist heute allgemein bekannt. Sie wird durch Beobachtungen an zahlreichen anderen Meßstationen, von Point Barrow in Alaska über die Amsterdaminsel im indischen Ozean bis hin zum Südpol, bestätigt.

Wie jede zeitlich hinreichend ausgedehnte Meßreihe – erinnern wir uns an die Ozonmessungen, die Albert Levy am Observatorium Montsouris in Paris durchführte – zeigt auch diese die Überlagerung von natürlichen und vom Menschen hervorgerufenen Veränderungen. Die beobachtete jährliche Schwankung folgt dem Rhythmus der Jahreszeiten. Sie ist auf der nördlichen Halbkugel am stärksten und das direkte Ergebnis der biologischen Aktivitäten. Der Gehalt der Atmosphäre an CO_2 nimmt im Frühjahr ab, wenn die Pflanzen ihre Tätigkeit wieder aufnehmen und bei der Fotosynthese CO_2 aus der Atmosphäre absorbieren. Die Absorption überwiegt dann die mit dem Abbau organischer Materie am Boden verbundene Emission von CO_2 in die Atmosphäre. Dies dauert den Sommer über an, bis sich im Herbst der Prozeß umkehrt, da wegen der Abnahme der verfügbaren Sonneneinstrahlung die Fotosynthese zurückgeht. Die Zunahme des CO_2 wird dann verstärkt durch die Zersetzung der pflanzlichen Materie: der Planet atmet. Die menschliche Einwirkung verrät sich in einer jährlichen Zunahme des beobachteten CO_2-Gehalts. Diese geht auf den industriellen und privaten Verbrauch von Kohle, Erdöl und Erdgas, die Abholzung der Wälder und die Vermehrung der landwirtschaftlich genutzten Flächen zurück. Es handelt sich dabei um ein rapides Wachstum von etwa 0,4 % pro Jahr, das, wenn es so weitergeht, zu einer mittleren CO_2-Konzentration von 600 ppm am Ende des nächsten Jahrhunderts führen wird. Das ist mehr als das Doppelte des vor der Industrialisierung beobachteten Wertes.

Wie ist es möglich, noch weiter in die Vergangenheit zurückzublicken, um zu sehen, ob eine derart erhöhte Kohlendioxidkonzentration auf unserem Planeten bei einer der bedeutsamen Klimaänderungen bereits einmal erreicht worden ist? Ein Archiv der Vergangenheit bietet die Antarktis, in deren Eis im Laufe der Jahrtausende kleine Luftblasen eingeschlossen wurden, die ein praktisch unverändertes Zeugnis der Atmosphäre früherer Epochen darstellen. Dank der Zusammenarbeit, die das Laboratorium für Glaziologie und Umweltgeophysik in Grenoble und das Isotopenlabor des Kommissariats für Atomenergie in Saclay mit den Amerikanern und Russen, die in der Antarktis über bedeutende logistische Hilfsmittel verfügen, einzufädeln verstanden, hat Frankreich zu dieser Suche nach der Vergangenheit in besonderem Maß beitragen können. Bei der

Station Vostok im Inneren des antarktischen Kontinents auf fast 4000 m Höhe, wo die Temperatur oft auf −80° C sinkt und das Eis wesentlich langsamer als in Küstennähe fließt, wurde ein 2200 m langer Bohrkern aus dem Eis gefördert. Die ältesten in ihm enthaltenen Eisschichten haben das enorme Alter von mehr als 150.000 Jahren. Während dieser ganzen Zeitspanne hat der Kohlendioxidgehalt zwar um bis zu 40 % geschwankt, mit einem Minimalwert von 200 ppm vor 18.000 Jahren, der dem Temperaturminimum zur letzten Eiszeit entspricht, aber der Maximalgehalt hat nie 280 ppm überschritten. Mit dem heutigen Wert von 345 ppm sind wir also bereits weit ins Unbekannte vorgedrungen!

Kann man vergangenen Fluktuationen des Kohlendioxidgehalts und des Klimas wirklich eindeutig miteinander in Verbindung bringen? Die Variationen der Temperatur, die man aus dem polaren Eis, aber auch aus anderen Zeugnissen der Vergangenheit wie den Meeressedimenten, den fossilen Pollen und den Schwankungen des Meeresniveaus erschließt, sind eng mit den CO_2-Variationen korreliert. Den geringen Temperaturwerten, im Mittel −7° C während der Eiszeiten, entsprechen die beobachteten Minima des Gehalts an CO_2. Aber was ist nun die Henne und was das Ei?

Die primären Ursachen sind astronomischer Natur und hängen mit der Stellung der Erde relativ zur Sonne zusammen. Die astronomische Theorie, die 1941 von dem Jugoslawen Milutin Milankovitsch formuliert wurde, erfährt denn auch ein erneutes Interesse. Ihre drei fundamentalen Zeitskalen der Klimaentwicklung beginnen gerade, in den Analysen der Eisschichten und der Sedimente klar hervorzutreten. Die erste Periode von 100.000 Jahren entspricht der Änderung in der Exzentrität[1] der Erdumlaufbahn von 1,6 %, wie sie heute vorliegt, zu einem exakten Kreis und umgekehrt. Die zweite hängt mit der periodischen Änderung der Neigung der Erdachse gegenüber der Erdbahnebene (der Ekliptik) zusammen, die mit einer Periode von 41.000 Jahren zwischen 22° und 25° schwankt und dadurch den Rhythmus der Jahreszeiten verändert. Die dritte Periode schließlich ist durch den Umlauf der Erdachse auf einem Kegel, dessen Achse senkrecht auf der Ekliptik steht, gegeben. Die Periode dieser sogenannten Präzession der Tagundnachtgleichen wurde im 18. Jahrhundert von d'Alembert zu 21.000 Jahren berechnet. Auf diesen Wert stützt sich die erste Theorie der Eiszeiten, die 1840 von dem französischen Mathematiker Adhémar vorgestellt wurde. Das Verdienst von Milankovitsch ist also, daß er diese Erscheinungen, die bereits weitgehend bekannt waren, kombiniert hat. Die Änderungen in der Dauer der Sonneneinstrahlung, wie sie sich unter Berücksichtigung dieser drei Schwingungen berechnen lassen, weisen eine starke Ähnlichkeit mit dem Gang der Temperaturänderungen auf, die in den Eisablagerungen und den Sedimenten archiviert sind. Zur Erklärung der globalen Änderungen reicht das aber noch nicht aus. Hierzu werden Verstärkungsprozesse benötigt. Das Kohlendioxid verstärkt die Aufheizung der Erdoberfläche. Umgekehrt reflektiert die während der Eiszeiten größere Menge an Eis und Schnee auf den Ozeanen und den Kontinenten verstärkt das Sonnenlicht, die wichtigste externe Energiequelle, und trägt damit

---

[1] Die Exzentrizität beschreibt die Abweichung von der kreisförmigen Umlaufbahn.

zur Kühlung der Oberfläche bei. Dies läßt die Schwierigkeiten einer eventuellen Klimavorhersage erahnen, die alle die positiven und negativen Reaktionsmechanismen berücksichtigen muß. Dabei haben wir noch nichts gesagt über die Kopplung der Atmosphäre mit den Ozeanen und der Biosphäre!

3.1.4 Regulierung oder unkontrolliertes Wachstum?

Kehren wir zum gegenwärtigen CO_2-Gehalt der Atmosphäre zurück und schätzen seine künftige Entwicklung ab. Dazu müssen die verschiedenen Beiträge bestimmt werden, deren Bilanz zu der gemessenen Zunahme des atmosphärischen CO_2 von 0,4 % pro Jahr führt. Der gesamte Gehalt der Erdatmosphäre an CO_2 beträgt 2640 Milliarden Tonnen, die im wesentlichen als Kohlendioxidgas vorliegen. Diese Masse mag enorm groß erscheinen, aber man muß sie auf das Gesamtvolumen der Erdatmosphäre von 4×10^{18} Kubikmeter beziehen; in Molekülzahlen ausgedrückt erhält man dann sehr wohl den Wert von 345 ppm. Wir werden also im folgenden bei allen Bilanzbetrachtungen in Milliarden von Tonnen rechnen, denn die einzige Einheit, die den Vergleich der verschiedenen Reservoire erlaubt, ist die Masse und nicht die Molekülzahl. Diese bleibt ja aufgrund der chemischen Reaktionen bei Austauschprozessen nicht notwendigerweise gleich; umso weniger, als der Kohlendioxidkreislauf Teil des Kohlenstoffkreislaufs zwischen den verschiedenen Reservoiren des Systems Atmosphäre–Ozean–Biosphäre ist. Da der Kohlenstoff also unter verschiedenen Formen auftreten kann (wenn er auch in der Atmosphäre zu 99 % als CO_2 vorliegt), ist es vorzuziehen, die Austauschvorgänge in Kohlenstoffäquivalenten, d.h. mit Hilfe der Masse des tatsächlich vorhandenen Kohlenstoffs, auszudrücken. So ist im CO_2-Molekül die relative Masse des Kohlenstoffs 12:44 = 0,273, da ein Grammatom Kohlenstoff 12g und ein Mol Sauerstoffmoleküle 32g wiegt. Auf diese Weise erhält man die Gesamtmasse des Kohlenstoffreservoirs in der Atmosphäre zu 720 Milliarden Tonnen. Wie hoch ist seine Masse in den anderen Reservoiren?

Die Berechnung der in der kontinentalen Biomasse enthaltenen Kohlenstoffmenge ist sehr viel unsicherer. Nachdem hier der größte Teil des Kohlenstoffs in der pflanzlichen Bodendecke gebunden ist, ist er sehr schwierig zu erfassen. Man schätzt etwa 500 Milliarden Tonnen Kohlenstoff in der lebenden Materie und um 1500 Milliarden Tonnen in der Bodendecke. Der Gehalt an Kohlenstoff in den Wäldern wäre damit heute geringer als der in der Atmosphäre. Dieses Ungleichgewicht kann wegen der Ausbeutung der fossilen Kohlen- und Erdölreserven, die sich auf etwa 4000 Milliarden Tonnen belaufen, noch weiter wachsen. Hinsichtlich der Kohlenstoffmenge, die als Folge der Abholzung von der Vegetation und dem Boden freigesetzt wird, bestehen zahlreiche Unsicherheiten. Sie hängen im wesentlichen mit der Schwierigkeit zusammen, die Änderungsrate der Bodennutzung und die Reaktion der Biosphäre darauf zu berechnen. Die heutigen Schätzungen der jährlichen Umwandlungsrate von tropischem Regenwald in Ackerfläche schwanken trotz der Fortschritte, die die Satellitenbeobachtung ermöglicht, zwischen 80.000 und 200.000 km^2. Immerhin kann man schätzen, daß die gesamte Kohlenstoffmenge, die die Biosphäre zwischen 1860 und 1960 an die Atmosphäre verloren hat, 100 bis 200 Milliarden Tonnen beträgt; ebensoviel, wie die Menge des bei der Verbrennung entstehenden CO_2. Demzufolge käme die Erhöhung des atmosphärischen CO_2-Gehalts während der letzten 120 Jahre zu gleichen Teilen von der Abholzung und von der Verbrennung her [2].

Obwohl die Sedimente zwischen 5000 und 10.000 Milliarden Tonnen Kohlenstoff – vor allem in Form fossiler Brennstoffe – enthalten, stellen die Ozeane das bei weitem bedeutendste Kohlenstoffreservoir dar. Man schätzt die Menge des gelösten, nicht organisch gebundenen Kohlenstoffs auf 38.000 Milliarden Tonnen, davon 0,5 % CO_2. Im Gegensatz zur Atmosphäre, wo das Kohlendioxid chemisch inert ist, verwandelt es sich im Ozean über eine Reihe von Reaktionen in Karbonat- und Bikarbonat-Ionen, wobei die letzteren fast 90 % der Gesamtmenge ausmachen. Die Regulierung des CO_2-Gehalts in den Ozeanen hängt von mehreren Faktoren ab. Zunächst bewirken die chemischen Reaktionen einen Puffereffekt. Um das Gleichgewicht nach einer bestimmten Änderung des atmosphärischen CO_2-Gehalts wiederherzustellen, braucht die im Oberflächenwasser gelöste CO_2-Menge nur um ein Zehntel der atmosphärischen Änderung variieren. Der Verbrauch oberflächennahen Kohlendioxids durch die marine Biomasse setzt sodann in den Gebieten mit hoher biologischer Aktivität (Primärproduktion genannt) eine immense „biologische Pumpe" in Gang. Der Zerfall und die Auflösung der abgestorbenen Biomasse bewirken den Transport gelösten Kohlenstoffs in die Tiefe und schließlich in die Sedimente.

Die Löslichkeit des CO_2 im Oberflächenwasser hängt außerdem von der örtlichen Differenz der Partialdrucke zwischen dem Ozean und der Atmosphäre ab. Zahlreiche physikalische Parameter wie Salzgehalt, Temperatur, Wind an der Oberfläche usw. spielen eine bestimmende Rolle bei all diesen Prozessen. So nimmt der Ozean an manchen Stellen Kohlendioxid aus der Atmosphäre auf, emittiert es aber an anderen Stellen, weil der Gehalt an gelöstem Kohlendioxid dort deutlich über dem Partialdruck des CO_2 in der Atmosphäre liegt. Auf diese Weise sorgt die Zirkulation der Ozeane für einen Transport des Kohlendioxids zwischen den Polarregionen, wo das CO_2-reiche Oberflächenwasser absinkt, und den Äquatorbereichen, wo Wasser aus tiefen Schichten aufsteigt und dann CO_2 in die Atmosphäre emittiert. Dieser Zyklus dauert insgesamt mehrere Dutzend Jahre.

Und die Einwirkung des Menschen? Alle Quellen zusammengenommen und die Verbrennung mit 80 %, die Abholzung und Veränderungen der Ökosysteme mit 20 % gerechnet, führen die menschlichen Aktivitäten dem gekoppelten System Ozeane–Atmosphäre–Biosphäre rund 20 Milliarden Tonnen Kohlendioxid pro Jahr zu, das entspricht 5,5 Milliarden Tonnen Kohlenstoff. Nun beträgt aber die jährliche Zunahme ungefähr 0,4 %, bezogen auf die 720 Milliarden Tonnen,

---

[2] Anmerkung des Übersetzers: Eine Untersuchung der UNO (United Nations Envoriment Programme, UNEP) hat kürzlich gezeigt, daß die tropischen Savannen das atmosphärische CO_2 ebenso effektiv binden können wie die tropischen Regenwälder. Diese Savannen sind, ebenso wie die Regenwälder, einer fortschreitenden Zerstörung ausgesetzt, vor allem durch Umwandlung in Ackerland, das CO_2 wesentlich schlechter bindet. Die daraus resultierende zusätzliche CO_2-Freisetzung in die Atmosphäre ist der, die sich aus der Zerstörung der Regenwälder ergibt, vergleichbar.

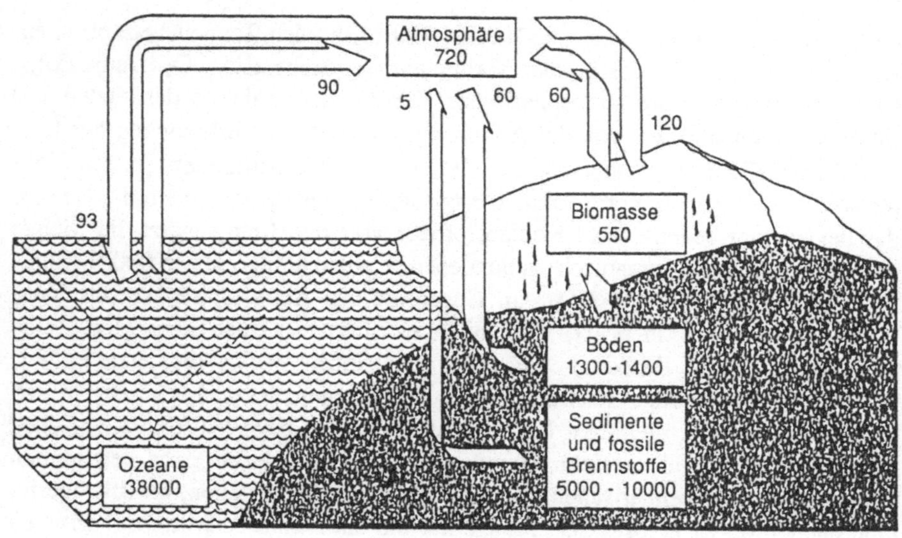

Der Kohlendioxidkreislauf zwischen den
verschiedenen Komponenten der irdischen Umwelt
(Zahlen in Milliarden Tonnen Kohlenstoff)

die die Atmosphäre enthält, sind das nur etwa 2,8 Milliarden Tonnen. Wohin verschwinden die restlichen 50 %? Wahrscheinlich in die Ozeane. Die Rolle der Ozeane für die Regulierung des atmosphärischen Kohlendioxids ist die fundamentale Frage, die heute noch offen ist.

Wir haben ja bereits oben gesehen, daß zur Wiederherstellung der Balance nur eine kleine Menge an atmosphärischem Kohlendioxid in die Ozeane überführt werden muß. Dadurch würde die Regulationsmöglichkeit an der Meeresoberfläche im Prinzip eingeschränkt, wenn nicht die biologische Pumpe, die den Transport in Tiefenwasser ermöglicht, zu einer Verstärkung führte. Ein anderes bemerkenswertes Phänomen ist, daß das Kohlendioxid, das heute in den tropischen Ozeanen an die Oberfläche zurücksteigt, bereits während der vorindustriellen Ära von den Ozeanen absorbiert wurde. Die Ozeane haben somit den ehemals kleineren CO_2-Gehalt der Atmosphäre im „Gedächtnis". Was passiert, wenn eines Tages die tatsächlichen CO_2-Konzentrationen an die Oberfläche zurücksteigen? Die Antwort auf diese Frage hängt wesentlich von einem subtilen Zusammenspiel zwischen den Zeitskalen der verschiedenen beteiligten Prozesse ab. Die Hypothese, daß die CO_2-Senke der Ozeane einmal gesättigt sein könnte, wodurch sich die Auswirkungen der CO_2-Emissionen auf die Atmosphäre mit den entsprechenden klimatischen Konsequenzen verstärken würden, kann nicht ausgeschlossen werden. Sicherlich haben auch natürliche Vorgänge zu Veränderungen des Kohlendioxidgehalts in der gleichen Größenordnung wie die vom Menschen erzeugte geführt, wie vor allem Untersuchungen der polaren Eisschichten gezeigt haben. Aber sie haben mehrere Jahrhunderte oder sogar Jahrtausende benötigt, so daß die Natur ihre eigenen Regulationsprozesse ausspielen konnte. In nur hundert Jahren haben die menschlichen Aktivitäten zu einer Erhöhung des CO_2-Gehalts der Atmosphäre um beinahe 30 % geführt; doch weder kennen wir die Reaktionszeiten der Atmosphäre und der Ozeane, noch können wir sie *a fortiori* kontrollieren!

3.1.5 Die Rolle des Methans

Obwohl seit 1940 bekannt ist, daß Methan in der Atmosphäre vorhanden ist, gibt es Messungen erst seit dem Ende der sechziger Jahre, als hinreichend empfindliche Meßmethoden verfügbar wurden. Die gemessenen Mittelwerte der relativen Konzentration betrugen 1,41 Millionstel auf der Nordhalbkugel und 1,30 Millionstel auf der Südhalbkugel. 1976 waren diese Werte bereits auf 1,60 Millionstel angestiegen. Die gegenwärtige Konzentration beträgt 1,8 Millionstel, die mittlere Steigerungsrate liegt bei 1 %.

Wie auch beim Kohlendioxid hilft uns die weitgehende chemische Stabilität des Methans, seine Spuren in den Archiven des ewigen Eises in Grönland oder in der Antarktis aufzufinden. Auf der Skala von einigen Jahrhunderten betrachtet, findet man, daß der Methangehalt der Atmosphäre bis ungefähr zum Jahr 1700 bemerkenswert konstant 0,7 Millionstel betragen hat. Seither ist er rapide gestiegen, und zwar parallel zum Bevölkerungswachstum. Während die beobachtete Vermehrung des Kohlendioxidgases seit 1850 im wesentlichen auf die industrielle Revolution zurückgeht, scheint das schnelle Anwachsen des Methangehalts, das schon hundert Jahre früher einsetzte, mit den für die Ernährung einer immer zahlreicheren menschlichen Population notwendigen landwirtschaftlichen Praktiken verbunden zu sein.

Methan, der leichteste Kohlenwasserstoff, besteht aus einem Kohlenstoffatom, das mit vier Wasserstoffatomen verbunden ist. Es wird natürlicherweise gebildet durch die Tätigkeit von Mikroben, die organische Materie unter Sauerstoffabschluß (sogenannten anaeroben Bedingungen) zersetzen. Solche Bakterien finden sich in Sümpfen, in Reisfeldern oder allgemein in überschwemmten Flächen – daher der Name „Sumpfgas" für das Methan – , aber auch in den Eingeweiden von Pflanzenfressern, vor allem von Wiederkäuern. Alle diese biologischen Quellen zusammen produzieren pro Jahr zwischen 165 und 340 Millionen Tonnen Methan. Dazu kommt das Methan, das bei der Ausbeutung der natürlichen Gaslagerstätten entweicht. Das Methan ist darin der Hauptbestandteil, weshalb es auch als Erdgas bekannt ist. Man findet es auch in Kohlenminen, wo es sich in Hohlräumen ansammeln und zu schrecklichen Schlagwetterexplosionen führen kann. Diese physikalischen Quellen liefern 65 bis 75 Millionen Tonnen jährlich. Hinzu kommen weitere 15 bis 35 Millionen Tonnen, die bei der Verbrennung von Biomasse entstehen, vor allem in den Tropen, wo das Abflammen der Felder zu den Grundlagen der lokalen Landwirtschaft gehört.

Die Bilanz all dieser Methanquellen ergibt somit eine Zahl zwischen 300 und 550 Millionen Tonnen pro Jahr. Die Unsicherheit um fast einen Faktor zwei liegt zum großen Teil an der Schwierigkeit, zu einer genauen Bestandsaufnahme der einzelnen zu den Methanemissionen beitragenden Ökosysteme zu gelangen und die Emissionsrate eines jeden von ihnen zu berechnen. Jedes hängt ja von einer großen Zahl atmosphärischer Faktoren ab. Was beispielsweise die Sümpfe anbelangt, so basieren die Ergebnisse auf einigen räumlich und zeitlich begrenzten Messungen, die hauptsächlich in mittleren Breiten gemacht wurden und eine Schwankungsbreite um ein bis zwei Größenordnungen haben, je nach der Art des Bodens, der Temperatur, der Feuchtigkeit ... Im jährlichen Mittel kann sich diese Unsicherheit auf einen Faktor von ungefähr 2,5 reduzieren, die entsprechende Emissionsrate bewegt sich zwischen 45 und 110 Gramm Methan pro Quadratmeter. Nun muß noch die gesamte emittierende Oberfläche berechnet werden. Diese wird auf 1600 Milliarden Quadratmeter geschätzt, die zu 75 % in tropischen und subtropischen Regionen liegen. Nachdem diese nur in bestimmten Jahreszeiten überschwemmt sind, wird Methan nur während 5 bis 6 Monaten produziert. Daran ist zu erkennen, wie schwierig es ist, präzise Bilanzen zu erstellen. Wir treffen hier wieder auf das Problem der Skalenintegration, das bereits im Zusammenhang mit dem Gleichgewicht des stratosphärischen Ozons angesprochen wurde und das den Geochemiker zwingt, von Mikroorganismen zu individuellen Ökosystemen aufzusteigen, um daraus einen Mittelwert auf globalem Maßstab abzuleiten.

Welche Senken balancieren diese Quellen aus? Die wichtigste ist chemischer Natur. Dieser fundamentale Unterschied im Vergleich zum Kohlendioxid macht die Abschätzungen noch schwieriger. In der Troposphäre ist es die Oxidation des Methans durch das Hydroxylradikal OH, das wir schon von der Stratosphäre her kennen. Sie führt zur Bildung von Kohlenmonoxid CO, Ozon O_3 und Wasserdampf und vermag schätzungsweise 260 Millionen Tonnen zu beseitigen. Dazu kommen weitere 60 Millionen Tonnen, die in der Stratosphäre von dem angeregten Sauerstoffatom O^1D oxidiert werden und die Hauptquelle für die Wasserstoffverbindungen in der Stratosphäre bilden. Die zweite Senke ist eine biologische, sie besteht im Abbau des Methans durch Mikroorganismen. Ihre Wirksamkeit ist verhältnismäßig gering, größenordnungsmäßig 20 Millionen Tonnen pro Jahr.

Um die globale Methanbilanz zu erhalten, müssen wir noch die heute beobachtete jährliche Erhöhung des Methangehalts der Atmosphäre um 1 % in Rechnung stellen. Bei einem Gehalt von 4,4 Milliarden Tonnen entspricht dieser jährliche Zuwachs rund 44 Millionen Tonnen. Man stellt also fest, daß sich die Gesamtverluste auf 380 Millionen Tonnen belaufen und damit durchaus den Emissionen vergleichbar sind, die wir auf 300 bis 500 Millionen Tonnen geschätzt hatten. Dies ist gewiß ein befriedigendes Ergebnis, das uns aber auch veranlaßt, uns des Grabens bewußt zu werden, der uns noch von einem detaillierten Verständnis der vorkommenden Prozesse trennt – und damit von der Möglichkeit selbst einer ungenauen Vorhersage.

Im Vergleich zum Kohlendioxid ist die Lebensdauer des Methans in der Atmosphäre, die im wesentlichen durch die Reaktionsgeschwindigkeit mit dem OH-Radikal bestimmt ist, ziemlich kurz: etwa 10 Jahre. Diese Zahl spiegelt genau das Verhältnis des Gesamtinhalts der Atmosphäre zur jährlich erzeugten Menge wider (4400 Millionen Tonnen zu 440 Millionen Tonnen pro Jahr; nachdem die atmosphärische Methankonzentration mit den Emissionen im Gleichgewicht ist, ist dieses Ergebnis rechnerisch zu erwarten). Der Einfluß der menschlichen Aktivitäten auf den Methangehalt der Atmosphäre findet also ein verhältnismäßig schnelles Echo. Er zeigt sich in einer nahezu 50 %-igen Erhöhung der vom Menschen erzeugten Emissionen seit dem Ende des Zweiten Weltkriegs, die übrigens entsprechend den verschiedenen Quellen variiert. Der Löwenanteil kommt natürlich von der Erdgasausbeutung, deren Methanemissionen von 2 auf 35 Millionen Tonnen zugenommen haben. Die mit der Kohleausbeutung verbundene Methanquelle hat ebenfalls kräftig zugenommen: von 20 auf 35 Millionen Tonnen während des gleichen Zeitraums. Die Erweiterung der landwirtschaftlich genutzten Flächen hatte eine Verdoppelung der Reisfeldemissionen zur Folge, von 60 auf 120 Millionen Tonnen. Allerdings hat gleichzeitig die Ausdehnung der Sümpfe stark abgenommen, da die neuen Reisanbauflächen zum Teil in ihnen gewonnen wurden. Deshalb hat ihr Beitrag zur Methanemission von 80 auf 50 Millionen Tonnen pro Jahr abgenommen. Des weiteren schlagen die Pflanzenfresser als Methanquellen immer stärker zu Buche: ihr Anteil ist von 50 Millionen Tonnen im Jahr 1940 auf gegenwärtig 90 Millionen Tonnen jährlich gestiegen. Wir schließen diese Liste ab mit einer möglichen Methanquelle, die 1981 von einem amerikanischen Forscher in die Diskussion gebracht wurde. Er hatte die Idee, Termiten in einen Sack einzuschließen und die von diesen Insekten, die für ihre Vorliebe für Holzbauten bekannt sind, erzeugte Methanmenge zu messen. Tatsächlich erzeugt ein Termitenhügel eine beträchtliche Menge an Methan. Nun muß man freilich – und hier wird es kompliziert – noch die Termiten auf der Erde zählen. Die jährlich erzeugten Mengen variieren je nach Autor um mehrere Größenordnungen. Sie wurden auf bis zu 20 Millionen Tonnen geschätzt und würden in diesem Fall zwischen 5 % und 8 % der Gesamtproduktion ausmachen. Heute nimmt man wesentlich vernünftigere Zahlen an, etwa 1 bis 2 Millionen Tonnen; aber wer weiß, was diese Art von Messungen bei anderen Tierarten noch dazufügen kann?

3.1.6 Die Rolle der Stickstoffverbindungen

Der molekulare Stickstoff repräsentiert 80 % der Gasmenge in der Atmosphäre, das ist eine Gesamtmasse von viermillionen Milliarden Tonnen. Es scheint daher zunächst schwierig, sich vorzustellen, daß die menschlichen Aktivitäten, deren Stickstoffemissionen in die Atmosphäre sich auf höchstens einige Milliarden Tonnen pro Jahr belaufen, das Reservoir der Stickstoffverbindungen in der Atmosphäre merklich stören könnten. Aber das stimmt nur, solange man sich lediglich für den Hauptbestandteil, eben den molekularen Stickstoff, interessiert. Die anderen Stickstoffverbindungen sind wesentlich seltener; z. B. beträgt der Gehalt an Stickoxiden, der zweithäufigsten Substanz, nur 300 Milliardstel, und der an Oxiden wie NO oder NO_2 nur höchstens einige Dutzend Milliardstel. Damit findet man Gesamtmengen in der Größenordnung von immerhin mehreren Milliarden Tonnen (genau 1,5 Milliarden für das Stickoxid), die direkt dem menschlichen Einfluß unterliegen. Diese Substanzen, deren Hauptquelle das Stickoxid N_2O ist, kontrollieren das Gleichgewicht des Ozons. Man muß folglich eine genaue Bilanz aufstellen.

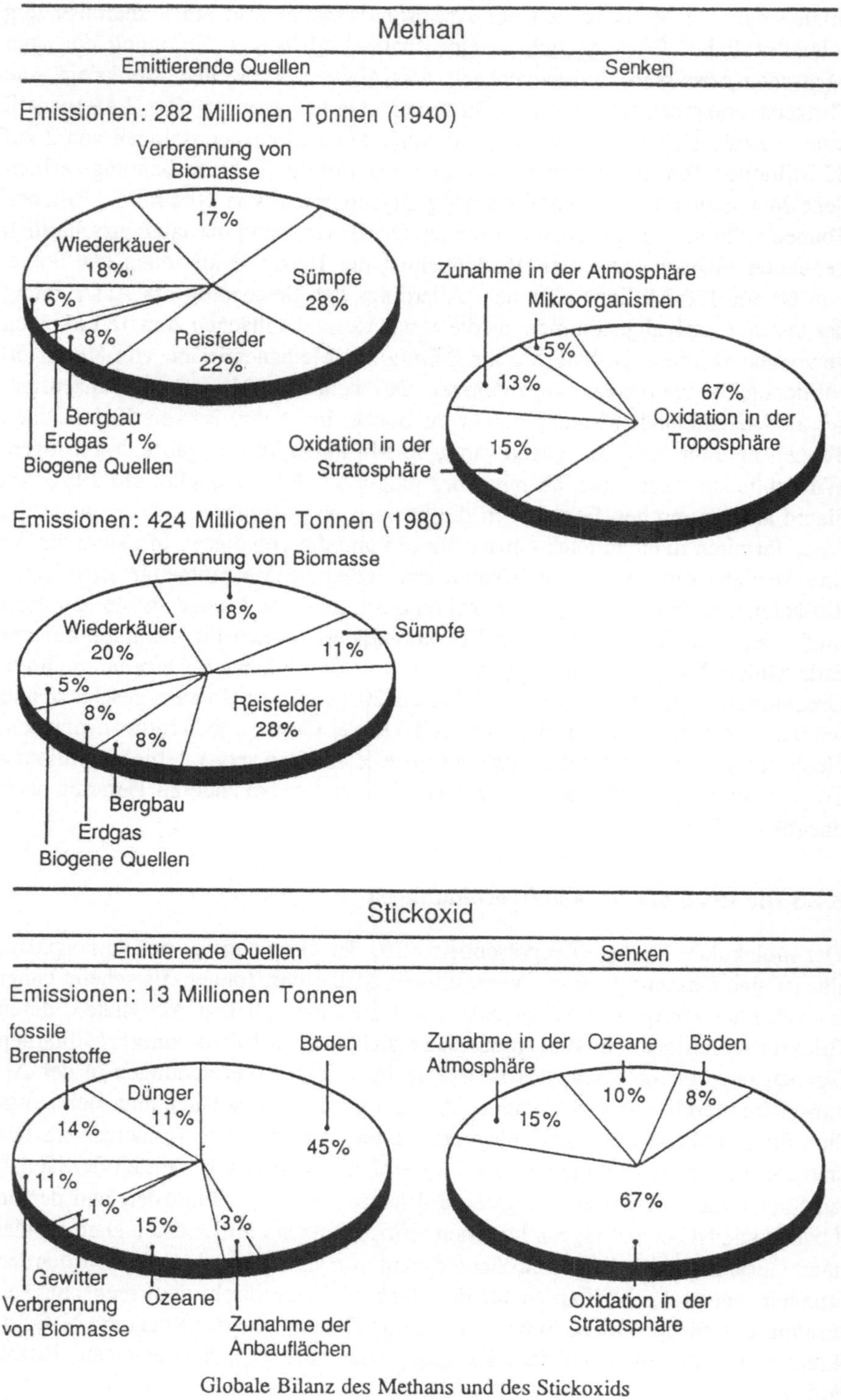

Methan

| Emittierende Quellen | Senken |

Emissionen: 282 Millionen Tonnen (1940)

Emissionen: 424 Millionen Tonnen (1980)

Stickoxid

| Emittierende Quellen | Senken |

Emissionen: 13 Millionen Tonnen

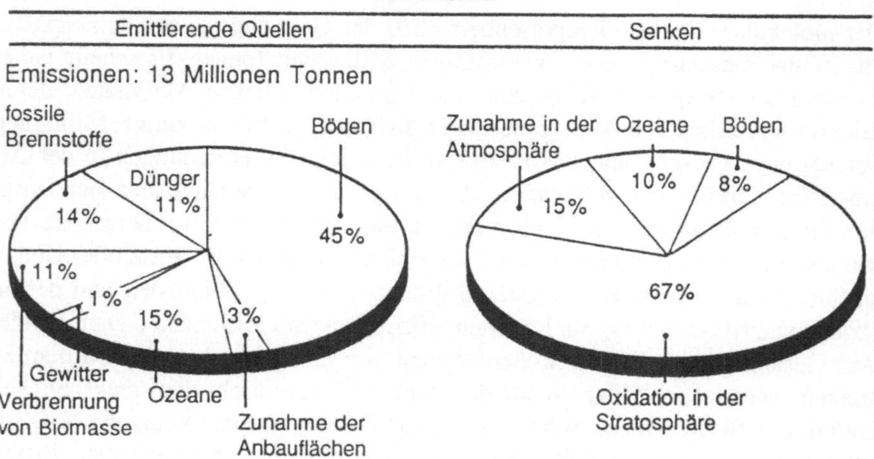

Globale Bilanz des Methans und des Stickoxids

Der Kreislauf des Stickstoffs zwischen der Atmosphäre, den Ozeanen und der Biosphäre wird von zwei wesentlichen Prozessen beherrscht, die mit der Tätigkeit der Mikroorganismen im Boden und im Wasser zusammenhängen. Sie bewirken einen ständigen Austausch zwischen reduzierten Formen wie N_2 oder N_2O, in denen die Stickstoffatome durch eine besonders feste Zweierbindung zusammengehalten werden, und oxidierten Formen, hauptsächlich Nitraten und den Oxiden NO_x. Die Nitratbildung besteht im Aufbrechen der Doppelbindung der reduzierten Bestandteile und in der anschließenden Nitratsynthese aus organischen Abfällen. Dieser Prozess ist die erste Stufe im Abbau abgestorbener organischer Materie sowohl im Boden als auch in den Ozeanen. Er benötigt freien Sauerstoff und geht daher in der freien Luft unter sogenannten aeroben Bedingungen vor sich. Ausgeglichen wird dieser Mechanismus der natürlichen Biosphäre durch den Nitratabbau, der wiederum durch Vermittlung von Mikroorganismen zur Reduktion der Nitrate in abgestorbener organischer Materie führt. Dafür werden anaerobe Bedingungen benötigt – die Anwesenheit von Sauerstoff muß vermieden werden. Solche nitratabbauenden Prozesse finden in einer Umgebung mit oxidierbaren Elementen statt, welche die beim Nitratabbau freigesetzten Sauerstoffatome zu binden vermögen. In Sedimenten, die reich an organischer Materie sind, in überschwemmten Flächen und abgeschlossenen Ozeanbecken ist diese Umgebung vorhanden. Der größte Teil der reduzierten Stickstoffverbindungen liegt dabei als molekularer Stickstoff vor. Nur ein geringer Teil, etwa 1 %, besteht aus Stickoxid, dessen Konzentration in der Atmosphäre aufgrund dieses natürlichen Gleichgewichts ungefähr 280 Milliardstel beträgt. Die natürliche Produktionsrate von Stickoxid durch die Böden liegt bei 6 Millionen Tonnen pro Jahr, die der Ozeane und der klaren Gewässer bei 2 Millionen. Elektrische Entladungen in Gewittern, die die Stickstoffmoleküle in der Luft aufspalten, erzeugen noch einige hunderttausend Tonnen jährlich. Der Abbau erfolgt vor allem in der Stratosphäre. Dort ist die Oxidation des Stickoxids N_2O die Hauptquelle für die Radikale NO_x. Ein kleiner Teil des Stickoxids wird aber auch im Boden und in den Ozeanen absorbiert.

Nun mißt man seit etwa 20 Jahren eine kontinuierliche Erhöhung des bodennahen Stickoxidgehalts, und zwar an Meßstationen, die weit weg sind von allen Verschmutzungsquellen. Sie beträgt ungefähr 0,3 % jährlich, das entspricht rund 4,5 Millionen Tonnen. Bereits seit langem war man auf die Verschmutzung der Böden, der Seen und der Flüsse aufmerksam geworden, die von einer überreichlichen Verwendung von Stickstoffdüngern herrührt. Sie zieht eine fortschreitende Eutrophierung der Seen, des Grundwasserspiegels und der Küstengewässer nach sich, die erst vor wenigen Jahren in Frankreich die politischen Behörden veranlaßt hat, die Anwendung von Kunstdünger zu reglementieren und insbesondere Schutzzonen auszuweisen, in denen der Gebrauch von Stickstoffdünger und das Ausbringen von Gülle eingeschränkt oder sogar verboten ist. Diese Verseuchung der Böden bedeutet aufgrund der nitratabbauenden Prozesse aber auch eine direkte Emission von Stickoxiden in die Atmosphäre. Deren genaue quantitative Schätzung erweist sich, wie schon beim Methan, als sehr heikel. Dies umso mehr, als je nach den örtlichen Temperatur- und Feuchtigkeitsbedingungen die gleiche Fläche in gewissen Jahreszeiten Stickoxid emittiert, während sie es einige Monate später absorbiert! Hier spielt wieder das Gleichgewicht zwischen den Prozessen der Nitratbildung und des Nitratabbaus eine Rolle. Man schätzt heute die Menge an Stickoxid, die jährlich aufgrund der landwirtschaftlichen Tätigkeiten in die Atmosphäre emittiert wird, zwischen 1 und 3 Millionen Tonnen. Diese Zahl reicht nicht aus, um die beobachtete Zunahme zu erklären. Man muß jedoch noch die 1 bis 2 Millionen Tonnen hinzufügen, die durch die bereits im Zusammenhang mit dem Methan erwähnte Verbrennung tropischer Biomasse emittiert werden, sowie eine vergleichbare Menge, die bei der Verbrennung von fossilen Brennstoffen bei hohen Temperaturen entsteht. Die auf den Menschen zurückzuführenden Stickoxidemissionen betragen also insgesamt zwischen 3 und 6 Millionen Tonnen pro Jahr, eine Zahl, die mit der beobachteten Zunahme in der Atmosphäre verträglich ist.

Interessieren wir uns etwas näher für den Rhythmus dieser Erhöhung. Die jährliche Stickoxidemission liegt bei 13 Millionen Tonnen, 30 % bis 45 % davon sind vom Menschen verursacht. Diese Zahl stellt nur ungefähr ein Viertel des Gehalts der Atmosphäre dar. Daraus können wir ableiten, daß die Lebensdauer des Stickoxids sicherlich mehr als einige Dutzend Jahre beträgt. Ein Gleichgewichtszustand wird nicht erreicht, und die in der Atmosphäre beobachtete relative Häufigkeit entspricht nicht direkt den gegenwärtigen Emissionen. Dadurch tritt die paradoxe Situation ein, daß der Gehalt an Stickoxid weiter zunähme selbst wenn die Emissionen auf ihrem heutigen Niveau eingefroren würden. Es würde sich dann ein Endgehalt von 450 Milliardstel einstellen, das ist eine relative Erhöhung um 50 % im Vergleich zum heutigen Wert. Dieser Verzögerungseffekt ist eine der wesentlichen Randbedingungen, die wir berücksichtigen müssen, wenn wir die Zukunft unseres Planeten bewahren wollen. Wie der Kapitän eines Supertankers müssen wir die Maßnahmen weit vorausbedenken, denn wenn das Riff einmal in Sicht ist, ist es aufgrund der Trägheit des Systems oft zu spät, den Schiffbruch zu vermeiden.

Andere Oxide des Stickstoffs, vor allem das Monoxid NO und das Dioxid NO_2, die das Ozongleichgewicht in der mittleren Stratosphäre kontrollieren, können direkt in die Atmosphäre emittiert werden. Erinnern wir uns, daß es gerade die potentiellen Emissionen der in sehr großer Höhe fliegenden kommerziellen Überschallflugzeuge waren, die zu Beginn der siebziger Jahre zum erstenmal das Problem der Ozonschicht aufgeworfen haben. Wie beim Stickoxid geht die natürliche Emission von NO_x zum einen auf die Tätigkeit von Mikroben, zum anderen auf die Dissoziation von molekularem Stickstoff bei elektrischen Entladungen in Gewittern zurück. Erstere wird auf 10 bis 15 Millionen Tonnen pro Jahr geschätzt und enthält wiederum einen Anteil, der von der Kunstdüngerverwendung und der Erweiterung der landwirtschaftlich genutzten Flächen herrührt. Letztere hat viel mehr Bedeutung als beim Stickoxid, weil die Oxidation der beim Aufbrechen der Stickstoffmoleküls N_2 freigesetzten Atome durch Rekombination mit dem Luftsauerstoff bevorzugt oxidierte Formen vom Typ NO und NO_2 bildet. Ihr Mittelwert liegt zwischen 8 und 10 Millionen Tonnen pro Jahr, die zum großen Teil in den Tropenregionen entstehen, wo die Gewittertätigkeit am stärksten ist. Ebenfalls in diesen Gebieten trägt die Verbrennung von Biomasse ungefähr 10 Millionen Tonnen pro Jahr zur Gesamtemission bei. Die größte auf den Menschen zurückzuführende Quelle stellt aber ohne Zweifel die Luftverpestung durch die Autos und die sonstige Verbrennung fossiler Brennstoffe dar. Die Schwankungen des NO_x-Gehalts der Luft in den Städten hängen eng mit der Dichte des Autoverkehrs zusammen; die allgemein beobachteten Maxima zu den Stoßzeiten am Morgen und am Abend legen davon ein beredtes Zeugnis ab! 20 Millionen Tonnen werden auf diese Weise in jedem Jahr direkt in die Atmosphäre geblasen.

Ein wichtiger Unterschied im Vergleich zum Kohlendioxid, zum Methan und zum Stickoxid muß betont werden. Die Oxide NO und NO_2 sind chemisch aktive Sorten, die Reaktionsprozesse katalysieren und besonders in der Troposphäre ozonbildend wirken. Deshalb ist ihre Lebensdauer in der unteren Atmosphäre relativ kurz, größenordnungsmäßig ein bis sieben Tage. Sie haben also nicht die Zeit, weit vom Entstehungsort wegtransportiert zu werden oder wegzudiffundieren. Die beobachteten Konzentrationen sind ein direktes Abbild der Ausdehnung und der Intensität der Quellen und schwanken dementsprechend um mehrere Größenordnungen, von einigen Hundertmilliardsteln in entlegenen Gegenden zu einigen Dutzend Milliardsteln in Gebieten mit starker Verschmutzung durch Industrie oder Autoverkehr. Die kurze Lebensdauer verhindert insbesondere auch, daß NO_x-Moleküle, die in Bodennähe erzeugt wurden, in die Stratosphäre aufsteigen. Die Quellen, die wir soeben im Detail beschrieben haben, sind deswegen nur für die Troposphäre von Belang und beeinflussen nicht die Bilanz der NO_x in der Stratosphäre. Deren Hauptquelle in großer Höhe bleibt die Oxidation von Stickoxid. Zwei Ausnahmen scheinen jedoch möglich. In den Tropen kann die Erzeugung von NO_x durch Gewitter auch in großen Höhen oberhalb 10 km stattfinden, und die besonders in diesen Regionen starken aufsteigenden Luftbewegungen können die so gebildeten Oxide über die Tropopause in die untere Stratosphäre transportieren. Ferner fliegen die Flugzeuge meist in 10 bis 12 km Höhe und können deshalb bei mittleren und hohen Breitengraden einen Teil der in ihren Turbinen erzeugten Oxide NO_x direkt in die Stratosphäre bringen. Die Gesamtemission der NO_x in der Troposphäre erreicht fast 60 Millionen Tonnen pro Jahr. Obwohl sie weit höher ist als die des Stickoxids, die auf 13 Millionen Tonnen jährlich geschätzt wird, beeinflußt sie die stratosphärische Balance nicht direkt. Wir werden aber sehen, wie wichtig sie für die Ozonbilanz in der Troposphäre ist.

3.1.7 Welche Luft werden wir im Jahr 2040 atmen?

Die Überlagerung von künstlichen, vom Menschen erzeugten Quellen mit den natürlichen bewirkt also heute eine schnelle Veränderung der chemischen Zusammensetzung der unteren Atmosphäre. Alle Tätigkeitsbereiche sind betroffen: die Landwirtschaft mit der Ausweitung der kultivierbaren Flächen und der Verwendung von Kunstdünger, die Industrie mit der Verbrennung und den chemischen Abfällen, der Transport mit der Abgasverschmutzung durch die Autos und die

Flugzeuge. Die Konzentrationen an Kohlendioxid, Methan und Stickoxid werden sich bei dem heutigen Tempo innerhalb von fünfzig oder hundert Jahren verdoppeln. Wir müssen uns deshalb bereits heute diese außerordentliche Herausforderung an die Natur, mit der wir zu Beginn des dritten Jahrtausends konfrontiert werden, voll bewußt machen. Die Augen zu verschließen und die Flucht nach vorne anzutreten würde wahrscheinlich in eine ökologische Katastrophe großen Ausmaßes führen. Aber es ist ebenfalls schwierig, eine ganz auf Wachstum und technischen Fortschritt gegründete Zivilisation plötzlich in Frage zu stellen, ohne die sozioökonomischen Gleichgewichte umzustürzen. Dies umso mehr, als die auf uns zukommenden Risiken noch schwierig zu erfassen sind, trotz aller Anstrengungen, das Schicksal unseres Planeten besser vorauszusehen.

Die erste Schwierigkeit besteht übrigens darin, die zukünftige Entwicklung der Spurenstoffe abzuschätzen, deren Konzentration beständig wächst. Vorausberechnungen für das nächste Jahrhundert enthalten selbstverständlich einen bedeutenden Unsicherheitsfaktor, der zum Teil die Grenzen unserer heutigen Kenntnis der Prozesse, die die Kreisläufe dieser Bestandteile steuern, widerspiegelt. Zum anderen besteht die Schwierigkeit, die Entwicklung der Lebensweisen und der Verteilung der wichtigsten industriellen und landwirtschaftlichen Aktivitäten in globalem Maßstab vorherzusagen. Es ist nur ein kleiner Schritt von einem Szenario, das auf einem für einen gegebenen Zeitpunkt realistischen Ansatz beruht, zu einem Katastrophenszenario, dem wenig Glauben geschenkt wird. Außerdem ändert sich auch die Einstellung der Menschen, und strikt angewandte Verordnungen könnten schnelle Korrekturen bewirken – sofern sie erlassen werden!

Wagen wir dennoch einen Beitrag zu diesem Vorhersagespiel, wobei wir zwei einfache Regeln im Gedächtnis behalten, die die künftigen Konzentrationen dieser Gase abzuschätzen gestatten. Konstituenten mit einer kurzen Lebensdauer von etwa 10 Jahren, wie Kohlendioxid und Methan, erreichen sehr schnell eine Gleichgewichtskonzentration, die direkt proportional zum Produkt aus ihrer Emissionsrate und ihrer Lebensdauer ist. Im Gegensatz dazu werden sich die Konstituenten mit einer langen Lebensdauer, wie das Stickoxid, allmählich in der Atmosphäre anreichern. Ihre Konzentration wächst dann proportional zum Produkt ihrer Emissionsrate und der verflossenen Zeit; ein Gleichgewicht wird nur ganz langsam erreicht.

Von den 20 Milliarden Tonnen Kohlendioxidgas, die jedes Jahr in die Atmosphäre emittiert werden, stammen 70%, das sind 14 Milliarden Tonnen, aus den entwickelten Ländern der nördlichen Halbkugel. Wenn die Länder der Dritten Welt ihren Energieverbrauch pro Kopf und folglich ihre Abgabe von CO_2 auf das gleiche Niveau anheben würden, um aus dem Zustand der Unterentwicklung herauszukommen, sähen wir uns einem exponentiellen Wachstum der Konzentration in der Atmosphäre gegenüber. Jedes Jahr werden 100.000 bis 200.000 Quadratkilometer Regenwald von der Landkarte wegradiert – das Ergebnis einer unbewältigten Abholzungspolitik, die die Zunahme des Kohlendioxids in der Atmosphäre noch beschleunigt. Bei einem solchen Rhythmus könnten die heutigen Prognosen, die eine Verdoppelung alle hundert Jahre voraussagen, leicht als ziemlich optimistisch erscheinen!

Ebenso ist es wahrscheinlich, daß die Konzentration des Methans – das eine verhältnismäßig kurze Lebensdauer hat – wegen der verstärkten Aktivität der Emissionsquellen ständig zunehmen wird. In der Tat konnte man in der Vergangenheit eine sehr gute Korrelation zwischen dem Anwachsen des Methans und dem der Weltbevölkerung feststellen. Auf dieser Grundlage kann man für das Jahr 2000 eine relative Konzentration von zwei Millionsteln und für 2030 von 2,35 Millionsteln vorhersagen, verglichen mit dem heutigen Wert von 1,8 Millionsteln. Im Gleichgewicht, d.h. wenn dieser Wert bei 2,35 Millionsteln konstant bleibt, entspricht dem eine jährliche Emission von 700 Millionen Tonnen, unter der Voraussetzung, daß die Korrelation mit dem Bevölkerungswachstum gültig bleibt. Denken wir auch daran, daß Veränderungen in der chemischen Zusammensetzung der Troposphäre den Methangehalt direkt beeinflussen können, da dessen Lebensdauer hauptsächlich durch fotochemische Prozesse bestimmt wird.

Die Stickoxidemissionen haben in den vergangenen Jahrzehnten rapide zugenommen: die Anwachsrate ist von 0,1 % pro Jahr zu Beginn des Jahrhunderts auf ungefähr 0,3 % pro Jahr in den letzten zehn Jahren gestiegen. Dieses Wachstum geht in erster Linie auf eine intensivere Verwendung von Kunstdünger und auf die Verbrennung von fossilen Brennstoffen zurück. Wenn das Tempo beibehalten wird, könnte die relative Konzentration des Stickoxids 450 Milliardstel im Jahr 2040, gegenüber 300 Milliardsteln heute, erreichen. Es ist allerdings zu erwarten, daß sich dieses exponentielle Wachstum verlangsamt, da auch der Verbrauch fossiler Brennstoffe künftig langsamer wachsen wird und die landwirtschaftlich nutzbaren Flächen begrenzt sind. Weiterhin ist zu bemerken, daß für das Stickoxid auch bei konstanter Emission das Gleichgewicht erst nach zweihundert Jahren erreicht wird. So läge, wenn wir eine Emissionrate von 13 Millionen Tonnen jährlich – der Stand von 1980 – beibehalten würden, die Gleichgewichtskonzentration bei 500 Milliardsteln, sie würde aber erst im Jahr 2200 erreicht. Wenn man aber den wahrscheinlicheren Fall unterstellt, daß sich der Verbrauch an fossilen Brennstoffen im Verlauf des nächsten Jahrhunderts verdoppelt, und daß im langfristigen Mittel jedes Jahr 250 Millionen Tonnen Stickstoffdünger verbraucht werden wird, dann könnten sich die jährliche Emissionen an Stickoxid auf 20 Millionen Tonnen stabilisieren. Das würde eine Konzentration von 360 Milliardstel in Jahr 2040 bedeuten, eine Erhöhung um 20 % gegenüber dem heutigen Wert.

Um diese Vorhersageübung – oder Wahrsageübung, je nach Glaubwürdigkeit, die man diesen Szenarios beimißt – abzuschließen, kann man sagen, daß die Jüngsten unter uns, und auf jeden Fall unsere Kinder und Enkel, im Jahr 2040 eine Atmosphäre erleben werden, in der im Vergleich mit den heutigen Werten der Kohlendioxidgehalt um 25 % auf 450 Millionstel, der Methangehalt um 60 % auf 2,35 Millionstel und der Stickoxidgehalt um 20 % auf 0,36 Millionstel zugenommen haben werden. Natürlich wird die Luft immer noch atembar sein, aber was mag uns die große Balance des Klimas und der Umwelt bereit halten?

3.2 Fluor–Chlor–Kohlenwasserstoffe und andere chlorierte Substanzen

Die halogenierten Kohlenstoffverbindungen, unter ihnen vor allem die Fluor–Chlor–Kohlenwasserstoffe, spielen heute die Rolle der Hauptangeklagten in bezug auf die möglicherweise vom Menschen herbeigeführte Verminderung der Ozonschicht. Mit ihnen begeben wir uns auf der Leiter der relativen Häufigkeiten der atmosphärischen Bestandteile einige Stufen weiter herab. Vom Kohlendioxid über das Methan bis zum Stickoxid sind wir bereits von mehreren hundert Millionsteln oder ppm (parts per million) zu einigen Milliardsteln oder ppb (parts per billion nach der angelsächsischen Terminologie, die als einzige den Unterschied zwischen ppm und ppb zu machen erlaubt) abgestiegen. Die relativen Konzentrationen der halogenierten Substanzen in der Stratosphäre müssen wir jetzt in Tausendmilliardsteln oder ppt (parts per trillion) ausdrücken. Dazu zwingt die Empfindlichkeit des Ozongleichgewichts! Dabei fehlen natürliche Quellen für die chlorierten Bestandteile am Boden keineswegs. Von den Ozeanen bis zu den Vulkanen wird insgesamt jährlich eine Äquivalentmasse von etwa 210 Millionen Tonnen Chlor in die Atmosphäre emittiert. Wir sollten also relative Häufigkeiten in der Größenordnung von Millionsteln, wie sie für die Wasserstoff- und Stickstoffverbindungen charakteristisch sind, erwarten. Aber für das Chlor spielt die Troposphäre die Rolle eines Filters, der fast das gesamte Chlor natürlichen Ursprungs von der Stratosphäre fernhält.

3.2.1 Ozeane und Vulkane

Betrachten wir zuerst die unerschöpflichen Reserven an gelösten Salzen, insbesondere an Chlorverbindungen der verschiedenen Metalle wie Natrium, Kalzium, Kalium oder Magnesium, die die Meere bereithalten. An der Kontaktfläche zwischen dem Ozean und der Atmosphäre finden fortwährend Materieaustauschprozesse statt. Sie bestehen entweder darin, daß sich Gase oder in der Atmosphäre enthaltene Teilchen im Oberflächenwasser lösen, oder darin, daß im Meerwasser gelöste Mineralien in die Atmosphäre emittiert werden. Bei heftigem Wind werden Tausende von kleinen Tröpfchen losgerissen und über mehrere Kilometer in der Luft transportiert. An den Küsten bilden sie die Gischt, die reich an Salzkristallen (Natriumchlorid) ist und das Wachstum einer Vegetation fördert, die diesen unablässigen Salzeintrag verträgt. Obwohl die Strecken, über die solche Tröpfchen transportiert werden können, wegen deren Gewicht ziemlich begrenzt sind, können die Tröpfchen doch dabei verdampfen und nicht nur Salzkristalle, sondern auch reduzierte Gase wie molekulares Chlor oder Salzsäure freisetzen.

Die Austauschvorgänge zwischen dem Meer und der Atmosphäre sind aber nicht auf Zeiten starker Oberflächenbewegung begrenzt. Auch bei schwachem Wind garantieren die Wellen eine ständige Durchmischung, da sie beim Zurückfallen Luftblasen bis in eine Tiefe von einigen Zentimetern oder sogar Dezimetern mitnehmen. Diese sprudeln wieder empor, reißen die Oberfläche auf und schleudern mikroskopisch kleine Tröpfchen bis in eine Höhe, die sehr viel größer als der Durchmesser der Blase ist. Aufgrund ihrer äußerst geringen Größe verdampfen diese Tröpfchen sehr schnell und setzen wiederum Gas und mikroskopisch kleine Salzkristalle frei, die sehr lange brauchen, um zurückzufallen und dabei Hunderte oder sogar Tausende von Kilometern zurücklegen können. Solche ultrafeine Aerosole werden unablässig auf die Kontinente geweht und spielen dort eine grundlegende Rolle für die Entstehung fruchtbarer Böden.

Kehren wir zu den in die Atmosphäre emittierten Gasarten zurück. Man hat festgestellt, daß die Ozeane jedes Jahr 200 Millionen Tonnen molekulares Chlor Cl_2 und Salzsäure HCl produzieren. Was passiert mit diesen Bestandteilen, wenn sie einmal emittiert sind? Das hängt im wesentlichen von ihrer Lebensdauer in der unteren Atmosphäre ab. Bei einer langen Lebensdauer von zehn Jahren oder mehr können sie in große Höhen diffundieren und das stratosphärische Gleichgewicht beeinflussen. Bei einer kurzen Lebensdauer ist ihre Rolle auf die Troposphäre beschränkt. Nun sind molekulares Chlor und Salzsäure aber wasserlöslich. Deshalb kann ihre Lebensdauer in der Atmosphäre einige Dutzend Tage – das ist die Zeit, die für den Kreislauf der Wassertröpfchen charakteristisch ist – nicht überschreiten, und nur einige Tausendstel der emittierten Menge können eines Tages die Stratosphäre erreichen.

Die gleiche Überlegung gilt für eine andere natürliche Quelle von chlorhaltigen Bestandteilen der Atmosphäre. Die Rauchfahne eines Vulkans bringt täglich etwa 20.000 Tonnen Salzsäure in die Luft. Die jährliche Gesamtproduktion aller Vulkane wird im globalen Mittel auf 10 Millionen Tonnen geschätzt. Eine direkte Quelle für die Stratosphäre können sie aber nur bei katastrophalen Explosionen sein, die in der Lage sind, Gase und festes Material bis in 15 oder 20 km Höhe emporzuschleudern. Solche Ausbrüche kommen in jedem Jahrhundert mehrere Male vor. In den letzten hundert Jahren waren die wichtigsten Ausbrüche der des Krakatau im Jahr 1883, der des Mont Agun in Indonesien 1963, der des Fuego in Guatemala 1974 und erst kürzlich 1982 der des El Chichon in Mexiko. Es sind sporadische Ereignisse, räumlich und zeitlich begrenzt, die jedoch das Gleichgewicht der Stratosphäre für einige Monate beeinflussen können. So hat der Ausbruch des El Chichon, sicherlich der heftigste der letzten Jahrzehnte, rund 100.000 Tonnen Salzsäure in die Stratosphäre geschleudert. Das ist gewiß beträchtlich, aber bezogen auf das jährliche Mittel stellt es in globalem Maßstab weniger als 1 % der vom Menschen erzeugten Emissionen von Chlorverbindungen dar. Vulkanausbrüche können also nach heutigen Kenntnissen die beobachteten Veränderungen der chlorhaltigen Substanzen in der Stratosphäre nicht erklären.

3.2.2 Die marine Biosphäre, die einzige natürliche Chlorquelle

Wo ist dann eine natürliche Quelle von Chlorverbindungen zu suchen, die atomares Chlor in der Stratosphäre freisetzen kann? Die Antwort kommt wiederum von den Ozeanen, genauer gesagt, von der Biosphäre der Ozeane. Das mikroskopisch kleine Plankton und die Algen, die man in den Küstenbereichen oder in den Gebieten mit aktiver Fotosynthese findet, erzeugen in der Tat organische Halogenverbindungen. Sie werden durch Reaktionen zwischen den im Meerwasser enthaltenen Chlor-, Jod- und Bromionen und den reduzierten Schwefelverbindungen, die die Algen in den ersten zehn Metern Tiefe produzieren, erzeugt. Diese Halogenverbindungen sind hauptsächlich die vom Methan durch Substitution von Halogenatomen abgeleiteten Verbindungen Methylchlorid, Methyljodid und Methylbromid, deren chemische Formeln CH_3Cl, CH_3I und CH_3Br sind. Man schätzt die Intensität dieser Methylchloridquelle auf größenordnungsmäßig 5 Millionen Tonnen pro Jahr. Da es sich hierbei um einen stabilen, nicht wasserlöslichen Stoff mit einer Lebensdauer von ungefähr 15 Jahren handelt, kann er in die hohe Stratosphäre diffundieren, wo er indirekt, d.h. unter Beteiligung des angeregten Sauerstoffs O^1D, von der Sonnenstrahlung aufgespalten wird. Er setzt dann aktives Chlor frei, das ein Katalysator für den Ozonabbau ist. Bezogen auf die 170 Milliarden Milliarden Moleküle, die in der Atmosphäre sind, ergibt die natürliche Produktion von 5 Millionen Tonnen oder 100 Milliarden Molekülen einen mittleren Methylchloridgehalt der Atmosphäre von 0,63 Milliardsteln, das ist ein Wert, der tatsächlich in der Troposphäre beobachtet wird. Diese Zahl entspricht auch dem natürlichen Chlorgehalt in der Stratosphäre, da der Gleichgewichtszustand seit langem erreicht ist. Bodenmessungen der Stationen des Überwachungsnetzes für Chlorverbindungen, die an verschiedenen Stellen des Erdballs weitab von den Produktionsorten verteilt sind, haben gezeigt, daß sich dieser Chlorgehalt im Verlauf der letzten zehn Jahre nicht verändert hat.

3.2.3 Vom Menschen erzeugte Emissionen: die Fluor–Chlor–Kohlenwasserstoffe

Zu der natürlichen Chlorabgabe der Ozeane gesellen sich seit ungefähr 50 Jahren die Emissionen aus der industriellen Herstellung von organischen Halogenverbindungen, die Fluor–Chlor–Kohlenwasserstoffe. Das schnelle Wachstum dieses Produktionszweigs beruht zum großen Teil auf der sehr großen chemischen Stabilität und der Ungiftigkeit dieser Stoffe am Boden. Aber dies erweist sich nun als ein Schuß nach hinten. Die chemische Reaktionsträgheit bedeutet nämlich eine sehr lange Lebensdauer in der Troposphäre, von der Größenordnung mehrerer Dutzend Jahre. Alle diese Substanzen haben deshalb Zeit, in die hohe Atmosphäre aufzusteigen und finden sich schließlich in der Stratosphäre wieder, wo sie aufgrund der intensiven Sonnenstrahlung das chemisch aktive Chlor freisetzen und so zur Erhöhung des gesamten Chlorgehalts in der Atmosphäre beitragen. Selbstverständlich hat zu Beginn der dreißiger Jahre, als diese Produkte zum ersten Mal auf dem Markt erschienen, niemand solche Konsequenzen geahnt. Erinnern wir uns, daß damals nicht einmal die vertikale Verteilung des Ozons in der Atmosphäre bekannt war!

Was sind diese Fluor–Chlor–Kohlenwasserstoffe (FCKW), die heute das Gleichgewicht des Lebens auf der Erde bedrohen? Sie werden erzeugt, indem in gesättigten Kohlenwasserstoffen wie Methan, CH_4, und Äthan, C_2H_6, oder in ungesättigten Kohlenwasserstoffen wie Äthylen, C_2H_4, und Propen, C_3H_6, Chlor-, Fluor- oder Wasserstoffatome substituiert werden.

Die chemische Formel ist ganz allgemein von der Art $C_aH_bCl_cF_d$. Es ist üblich geworden, sie mit einem universellen, dreiziffrigen System zu kennzeichnen, das ursprünglich von der Firma DuPont in Nemours vorgeschlagen worden war. Das System gestattet, die in jedem dieser FCKW enthaltenen Bestandteile leicht zu identifizieren. Es ist allerdings auch ein bißchen paradox, weil es die Zahl der Chloratome nicht angibt und von rechts nach links gelesen wird. Die erste Ziffer von rechts ist gleich der Zahl der Fluoratome. Die zweite Ziffer ist gleich der um 1 erhöhten Zahl der Wasserstoffatome. Wenn sie gleich 1 ist, gibt es also in der betrachteten Substanz keine Wasserstoffatome. Die dritte Ziffer von rechts, falls sie überhaupt vorkommt, ist gleich der um 1 verminderten Zahl der Kohlenstoffatome. Wenn der FCKW nur ein Kohlenstoffatom enthält, ist diese Ziffer also gleich Null und wird, um die Sache weiter zu verkomplizieren, ganz weggelassen. Um schließlich die Zahl der uns eigentlich interessierenden Chloratome zu erhalten, muß man rechnen, wobei man weiß, daß in gesättigten Kohlenwasserstoffen auf n Kohlenstoffatome 2n+2 Wasserstoffatome kommen.

Betrachten wir zwei Beispiele. FCKW 11 enthält nur ein Kohlenstoffatom, da nur zwei Ziffern auftreten. Er enthält keinen Wasserstoff (1 − 1 = 0), aber ein Fluoratom. Es bleibt also Platz für drei Chloratome, daher der Name Trichlorfluoromethan ($CFCl_3$). Der FCKW 113 enthält zwei Kohlenstoffatome (1+1 = 2), keinen Wasserstoff, drei Fluoratome und folglich drei Chloratome, um zu einer Gesamtzahl von sechs an die beiden Kohlenstoffatome angelagerten Atomen zu gelangen. Das ist das Trichlorotrifluoroäthan $C_2F_3Cl_3$ oder CCl_2FCClF_2, ein Abkömmling des Äthans C_2H_6. Auf diese Weise werden etwa 20 FCKW bezeichnet. Zu ihnen kommen die Fluor–Brom–Kohlenwasserstoffe oder Halone hinzu, in denen das Chlor ganz oder teilweise durch Brom ersetzt ist. Ihre Numerierung folgt den gleichen Prinzipien, wobei ein B auf das Brom verweist und die beiden auf das B folgenden Ziffern die Zahl der Chlor- und der Bromatome angeben. So entspricht das Halon 12B11 dem Bromochlorodifluormethan $CBrClF_2$.

Verlassen wir die Kompliziertheit und Unlogik dieser Nomenklatur und interessieren wir uns für die jährliche Produktion dieser organischen Substanzen. Es gibt mehrere offizielle Statistiken, die die Erzeugung und den Verbrauch der FCKW weltweit zu ermitteln gestatten. Den direktesten Zugriff ermöglichen die von der Chemical Manufacturers Association herausgegebenen Zahlen, die, wie der Name andeutet, die zwanzig Hauptproduzenten der Länder Nordamerikas, Lateinamerikas, Australiens, Japans und Westeuropas umfassen. Diese Zahlen schließen die kommunistischen Länder aus und beziehen sich fast ausschließlich auf die FCKW 11 ($CFCl_3$) und 12 (CF_2Cl_2), die 1980 immer noch 80 % der Weltproduktion gestellt haben.

Obwohl die FCKW erstmals von General Motors in den USA zu Beginn der dreißiger Jahre entwickelt wurden, kam die Herstellung erst nach dem Zweiten Weltkrieg richtig in Schwung. Von 1945 bis 1974 wuchs die Erzeugung jährlich um 13 % bis zu einer Weltjahresproduktion von 370.000 Tonnen FCKW 11 und 443.000 Tonnen FCKW 12, d.h. 813.000 Tonnen insgesamt. Diesem Produktionsrekord entspricht eine breite Palette von Anwendungsbereichen, die im wesentlichen mit den physikalischen Eigenschaften der FCKW zusammenhängen: sie sind nicht entflammbar, nur schwach giftig, thermisch stabil, mit Wasser und Öl mischbar, ein gutes Lösungsmittel und mit zahlreichen Metallen und Plastikstoffen verträglich. Sie finden vielfältige Anwendung als Aerosole, synthetische Schäume, Lösungs- und Feuerlöschmittel sowie in Kühlschränken und Klimaanlagen.

Das Fluor kann aufgrund seiner hohen Bindungsenergie von der Sonnenstrahlung nicht abgespalten werden und spielt daher in der Atmosphäre keine Rolle. Über das Brom wird später im Zusammenhang mit den Halonen gesprochen.

FCKW-Erzeugung

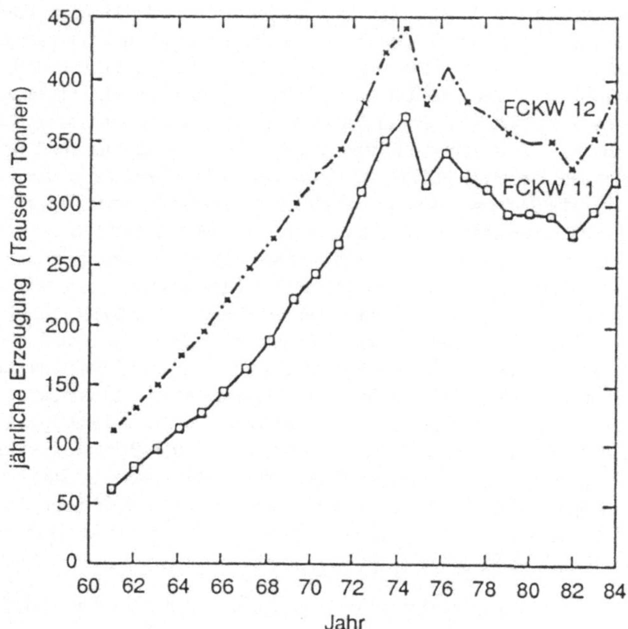

3.2.4 Die Verwendung der FCKW

Bis zum Ende der siebziger Jahre war der Hauptabsatzmarkt der FCKW die
Spraydosenindustrie. Auch heute nimmt sie noch 1/3 der Produktion ab. Man
findet die FCKW in allen Arten von Sprays: in Kosmetika, Deodorants, und
Lacken (58 %), in Haushaltsartikeln, Insektiziden und Geruchsvernichtern (24 %),
und in industriellen und pharmazeutischen Produkten (13 %). Die FCKW, vor
allem die FCKW 11, FCKW 12 und 22, stellen die Treibgase dar, von denen
eine Spraydose im Mittel 40 % enthält!

Der zweitwichtigste Verwendungszweck sind die synthetischen Schäume
Polyurethan, Polystyren und Polyäthylen, denen FCKW 11, FCKW 12 und
FCKW 114 die besonders erwünschten isolierenden Eigenschaften verleihen.
Solche Schäume werden für Gebäudeisolierungen und Verpackungen sowie in
der Automobilindustrie immer häufiger eingesetzt. Sie machen ebenfalls etwa
1/3 der Produktion aus.

Das letzte Drittel wird für Kühlschränke und Klimaanlagen verbraucht. Die
FCKW 11, 12, 22, 113 und 114 werden als Kühlmittel in großen Kühlanlagen,
aber auch in normalen Kühlschränken verwendet. Darüberhinaus findet man sie
auch hier in Schaumstoffen zur Isolierung der Kühlschränke, wo sie einen er-
heblichen Beitrag zur Verringerung deren Größe und zur ständigen Verbesserung
des Verhältnisses zwischen Gesamtvolumen und nutzbarem Volumen geleistet haben. Schließlich sei ihre Anwendung als Lösungsmittel zu Reinigungszwecken

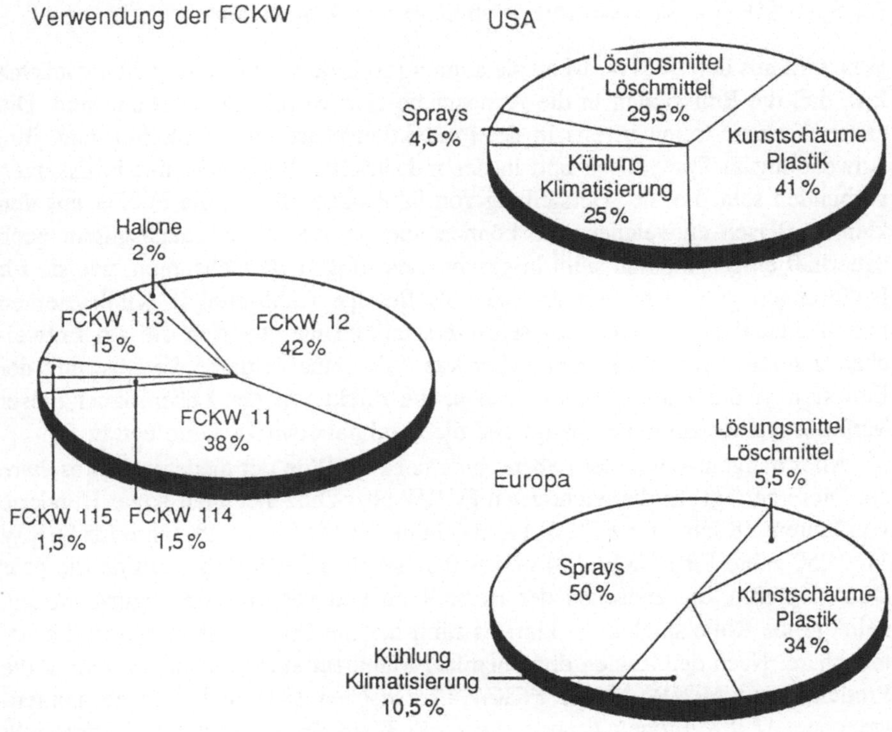

Erzeugung und Verwendung der FCKW

besonders in der elektronischen Industrie (als flüssiges FCKW 113) und für Sterilisierungszwecke erwähnt. Die Halone werden als gasförmige Löschmittel seit dem Beginn der siebziger Jahre verwendet.

Seit 1974 tritt die FCKW-Erzeugung auf der Stelle. Absatzrückgänge, als erste Zeichen einer beginnenden Sorge um die Ozonschicht, bewirken eine Verminderung der Produktion um 26% bis 1982, die vor allem durch die Abnahme der Spraydosenherstellung zustande kommt. Anstelle der FCKW 11 und 12 werden aber neue Absatzmärkte erschlossen, und die Produktion anderer FCKW wie 113 und 114 nimmt rapide zu. 1986 sind bereits wieder 86% des Niveaus von 1974 erreicht, das einer Jahresproduktion von 700.000 Tonnen der FCKW 11 und 12 entsprochen hat. Gleichzeitig hat sich die Erzeugung von FCKW 113 und 114 mehr als verdoppelt, von 23.000 Tonnen 1976 auf 54.000 Tonnen 1986. Dabei darf nicht vergessen werden, daß sich diese Zahlen nur auf die in der Chemical Manufacturers Association zusammengeschlossenen Erzeugerländer beziehen. Eine Schätzung für 1985, die auch die osteuropäischen Länder und China einbezieht, kommt auf 1,15 Millionen Tonnen für die Weltjahresproduktion.

3.2.5 FCKW–Emissionen und –Gehalt in der Atmosphäre

Was wird aus den FCKW, wenn sie einmal produziert sind? Wir stellen zunächst fest, daß die Emissionen in die Atmosphäre sehr verschiedener Natur sind. Die ersten Verluste treten bereits in der Produktionsphase auf. Weiterhin kann ihre Anwendung in Spraydosen und in der industriellen Reinigung mit Emissionen verbunden sein. Bei der Herstellung von Schäumen können die FCKW aus den kleinen Blasen entweichen. Sie können aber in vielen Verbrauchsgütern auch dauerhaft eingeschlossen sein: in geschlossenzelligen Hartschäumen, wie sie für Isolierungen gebraucht werden, oder als flüssige Kühlmittel in Kühlsystemen und Klimaanlagen – dauerhaft selbstverständlich nur insoweit sie am Entweichen gehindert werden können! Hier kann also eine zeitliche Verzögerung der Emission in die Atmosphäre auftreten, die direkt mit der Lebensdauer dieser Verbrauchsgüter zusammenhängt und die maximal etwa 15 Jahre beträgt.

Alles hängt also von der Lebensdauer der FCKW in der niederen Atmosphäre ab. Diese beträgt für die wichtigsten FCKW aber Dutzende oder sogar Hunderte von Jahren: 58 Jahre für FCKW 11, 100 Jahre für FCKW 12, 98 Jahre für FCKW 113, 250 Jahre für FCKW 114 und 520 Jahre für FCKW 115! Daß da die paar Dutzend Jahre, die zwischen der Herstellung und der Emission liegen mögen, keine große Rolle spielen, ist klar. Es zählt nur die Gesamtanhäufung in der Atmosphäre. Nach den Zahlen der Chemical Manufacturers Association betrug die Produktion an FCKW 11 und FCKW 12 zwischen 1931 und 1985 zusammengerechnet 14,9 Millionen Tonnen, die zu 95 % auf der Nordhalbkugel hergestellt wurden. Diese geografische Verteilung, der übrigens nicht die der Emissionen entsprechen muß, hat freilich wenig Bedeutung, da sich die Atmosphäre innerhalb weniger Jahre homogenisiert. Die heute in der Atmosphäre beobachteten Konzentrationen spiegeln deshalb direkt die globale Anhäufung wider. Für FCKW 12 sind das 0,2 Milliardstel, für alle übrigen zusammen weniger als 0,1 Milliardstel, was genau dem Verhältnis der erzeugten Mengen entspricht.

Es gibt aber auch eine Gruppe von FCKW, deren Lebensdauer viel kürzer ist als die der soeben besprochenen, weniger als 20 Jahre im allgemeinen. Dazu genügt es, wenn das Molekül wenigstens ein Wasserstoffatom enthält. Die Substanzen reagieren dann mit dem Hydroxylradikal OH, dessen Bedeutung wir bereits im Zusammenhang mit dem Methan besprochen haben. Der wichtigste FCKW in dieser Familie ist FCKW 22, das Chlorodifluoromethan CHF_2Cl. Es hat nur eine Lebensdauer von 20 Jahren. Seine Eigenschaft, vom OH schnell oxydiert zu werden, wird in Zukunft sehr gebraucht werden, da sie einen der wichtigsten Wege eröffnet, mittelfristig die anderen FCKW zu ersetzen.

Die FCKW sind aber nicht die einzigen Chlorverbindungen, die industriell hergestellt werden. Zwei Substanzen verdienen noch Erwähnung, da die produzierte Menge und damit die Konzentration in der Atmosphäre keineswegs vernachlässigbar ist. Der Tetrachlorkohlenstoff CCl_4 ist ein Zwischenprodukt bei der Herstellung der FCKW. 830.000 Tonnen werden davon jährlich erzeugt. Mit einer Lebensdauer von 50 Jahren ergibt sich die atmosphärische Konzentration zu 0,14 Milliardsteln. Das Trichloräthan oder Methylchloroform CH_3CCl_3 ist ein dank seiner geringen Giftigkeit und seiner Unentflammbarkeit seit Beginn der sechziger Jahre verwendetes Lösungsmittel für mechanische und Plastikteile, sowie in Klebstoffen und Farben. Obwohl seine Lebensdauer mit nur ungefähr 6 Jahren kurz ist, hat die Jahresproduktion von 545.000 Tonnen zu einer Konzentration um 0,12 Milliardstel in der Atmosphäre geführt.

3.2.6 Bilanz

Alle FCKW zusammen ergeben heute eine Konzentration der chlorierten Bestandteile in der Atmosphäre, die nahe bei der des Methylchlorids liegt. Die menschlichen Aktivitäten haben daher den Chlorgehalt der Stratosphäre bereits wesentlich verändert, denn alle diese Substanzen werden über kurz oder lang in große Höhen aufsteigen. Es ist festzuhalten, daß die Erhöhung des atmosphärischen Gehalts im wesentlichen auf die in den letzten Jahren erzeugten und freigesetzten Mengen zurückgeht. Bei einem mittleren Produktionswachstum von 6 % bis 7 % jährlich verdoppeln sich die Emissionen alle 11 Jahre; alle 7 Jahre, wenn das Wachstum 10 % erreicht. Außerdem ist, wie beim Stickoxid, der Gleichgewichtszustand sicher noch nicht erreicht. Selbst wenn sich die Emissionen stoppen oder vermindern ließen, würden die relativen Konzentrationen zunächst weiter zunehmen, bevor sie sich stabilisieren oder abnehmen könnten.

In der vorindustriellen Zeit entsprach der Chlorgehalt einzig dem des Methylchlorids, d.h. 0,6 Milliardstel. Um für heute die entsprechenden Werte zu finden, muß man die Zahl der Chloratome in jeder der Substanzen menschlichen Ursprungs berücksichtigen. So setzt bei vollständiger Zerstörung der FCKW 11 drei, der FCKW 12 nur zwei und der Tetrachlorkohlenstoff vier Chloratome frei. In die Berechnung des „Chloräquivalents", das sich in der Stratosphäre anhäuft, geht die Summe aller dieser Atome ein. So kommt man heute auf 3 Milliardstel, das ist das Fünffache des vorindustriellen Wertes. Dieses Ergebnis schließt wohlgemerkt die troposphärischen Quellen auf ihrem aktuellen Niveau, aber auch alles Chlor, das im Lauf der vergangenen Jahre schon freigesetzt wurde und in die katalytischen Zyklen des Ozonabbaus eingetreten ist, ein. Dabei repräsentiert es 1988 nur 20 % der seit 40 Jahren emittierten Gesamtmenge.

Wir haben es hier also mit einer echten Zeitbombe zu tun. Es ist zweifellos höchste Zeit, die Zündschnur zu löschen. Was auch die ergriffenen Maßnahmen letztlich sein mögen, wir müssen vorerst diese Altlasten tragen. Selbst wenn wir heute sämtliche Emissionen radikal stoppen würden, würde der Chlorgehalt der Stratosphäre weitere 50 Jahre lang ansteigen bis auf ungefähr 4 oder 5 Milliardstel, bevor es schließlich wieder zu einer Verringerung käme. Wenn wir die Emissionen auf ihrem heutigen Niveau von rund 1,15 Millionen Tonnen pro Jahr konstant halten würden, würde die Gleichgewichtskonzentration der FCKW um fast 400 % zunehmen. In Anbetracht der enorm effizienten Ozonzerstörung durch die von den Halogen–Kohlenstoff–Verbindungen in Gang gesetzten katalyischen Zyklen muß jetzt reagiert werden!

3.3 Das Ozon in der Troposphäre

Die Untersuchung des Ozongleichgewichts in der Erdatmosphäre kann sich nicht auf die Stratosphäre beschränken. Dank der Arbeiten von Schönbein und Houzeau vor bereits mehr als hundert Jahren wissen wir, daß Ozon auch in den bodennahen Atmosphärenschichten vorhanden ist. Die Messungen Albert Levys am Observatoire du Parc de Montsouris zeigten eine sehr geringe Häufigkeit, die 10–15 Milliardstel kaum überschritt, beinahe fünfhundertmal weniger als am Maximum der Ozonschicht in 25 km Höhe. Das ist nicht überraschend, da die bedeutendste Ozonquelle eben in der hohen Atmosphäre liegt, wo die Einstrahlung der Sonne genügend stark ist, um das Sauerstoffmolekül aufzuspalten. Die Anwesenheit von Ozon in der Troposphäre vor Beginn der Industrialisierung kann nur durch ein Entweichen aus dem Reservoir der Stratosphäre in die niedere Atmosphäre erklärt werden (zwar wird auch von Gewittern Ozon erzeugt, aber zu wenig, um die beobachteten Mengen zu erklären). Nun erschien aber die Tropopause als eine nur schwer zu überschreitende Barriere – außer in den Äquatorialregionen, wo die heftigen Aufwinde Luft aus der Troposphäre bis in die Stratosphäre reißen können. Wie kann dann ein solches Entweichen zustande kommen, und wie ergiebig ist es? Diese Fragen wecken auch die andere, bereits gewohnte Frage: stören die menschlichen Aktivitäten auch das Ozongleichgewicht in der Troposphäre?

3.3.1 Lufteinsickerungen aus der Stratosphäre in die Troposphäre

Es waren die Atomexplosionen am Ende der fünfziger und am Anfang der sechziger Jahre, die erste Hinweise auf die Lösung des Problems der Ausströmung aus der Stratosphäre brachten. In dieser Triumphzeit der Atome veranstalteten die Großmächte die meisten ihrer Atombombenversuche im Freien, ohne freilich die Konsequenzen immer richtig zu ermessen. Beträchtliche Mengen an radioaktiven Substanzen mit sehr langer Halbwertszeit wurden auf diese Weise in über 30 km Höhe geschleudert, besonders durch die Wasserstoffbomben, deren Feuerpilz, der sich unmittelbar nach der Explosion entwickelt, sehr schnell und sehr hoch aufsteigt. Man kann die Spuren dieser radioaktiven Elemente verfolgen und wertvolle Informationen über die großräumigen Strömungen in der Atmosphäre und, da die Quelle in der Stratosphäre ist, über den Austausch von Luftmassen zwischen der Stratosphäre und der Troposphäre zu erhalten. Man hat dadurch festgestellt, daß in bestimmten Regionen, vor allem in mittleren Breiten um 50° an der Grenze zwischen kalter Luft polaren Ursprungs und wärmerer aus niedrigeren Breiten, zahlreiche Austauschvorgänge stattfinden. Die Druckschwankungen sind dort am höchsten und die treibende Kraft der Winde, die auf Grund der Coriolisbeschleunigung auf der Nordhalbkugel nach Osten gerichtet ist, ist dort am größten. In 10 km Höhe überschreitet die Windgeschwindigkeit 100 km/h beträchtlich. Dieser mächtige Luftstrom, der eine Wellenbewegung um die Pole beschreibt und Jetströmung genannt wird, wird von den Flugzeugpiloten in West–Ost–Richtung zur Treibstoffeinsparung benützt.

Die Windgeschwindigkeit bleibt übrigens nicht über die ganze Strecke konstant. An manchen Stellen beschleunigt die Strömung abrupt und bewirkt einen Sog auf Luft aus der Stratosphäre, die dadurch in die Troposphäre hineinstrudelt und ihre charakteristischen Bestandteile mitreißt: erhöhten Ozongehalt, gegebenenfalls radioaktiven Schmutz und sehr geringen Wassergehalt. Diese Transportprozesse sind eng mit den meteorologischen Bedingungen in der Troposphäre, die die notwendige Beschleunigung der Jetströmung verursachen, verknüpft und reißen die Tropopause auf, die an solchen Stellen eine blätterige Struktur bekommt. Auf der Nordhalbkugel sind diese Phänomene im Frühjahr besonders häufig und treten besonders an den Westrändern der Kontinente auf. Westeuropa, vor allem Frankreich, ist oft davon betroffen. Man beobachtet dann erhöhte Ozonkonzentrationen, bis zu hundert Milliardstel, dem vierfachen des normalen Wertes einer nicht verschmutzten Atmosphäre.

Erst kürzlich wurde noch ein anderer Transportmechanismus entdeckt, der auch mit den Wellen in der Jetströmung zusammenhängt. Diese können sich gelegentlich in sich selber schließen und als „Tropfen" von der mittleren Bahnbewegung abschnüren. Wenn sich auf der Nordhalbkugel der Tropfen nicht in den hohen Breiten nördlich der Jetströmung gebildet hat, nimmt er kalte Luft mit sich nach Süden, deren Ozongehalt höher ist als der der Troposphäre in mittleren Breiten. Der kalte Tropfen fließt dann in der Troposphäre in niedrigere Breiten und gibt dort seinen Überschuß an Ozon ab. Wenn sich dagegen der Tropfen auf der Polseite der Jetströmung nach innen zu abschnürt, spricht man von einem warmen Tropfen. Solche Ozonpakete, die den Ozongehalt der Troposphäre regelmäßig auffrischen, wurden durch Beobachtungen der räumlichen Verteilung des Ozons vom Weltraum aus erkannt.

3.3.2 Quellen und Senken des Ozons in der Troposphäre

Die Stratosphäre bildet also eine natürliche ständige Ozonquelle für die Troposphäre. Man schätzt, daß durch das Aufreißen der Tropopause oder den Mechanismus der kalten Tropfen jährlich etwa 1,3 Milliarden Tonnen Ozon transportiert werden. Aber was wird aus diesem Ozon, nachdem die beobachteten Konzentrationen zeigen, daß es sich in der Troposphäre nicht ansammelt? In horizontaler Richtung wird es durch Luftströmungen, in vertikaler durch Turbulenz verlagert und gelangt schließlich in Bodennähe. Beim Kontakt mit der Erdoberfläche wird es chemisch zerstört. Jede Art von Oberfläche hat eine für sie charakteristische Kapazität des Ozonabbaus durch sogenannte „Trockendepotprozesse", deren Effizienz mittels der „Depotgeschwindigkeit", ausgedrückt in cm/s, gemessen wird. Multiplikation der örtlichen Konzentration mit dieser Geschwindigkeit liefert sofort die Zahl der pro Flächen- und Zeiteinheit zerstörten Ozonmoleküle. Wenn z. B. die Ozonkonzentration 30 Milliardstel bzw. 750 Milliarden Moleküle pro cm^3 beträgt, bedeutet eine Depotgeschwindigkeit von 0,1 cm/s, wie sie für nackten Boden charakteristisch ist, die Zerstörung von 75 Milliarden Ozonmolekülen pro Sekunde und cm^2. Wasserflächen haben eine kleinere Depotgeschwindigkeit, etwa 0,01 cm/s, während pflanzenbedeckter Boden zwischen 6 und 10 cm/s er-

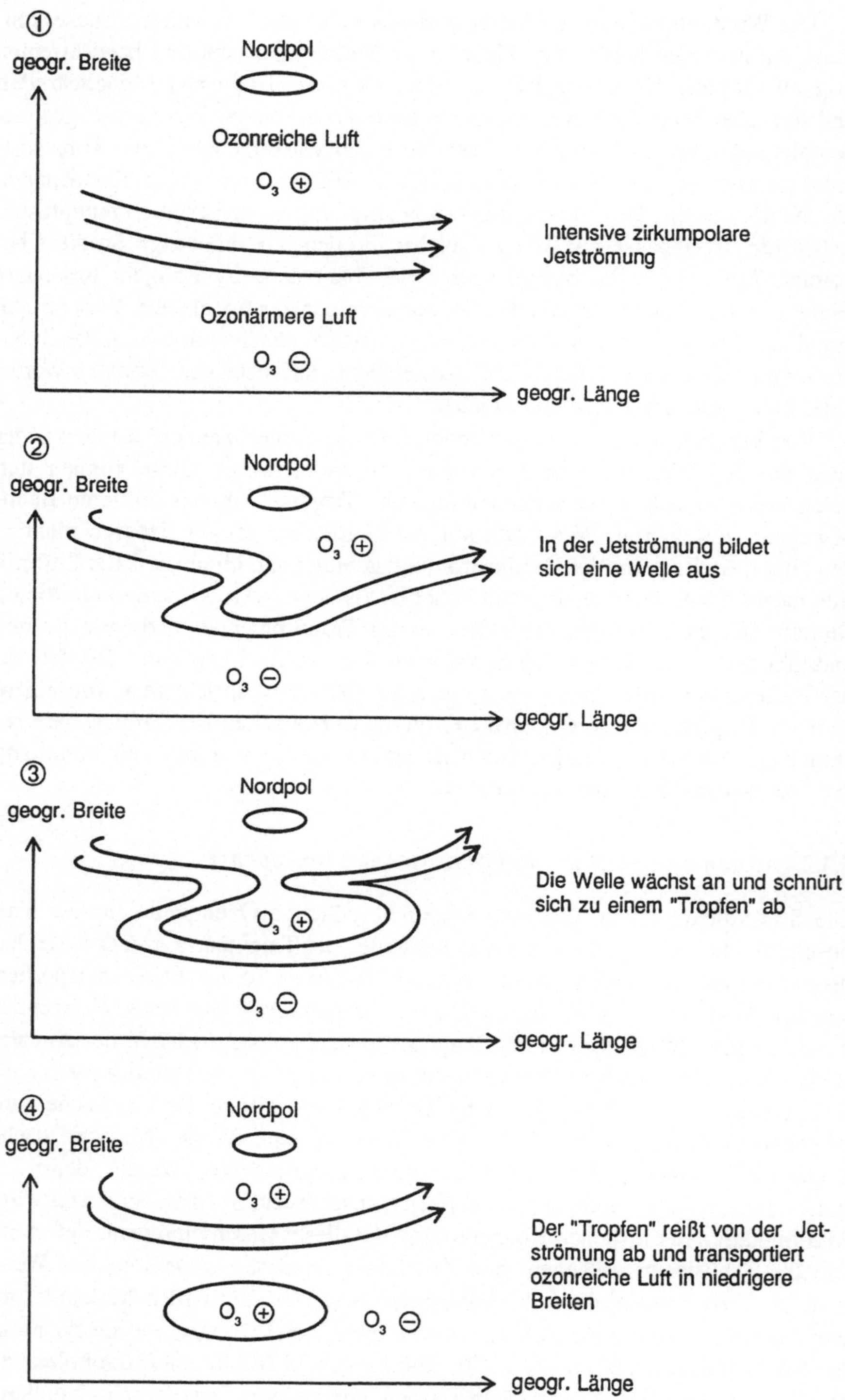

Bildung eines "kalten Tropfens"

reicht. Im letzten Fall sind es die Atemöffnungen der Blätter, die die wesentliche Rolle bei der Absorption und dem Abbau des Ozons spielen. Dieser Vorgang wird durch die Variation des Ozonabbaus im Tagesverlauf gut belegt. Die Poren öffnen sich am Morgen und schließen sich am Abend, so daß die Depotgeschwindigkeit auf der Blattoberfläche zwischen 2 und 6 cm/s schwankt. Die Pflanzen regulieren also den Ozongehalt in der Atmosphäre, zumindest solange dieser eine gewisse Schwelle nicht überschreitet. Wenn ihre Absorptionskapazität überschritten ist, kann das Ozon als starkes Oxidationsmittel irreversible Schäden anrichten. Besonders empfindliche Pflanzen wie der Tabak weisen oft solche Schäden auf; im Südwesten Frankreichs z. B. können in Zeiten starken Ozonflusses aus der Stratosphäre die Pflanzen Ozonkonzentrationen von mehr als 100 Milliardsteln ausgesetzt sein. Fast zwanzig Milliarden Tonnen Ozon werden auf diese Weise jedes Jahr auf der Erdoberfläche abgebaut.

Die Troposphäre spielt also für das eindringende stratosphärische Ozon die Rolle einer Senke. Ihr Ozongehalt wird vom Gleichgewicht zwischen der dynamischen Ozonquelle an der Tropopause und der Zerstörung des Ozons an der Oberfläche bestimmt. Dieses natürliche Gleichgewicht dauert an, solange keine direkte Ozonquelle von ausreichender Bedeutung am Boden ins Spiel kommt.

3.3.3 Das Ozon nimmt in der Troposphäre zu

Es gibt viele Hinweise darauf, daß das natürliche Gleichgewicht des Ozons gestört ist und daß die menschlichen Aktivitäten heute den Ozongehalt in der Troposphäre wesentlich verändern. Die ersten Probleme traten zu Beginn der fünfziger Jahre im Becken von Los Angeles in Kalifornien auf, wo besonders im Sommer relative Ozonkonzentrationen von mehreren hundert Milliardsteln, mehr als das Zehnfache des normalen Werts, beobachtet wurden. Ähnliche Erhöhungen zeigten sich bei starker Sonneneinstrahlung auch in Europa in der Nähe der am stärksten besiedelten und industrialisierten Gegenden, wenn der Wind zu schwach war, um die Schmutzstoffe rasch zu verteilen. Ein anderes beunruhigendes Zeichen ist, daß an isoliert weitab von Verschmutzungsquellen gelegenen Meßstationen heute Werte der Ozonkonzentration von 30 bis 35 Milliardsteln gemessen werden. Wenn man als Bezugsgröße für die vorindustriellen Werte die Messungen von Albert Levy am Observatoire du Parc de Montsouris im letzten Jahrhundert heranzieht, so hat sich der Ozongehalt in der Troposphäre seit Beginn des 20. Jahrhunderts verdoppelt.

Obwohl die Menschen heute dabei sind, das Klima auf der Erde zu verändern, ist es ihnen noch nicht gelungen, den Materieaustausch zwischen der Stratosphäre und der Troposphäre dauerhaft zu verstärken, ebensowenig, die Pflanzendecke so nachhaltig zu schädigen, daß die Erhöhung der Ozonkonzentration am Boden um einen Faktor zwei erklärt werden könnte. Abgesehen von einigen Ozonisatoren, die mittels elektrischer Entladungen in geschlossenen Räumen Ozon erzeugen, das wegen seiner oxidierenden Eigenschaften reduzierte Bestandteile aus der Luft entfernt, gibt es keine direkte Ozonquelle am Boden. Wir wissen auch, daß die einzige Art, Ozon chemisch zu erzeugen, darin besteht, freie Sauerstoffatome und Sauerstoffmoleküle zu vereinigen. Wenn dieser Mechanismus die Ozonproduktion in der Troposphäre erklären sollte, wie sollte man in Bodennähe die wertvollen Sauerstoffatome erzeugen, wo doch die Sonnenstrahlung, die in der Lage ist, die Sauerstoffmoleküle aufzuspalten, in Höhen unter 20 km nicht vordringt? Die einzige Lösung ist, eine andere, in der Atmosphäre bereits existierende Substanz aufzufinden, die auf fotochemischem Weg Sauerstoffatome freisetzen kann.

3.3.4 Stickstoffoxide, Kohlenwasserstoffe und Sonnenstrahlung

Wie in der niederen Stratosphäre sind es die Stickstoffoxide und besonders das Stickstoffdioxid NO_2, die einen Teil der Lösung beinhalten. Das NO_2 wird nämlich bereits von Sonnenstrahlung mit Wellenlängen kürzer als 430 nm fotodissoziiert, und solche Strahlung dringt bis zum Boden vor. Dabei entsteht ein Stickstoffmonoxidmolekül NO und ein Sauerstoffatom, das sofort zu Ozon weiterreagiert. Ozon wiederum reagiert mit NO zu O_2 und NO_2, wodurch sich der Kreis schließt. Es stellt sich ein Gleichgewicht ein, das tagsüber zur Bildung von Ozon führt. Nachts wird das Ozon durch die Reaktion mit dem vorhandenen Stickstoffmonoxid sehr schnell abgebaut. Dies unterstreicht die Bedeutung des Sonnenlichts, das diesen Kreislauf in Gang setzt.

In diesem Sinne ist das Ozon ein Sekundärschadstoff in der Atmosphäre, der sich aus den Primärschadstoffen, den Stickstoffoxiden NO_x aufbaut. Diese sind aber nicht die einzigen, die zu den erhöhten Ozonkonzentrationen in den verschmutzten Regionen beitragen. Die industriellen Aktivitäten und der Autoverkehr emittieren mehrere hundert flüchtige organische Stoffe in die Atmosphäre, stabile Kohlenwasserstoffverbindungen wie die Aldehyde, die Ketone und wiederum das Methan. Die gesamte organische Chemie spielt hier herein, wodurch zumindest in verschmutzter Atmosphäre die troposphärische Balance noch komplexer wird, verglichen mit der doch recht einfachen Chemie der Stratosphäre.

Die Kohlenwasserstoffe werden, sobald sie in die Atmosphäre gelangt sind, vom Hydroxylradikal OH, das wir schon in der Stratosphäre angetroffen haben und das auch in der Troposphäre da ist, oxidiert. Es wird dort übrigens durch die gleichen Mechanismen wie in größeren Höhen gebildet. Sonnenstrahlung mit Wellenlängen kürzer als 310 nm, die Schwelle, unterhalb der das angeregte Sauerstoffatom O^1D gebildet wird, kann nämlich bis zum Boden vordringen. Bei der Fotodissoziation setzt das Ozon dieses angeregte Sauerstoffatom O^1D frei, das mit dem Wasserdampf reagiert und zwei Hydroxylradikale erzeugt. Auch aus den Aldehyden und den Ketonen kann dieses Radikal durch Fotodissoziation entstehen. Die Konzentration von OH in der Troposphäre ist dann das Ergebnis eines Gleichgewichts mit den Abbaumechanismen, deren wichtigster die Reaktion mit Stickstoffdioxid ist, die zu Salpetersäure führt.

Auf diese Weise hängen Oxidantien und saure Substanzen direkt zusammen. Das erklärt, wie die Erhöhung des Ozongehalts zu einer Versauerung der niederen Atmosphäre führen kann. Diese Prozesse bewirken eine Konzentration des OH-Radikals von schätzungsweise 1 bis 10 Millionen Moleküle pro cm^3. Unter mehr als dreitausend Milliarden Molekülen in der Luft findet man ein Hydroxylradikal. Dabei handelt es sich nur um eine Schätzung, denn bei einer so geringen Häufigkeit kann man auch mit den modernsten Methoden der analytischen Dosismessung den OH-Gehalt der niederen Atmosphäre nicht genauer als auf 100 % oder 200 % bestimmen.

3.3.5 Freie Radikale als Reinigungsmittel der Troposphäre

Das Hydroxylradikal OH wirkt wie ein echtes Reinigungsmittel. Im Verlauf weniger Stunden oxidiert es die hochreaktiven aromatischen Kohlenwasserstoffe. Nach 10 Stunden sind die Olefine zerstört, und nach wenigen Tagen hat es mit sämtlichen Kohlenwasserstoffen aufgeräumt. Die Oxidationsprodukte sind organische Oxidradikale, die ihrerseits sehr reaktionsfreudig sind und die fotochemische Ozonproduktion sehr stark beschleunigen.

Sie geben ihren überschüssigen Sauerstoff ab, indem sie Stickstoffmonoxid zum Dioxid NO_2 oxidieren. Dadurch wird das Gleichgewicht Ozon–Stickstoffmonoxid–Stickstoffdioxid verschoben, da die Ozonsenke NO abgebaut und die Ozonquelle NO_2 angereichert wird.

Die Folge ist eine intensive Ozonproduktion, übrigens nicht nur in den verschmutzten Zonen, sondern je nach Windgeschwindigkeit und Schnelligkeit der Kohlenwasserstoffoxidation längs des ganzen Weges der verschmutzten Luft. Die maximalen Ozonkonzentrationen findet man deshalb in Windrichtung hinter den großen Städten und Industrieansammlungen.

Wie das Hydroxylradikal OH, so vernichten sich die organischen Oxidradikale zum Teil dadurch, daß sie mit dem Stickstoffdioxid Nitrate bilden, Substanzen, die mehr oder weniger stabil sind. Das häufigste ist das Azetylnitrat, das auch unter der Abkürzung PAN (nach dem englischen Ausdruck peroxyazetylnitrate) bekannt ist. Dieses PAN durchläuft in der Troposphäre eine interessante Geschichte. Obwohl es zu den stabilsten Substanzen zählt, zersetzt es sich sehr schnell, sobald die Temperatur steigt. Es kann deshalb ein Reservoir bilden, das in der Lage ist, die organischen Oxidradikale – die Vorläufer des Ozons – über weite Strecken zu verfrachten. Nach seiner Bildung in Bodennähe kann es in große Höhe transportiert werden, wo die Temperaturen viel niedriger sind, und hat dort eine Lebensdauer von mehreren Tagen. Wenn das PAN dann plötzlich in eine absinkende Luftmasse gerät, wird es erwärmt; es zerlegt sich und leitet damit, sofern genügend Stickstoffoxide vorhanden sind, die Ozonbildung ein.

3.3.6 Die Troposphäre als Ozonquelle

Die Verquickung der fotochemischen Vorgänge mit den meteorologischen Phänomenen erklärt die Bedeutung der stark mit Stickstoffoxiden und Kohlenwasserstoffen verschmutzten Regionen als lokale und globale Ozonquelle. Es ist klar, daß diese Regionen mit starker Industrieproduktion und viel Autoverkehr, im wesentlichen auf der Nordhalbkugel in mittleren Breiten zu suchen sind: in Europa, Amerika, Japan und Südostasien. Jedoch bleiben die weiter südlich gelegenen Regionen nicht verschont. Wir haben bereits die Bedeutung erwähnt, die der Verbrennung tropischer Biomasse im Zusammenhang mit der Abholzung und den landwirtschaftlichen Methoden als Methanquelle und insofern auch als Kohlenwasserstoff- und Stickstoffoxidquelle zukommt. Es liegen alle Voraussetzungen vor, besonders auch maximale Sonneneinstrahlung, die die Tropengebiete zu Ozonquellen machen. Mehrere Experimente, die Messungen am Boden und Höhenmessungen umfassten, haben kürzlich sowohl für Amazonien als auch für Afrika den großen Einfluß dieser Prozesse auf die globale Ozonbilanz in der Troposphäre bestätigt.

Man schätzt heute, daß die auf menschliche Aktivitäten zurückgehenden Quellen etwa 1,5 Milliarden Tonnen Ozon pro Jahr produzieren, d.h. ungefähr gleich viel wie die Stratosphäre. Allerdings würde die Oxidation aller vom Menschen emittierten Kohlenwasserstoffe zehnmal mehr Ozon, 15 Milliarden Tonnen, erzeugen. Lediglich der geringe Gehalt an Stickstoffoxiden in den nicht verschmutzten Gebieten begrenzt vorerst noch diese potentielle Ozonproduktion. Im Unterschied zur Stratosphäre, wo eine Vermehrung der Stickoxide die Wirkung der Chlorverbindungen abmildert, würde eine unkontrollierte Zunahme der Verschmutzung mit NO_x in der Troposphäre rasch zu sehr stark erhöhten Ozonwerten führen. Wir finden hier erneut einen Ungleichgewichtszustand, der durch die Übrlagerung eines natürlicherweise vorhandenen Gleichgewichts mit einer vom Menschen erzeugten Quelle zustandekommt und Anwachsraten von 1 % bis 2 % jährlich nach sich zieht. Im Verlauf von 50 Jahren kann sich die relative Konzentration des Ozons in der Troposphäre noch einmal verdoppeln und die Grenzen dessen erreichen, was für die pflanzlichen Ökosysteme oder die gefährdeten Populationen noch tolerierbar ist. Es ist ein Paradox der chemischen Balance in der Atmosphäre: die gleichen Substanzen, die direkt oder indirekt das Ozon in der Stratosphäre zerstören, bewirken eine rapide Ozonvermehrung in der niederen Atmosphäre.

Nichtsdestoweniger sind wir weit davon entfernt, daß sich diese beiden Effekte einfach kompensieren, wie eine detaillierte Analyse der klimatischen und biologischen Konsequenzen eines wachsenden Ozonpegels in der Troposphäre zeigt. Zunächst sind die betreffenden absoluten Ozonmengen sehr verschieden, da der Anteil in der Troposphäre nur etwa 10 % des gesamten Ozons in der Atmosphäre beträgt. Des weiteren liegt die Lebensdauer des Ozons in der Troposphäre nur bei maximal einigen Monaten, so daß es gar nicht die Zeit hat, in die Stratosphäre zu diffundieren. Es ist also illusorisch, zu erwarten, daß sich die Zunahme des Ozons in der Troposphäre durch vertikalen Transport nach einiger Zeit mit dem Defizit in größerer Höhe ausgleicht. Dazu müßte der relative Gehalt in der Troposphäre weit über die Schwelle hinaus anwachsen, jenseits derer die direkten Folgen der Oxidationswirkung des Ozons die Atemwege der Lebewesen in Mitleidenschaft ziehen. Allenfalls gibt es in Bezug auf die ultraviolette Sonnenstrahlung einen gewissen Vorteil, da in dieser Hinsicht nur die Gesamtmenge des Ozons zwischen der Sonne und der Erdoberfläche zählt. Aber hoffen wir nicht zuviel, und seien wir nicht versucht, ein weiteres Mal ein Übel durch ein noch schlimmeres heilen zu wollen.

3.4 Das Ozon in der Stratosphäre: Abnahme oder status quo?

Das Gleichgewicht der Ozonschicht wird von einigen wesentlichen Faktoren bestimmt. Das Zusammenwirken von Sonnenstrahlung, Bewegung der Luftmassen und chemischer Aktivität der Spurensubstanzen führt zu einer räumlichen und zeitlichen Verteilung, deren Mittelwert durch einen in sich stimmigen Satz von Beobachtungen, die vom Boden, von Ballons oder Flugzeugen und in jüngster Zeit vom Weltraum aus gemacht wurden, recht gut beschrieben werden kann. Die wichtigsten Züge sind eine stetige Zunahme der Ozonsäule vom Äquator zu den Polen und, in hohen Breitengraden, eine ausgeprägte jahreszeitliche Schwankung mit dem Maximum im Frühling.

3.4.1 Eine bedeutende natürliche Variabilität

Um dieses mittlere Gleichgewicht herum schwankt der Ozongehalt auf allen räumlichen und zeitlichen Skalen beträchtlich. Die Sonnenstrahlung, der beherrschende Faktor für die Erzeugung von atomarem Sauerstoff durch Fotodissoziation, prägt dem Ozon ihren täglichen und jahreszeitlichen Zyklus auf. Auch ihre mehrjährige Variabilität, gekennzeichnet durch eine elfjährige Periode zwischen aufeinanderfolgenden Maxima der Sonnenaktivität, ist erkennbar. Die Periode dieses Zyklus liegt ziemlich fest, aber seine Stärke, gemessen an der Zahl der Sonnenflecken oder am Strahlungsfluß im Zentimeterbereich, unterliegt großen Schwankungen. Diesen langperiodischen Veränderungen überlagern sich Phänomene, die durch die Zirkulation großer Luftmassen in der Stratosphäre zustandekommen und die das Verhalten der Ozonschicht in der Höhe der maximalen Konzentration bestimmen. Die räumliche Verteilung der integrierten Ozonsäule spiegelt deshalb direkt deren Einfluß wider. Die charakteristischen Zeit- und Längenskalen der Veränderungen sind hier verhältnismäßig klein. Freilich findet man auch den mit den Jahreszeiten verknüpften Transport längs der Meridiane und andere großmaßstäbliche Bewegungen wie die annähernd zweijährige ("quasibiennale") Oszillation der Stratosphäre. Diese moduliert mit einer Periode von ungefähr 28 Monaten die Verteilung des Ozons in den beiden Hemisphären. Die Ursache für dieses dynamische Phänomen liegt in den Tropen, wo der Wind in der niederen Stratosphäre regelmäßig seine Richtung umkehrt und bald nach Westen, bald nach Osten bläst, mit einer Periode, die im Mittel gerade etwas über zwei Jahre beträgt. Der Anregungsmechanismus und die Ankopplung an das Ozon sind heute noch weitgehend unbekannt, doch weist die beobachtete Ozonverteilung klar die Signatur dieser regelmäßigen Bewegung auf. Nichtsdestoweniger treten die bedeutsamsten Variationen im Verlauf einiger Tage und über Tausende von Kilometern auf. Sie zeigen die Wichtigkeit der Bewegungen, die von den meteorologischen Antriebskräften der Troposphäre in den oberen Atmosphärenschichten hervorgerufen werden: Wetterfronten, Tief- und Hochdruckgebiete, Austausch von Luftmassen der Troposphäre und der Stratosphäre entlang der polaren Jetströmung.

Die natürliche Variabilität der Ozonschicht ist daher das Ergebnis vieler Prozesse, deren relative Auswirkung auf die Ozonkonzentration von einigen Prozentbruchteilen bis zu einigen Dutzend Prozent geht. Den natürlichen Ursachen überlagern heute die Menschen ihre Beiträge. Die Veränderungen in der chemischen Zusammensetzung der niederen Atmosphäre, die eine Folge der menschlichen Aktivitäten – Industrie, Landwirtschaft, Transport – sind, bestehen in einer allmählichen Erhöhung der Konzentration der Spurenstoffe, die wiederum die katalytischen Kreisläufe der Ozonzerstörung in der Stratosphäre beherrschen. Wenn wir die Ozonschicht, die das Leben auf der Erde aufrechterhält, wirksam schützen wollen, müssen wir also diesen zusätzlichen Effekt der menschlichen Aktivitäten quantitativ erfassen und seine mittel- und langfristigen Auswirkungen auf die Balance der Stratosphäre verstehen. Die Schwierigkeiten des Unterfangens liegen darin, aus einer um mehrere Größenordnungen stärkeren natürlichen Variabilität die vom Menschen verursachten Effekte herauszufiltern. Diese Aufgabe ist eine umso schwieriger, als uns der mit der langsamen Anhäufung der Quellbestandteile Methan, Stickoxid, FCKW in der Stratosphäre verbundene Verzögerungseffekt zu raschem Handeln zwingt. Man muß also die menschlichen Einflüsse am Ort ihrer Entstehung und zu einem Zeitpunkt, wo sie noch verhältnismäßig schwach sind, entdecken.

3.4.2 Experimente und Modelle

Man muß sogar noch weiter gehen und die zukünftige Entwicklung voraussehen. Als Werkzeug hat man für diesen Blick in die Zukunft nur theoretische Modelle, die den gegenwärtigen und künftigen Zustand der Atmosphäre zu simulieren gestatten. Auf der vorhandenen Kenntnis der dynamischen und chemischen Mechanismen sowie der Strahlungsvorgänge fußend, muß ein solches Modell zunächst die heutige Wirklichkeit so exakt wie möglich wiedergeben. Indem man dann Änderungen in den Quelltermen einführt, seien sie natürlichen oder menschlichen Ursprungs, kann man für eine Zeitspanne zwischen zehn und hundert Jahren die Änderungen der Ozonschicht berechnen. Die Strategie, die sowohl auf einem theoretischen als auch auf einem experimentellen Zugang beruht, ist also klar. Der theoretische Zugang besteht darin, Simulationsmodelle aufzustellen, die nach Möglichkeit die Gesamtheit aller Mechanismen in ihren räumlichen und zeitlichen Dimensionen berücksichtigen sollen. Sodann ist ihre Gültigkeit durch Vergleich mit verfügbaren experimentellen Daten nachzuweisen und schließlich kann man sie zur Vorhersage der künftigen Entwicklung der Atmosphäre benutzen. Der Beitrag der Experimentatoren besteht darin, die Beobachtungsdaten zu liefern, die zur Rechtfertigung der Modelle notwendig sind, neue Mechanismen zu erkennen und, soweit möglich, die auf menschlichen Einfluß zurückzuführenden Veränderungen in der Ozonschicht aufzuweisen.

Dieses Wechselspiel zwischen Beobachtung und Modellbildung ist die notwendige Bedingung für den Erkenntnisfortschritt. Das Modell als einziges Mittel zur Extrapolation in die Zukunft kann freilich nur das voraussagen, was in irgendeiner Form bereits vorhersehbar ist. Es kann nicht *ex nihilo* einen nicht vorhandenen Prozeß erschaffen. Die Erfahrungen der Vergangenheit haben sehr eindrücklich gelehrt, daß die Modellbildungen niemals die großen experimentellen Entdeckungen, die die Geschichte des Ozons in der Stratosphäre markieren, vorhersagen konnten. In diesem Sinn ist es übrigens besser, von Simulationsmodellen als von Theorien zu sprechen. Das gilt umso mehr, als der Atmosphärenphysiker bei diesem gekoppelten theoretisch–experimentellen Zugang mit einer weiteren grundsätzlichen Schwierigkeit konfrontiert ist. Es ist nämlich sehr schwierig, um nicht zu sagen unmöglich, im Labor kontrollierte Experimente durchzuführen, die die theoretischen Vorhersagen verifizieren könnten. Nur die elementaren Prozesse, isoliert für sich, können in einer simulierten Atmosphäre quantitativ vermessen werden. Da die Kopplung zwischen Dynamik, Chemie und Strahlung so komplex ist, ist das einzige wirkliche Laboratorium, wo die theoretischen Vorhersagen effektiv getestet werden können, die Atmosphäre selbst. Experimente vermögen nur zur gleichen Zeit oder am gleichen Ort die Parameter, die gerade unter Kontrolle sind, zu liefern. Das Modell tritt dann als zusammenfassendes Werkzeug in Erscheinung, das die notwendigerweise partiellen experimentellen Ergebnisse miteinander zu verknüpfen gestattet. Aus der Konfrontation zwischen theoretischen Vorhersagen, Modellbildung und experimentellen Daten erwächst schließlich ein Entwurf der Wirklichkeit, der vor allem geeignet ist, Unzulänglichkeiten im Verständnis oder in der quantitativen Erfassung der verschiedenen Mechanismen aufzuzeigen.

Ebenso wie die verschiedenen experimentellen Methoden – Messungen vom Boden, von Ballons und Flugzeugen, von Raketen und Satelliten aus – Zugang zu unterschiedlichen räumlichen und zeitlichen Skalen vermitteln, wurde im Lauf der letzten zwanzig Jahre auch eine ganze Hierarchie von Simulationsmodellen entwickelt. Die einfachsten davon erlauben lediglich, ein Experiment an einem bestimmten Ort und zu einer bestimmten Zeit zu simulieren. Sie bestehen in einer mathematischen Integration über die Umgebungsgrößen, durch die dieses Experiment charakterisiert ist. Die nächste Stufe besteht darin, der vertikalen Struktur der Atmosphäre Rechnung zu tragen und die verschiedenen Höhenbereiche, die für das Ozongleichgewicht eine Rolle spielen, zu unterscheiden. Mit diesen eindimensionalen, auf die senkrechte Richtung beschränkten Modellen lassen sich die elementaren chemischen Prozesse und die mit dem Tagesrhythmus der Sonneneinstrahlung verbundenen Schwankungen studieren. Sie sind aber offensichtlich nicht in der Lage, den Transport des Ozons und insbesondere die Meridianzirkulation (die das Ozon von den äquatorialen Quellregionen zu den Polregionen, wo es sich im Winter anhäuft, umverteilen) wiederzugeben. Dies ist das Hauptziel der zweidimensionalen Modelle, die zugleich die senkrechte Dimension mit einer Auflösung von 1 bis 2 km und die Schwankungen über die Breitengrade in Schritten von 1 bis 2 Grad integrieren. Sie werden häufig verwendet, da sie die von Satelliten beobachteten atmosphärischen Variablen beschreiben können. Diese Modelle stellen auch das bevorzugte Werkzeug für Voraussagestudien dar. Die Rechenkosten auf den leistungsfähigsten Rechenanlagen wie der CRAY und anderen Vektorrechnern halten sich in vernünftigen Grenzen, so daß diese Maschinen die Simulation von mehreren Jahrzehnten atmosphärischer Entwicklung ermöglichen, um künftige Gleichgewichtszustände der Atmosphäre zu erkennen.

Der letzte und optimale Schritt sind dreidimensionale Modelle, die Höhe, Länge und Breite berücksichtigen, oder sogar vierdimensionale, wenn man die Zeit mit einschließt. Sie allein können die dynamischen Phänomene beschreiben, die durch die meteorologischen Veränderungen in der Troposphäre bewirkt werden, und auf diese Weise die Variabilität des Ozons in ihrer Gesamtheit darstellen. Noch sind es aber wenige, und sie sind erst im Stadium der Entwicklung. Ihr sehr hoher Bedarf an Rechenzeit verhindert vorläufig noch, daß sie zur Vorhersage über mehr als einige Tage eingesetzt werden können.

3.4.3 Vom Boden zu Satelliten

Ballons, Satelliten, Bodenbeobachtungsstationen, ein-, zwei- und sogar dreidimensionale Modelle: im Prinzip sind wir gerüstet, die Entwicklung der Ozonschicht unter der Einwirkung der menschlichen Aktivitäten zu erfassen und für das nächste Jahrhundert vorherzusagen. Freilich nur im Prinzip, denn zahlreiche dieser Werkzeuge wurden erst kürzlich verfügbar, und sie wurden – gemessen an den Zielen, die uns heute bewegen – nicht immer vernünftig eingesetzt. Die ersten Messungen in der Stratosphäre zu Beginn der siebziger Jahre hatten zum Ziel, die Existenz von Spurenstoffen, die das Ozongleichgewicht kontrollieren, nachzuweisen, und zu verifizieren, daß die von den Chemo–Physikern vorgeschlagenen Prozesse tatsächlich auftreten. Diese sporadischen Messungen haben weder die Genauigkeit noch die notwendige zeitliche Kontinuität, um bestimmte Tendenzen erkennen zu lassen.

Gerade darin besteht das wesentliche Problem. Um Änderungen von ungefähr 1 % aus den natürlichen Schwankungen von mehreren Dutzend Prozent herauszufiltern, müssen zwei Bedingungen erfüllt sein: die Meßinstrumente müssen zuverlässig sein und dürfen keine zeitlichen Abweichungen zeigen, und die Beobachtungen müssen einen ausreichenden räumlichen und zeitlichen Bereich umspannen, um alle natürlichen Schwankungen eliminieren zu können. Die Notwendigkeit, den gesamten Planeten zu beobachten, um alle räumlichen Skalen zu berücksichtigen, erklärt die herausragende Rolle, die Satellitenbeobachtungen heute spielen müssen. Nun kann aber die Zuverlässigkeit der Instrumente nur garantiert werden, wenn sie ständig nachgeeicht werden, um jede Abweichung zu vermeiden. Wir stehen hier vor zwei Notwendigkeiten, die sich insofern widersprechen, als nach dem heutigen Stand der Technik die Kontrolle eines Instruments auf mehr als 1 % Genauigkeit zumindest sehr schwierig ist, sobald es einmal in der Erdumlaufbahn stationiert ist. Es ist unabdingbar, es in verhältnismäßig kurzen Zeitabständen mit Instrumenten zu vergleichen, die die gleiche Größe vom Boden aus messen und deshalb viel leichter zu kontrollieren sind. Die Strategie, Boden- und Satellitenbeobachtungen zu koppeln, erscheint heute unerläßlich. Sie beruht auf einer Erfahrung, die in den letzten zwanzig Jahren, seit den ersten Anfängen der Satellitenbeobachtung bis zur Erstellung des heutigen Bodenbeobachtungsnetzes aus ausgeklügeltsten Instrumenten, gemacht wurde und verdeutlicht, wie nutzlos ein einseitiges Herangehen für den Nachweis von globalen Tendenzen ist. Sicher haben die instrumentellen Fortschritte eine

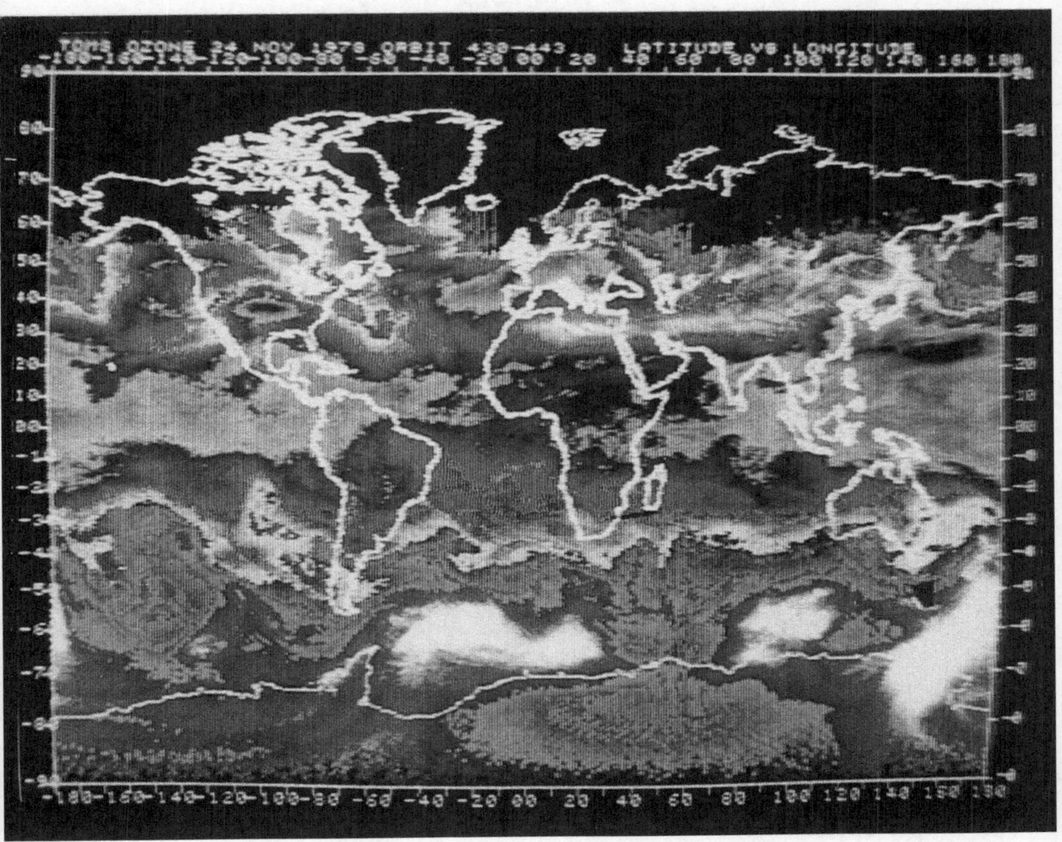

Räumliche Verteilung der integrierten Ozonsäule, wie sie vom Instrument TOMS an Bord des Satelliten NIMBUS 7 der NASA gemessen wurde. Die roten Farbtöne in den Äquatorialregionen entsprechen einer mittleren Dicke von 2,7 mm. Diese nimmt nach den mittleren und hohen Breiten hin zu und erreicht dort 4,5 mm. Die Fotografie stammt direkt vom Farbbildschirm des Computers.

Einige der Beobachtungsinstrumente, die für die Ozonmessungen eingesetzt werden: Dobsons erstes Spektrofotometer, der Laser der französischen Station am Observatoire de Haute-Provence (Service d'Aéronomie), ein vom CNES gestarteter Ballon und das Flugzeug ER-2 der NASA.

Die Satellitenbeobachtung gestattet heute, ein qualitatives Bild von der Aktivität der terrestrischen und marinen Biosphäre zu erhalten. Oben: Verteilung und Dichte der Pflanzendecke der Erde; unten: weltweite Verteilung des vom Meeresplankton erzeugten Chlorophylls (von violett nach rot wächst der Chlorophyllanteil, grau bedeutet die Abwesenheit von Meßdaten).

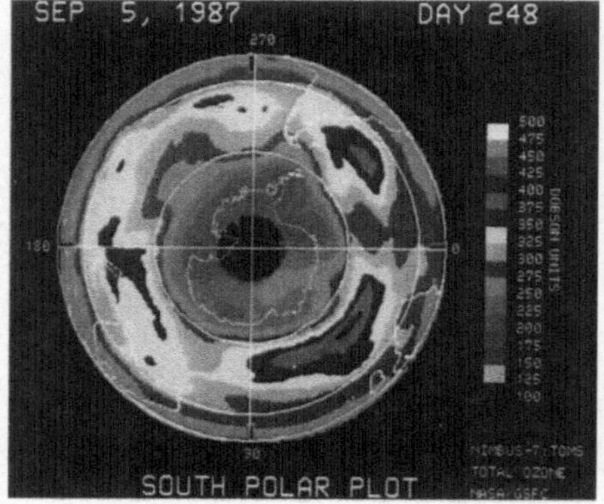

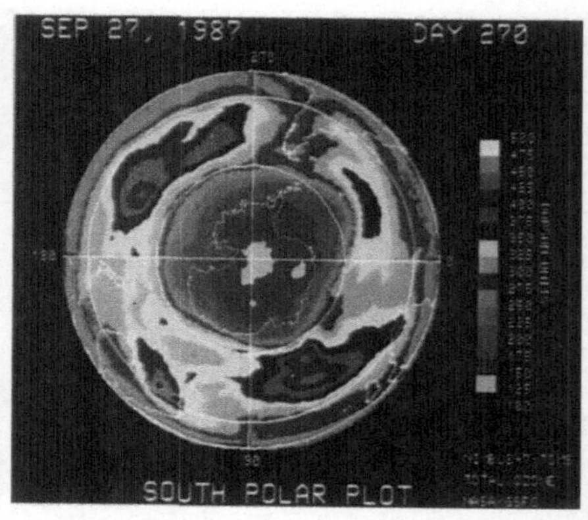

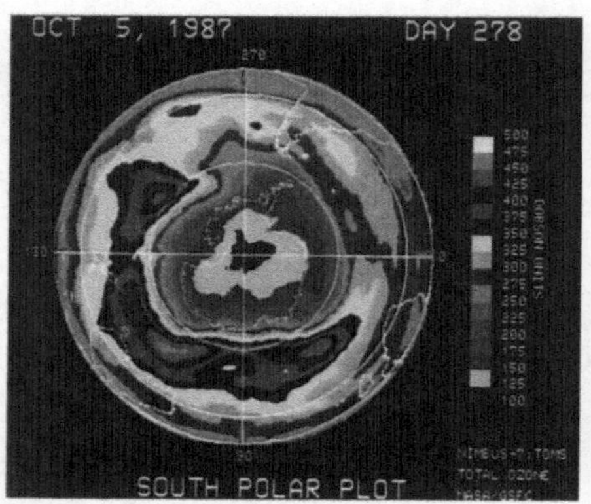

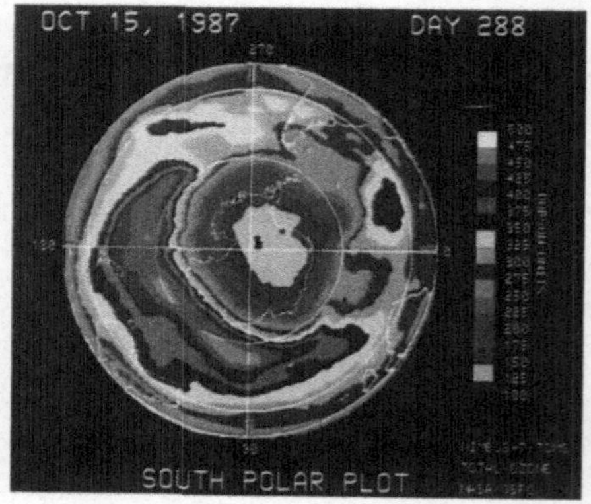

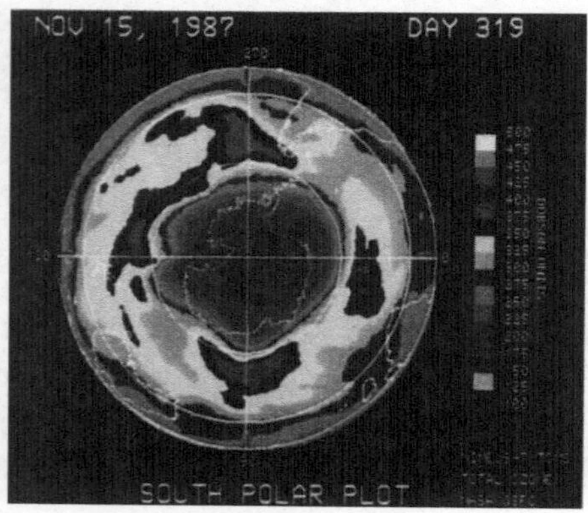

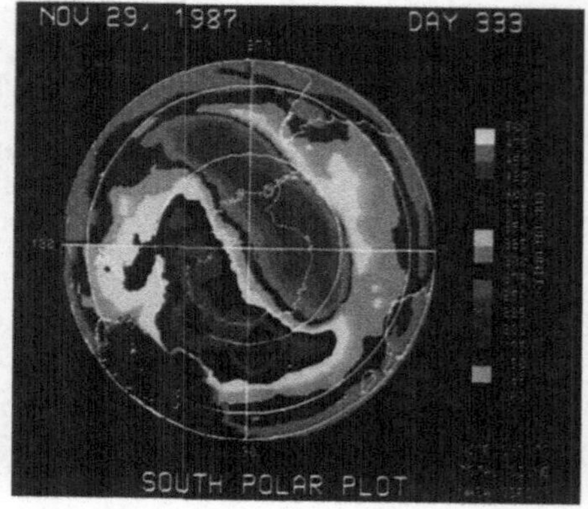

Die Entwicklung der integrierten Ozonsäule über dem antarktischen Kontinent von September bis November 1987. Das Ozonloch erscheint gegen Ende September als rosa und verstärkt sich zu Beginn des Monats Oktober, wo es ein Minimum von 1 mm erreicht (schwarz), bevor es sich um die Mitte des Monats November, beim Aufbrechen des polaren Wirbels, auflöst.

wesentliche Erweiterung unserer Kenntnisse der elementaren Prozesse und der klimatischen Bedeutung der Stratosphärenbestandteile ermöglicht. Dennoch sind die Meßdaten, über die wir heute verfügen, um die vergangene Entwicklung der Ozonschicht nachzuweisen – die Grundlage jeder Vorhersage! – , sowohl hinsichtlich der Qualität als auch der Quantität beschränkt. Nichtsdestoweniger muß man ein Maximum an Information aus ihnen ziehen, um auf die allgegenwärtigen Fragen eine Antwort zu finden und die Sorgen, die durch die wissenschaftlichen Vorhersagen hervorgerufen wurden, zu untermauern oder zu entkräften. Hat sich die Ozonschicht in den letzten zwanzig Jahren unter dem Einfluß der menschlichen Aktivitäten und vor allem der FCKW verringert?

3.4.4 Die Beobachtungsstationen

Die Pioniere der Ozonbeobachtung, allen voran Dobson und Götz, hatten bereits in den zwanziger Jahren begriffen, daß ein Netz von Meßstationen rund um den Erdball für die Einsicht in die klimatische Bedeutung der Ozonschicht eine unabdingbare Notwendigkeit darstellt. Das grundlegende Instrument war damals das nach seinem Erfinder benannte Dobson–Spektrofotometer. Es hat den Vorteil, dank der von Götz 1927 entdeckten und im folgenden ständig verbesserten Umkehrmethode sowohl die integrierte Ozonmenge als auch die vertikale Verteilung des Ozons messen zu können. Seit den dreißiger Jahren waren stets einige Stationen in Betrieb und trugen zu der ersten Sammlung von Meßdaten rund um den Globus bei. Sie waren das Werk von Wissenschaftlern, die direkt am Ozonproblem interessiert waren. Die Qualität der Daten wurde von der Akribie und der Leidenschaft der Autoren garantiert. Trotzdem mußte man bis 1957–1958 auf das bereits 1952 vom Internationalen Rat der Wissenschaftlichen Vereinigungen (ICSU) beschlossene Internationale Geophysikalische Jahr warten, bis dieses Netz ausgedehnt und wirklich international wurde. Unter dem Antrieb des Generalsekretärs Marcel Nicolet, einem der Väter der Aeronomie, wurden auf der ganzen Welt neue Dobson–Spektrofotometer aufgestellt. Die Tropenregionen, die Südhalbkugel und die Antarktis wurden eingeschlossen in ein Netz von mehr als 100 Stationen, das in der Sowjetunion durch eine Reihe neuer Instrumente vervollständigt wurde, die nach dem gleichen Prinzip gebaut waren, aber anstelle des von Dobson verwendeten Refraktionsgitters mit selektiven Filtern für die verschiedenen Wellenlängen ausgestattet waren. Freilich war noch nicht die gesamte Erdoberfläche erfaßt und insbesondere die Ozeane nicht, aber man kann darin zu Recht eine entschlossene Anstrengung sehen, alle Möglichkeiten, die natürliche oder menschlich bedingte Entwicklung der Ozonschicht zu erfassen, auszuschöpfen.

Leider entsprach das Ergebnis den hineingesteckten Erwartungen nicht, hauptsächlich deswegen, weil die Gangtreue der Instrumente nicht aufrechterhalten werden konnte. Das Dobson–Spektrofotometer, so gut es sich zur Ozonmessung eignet, ist ein empfindliches Instrument, das häufige Nachregelung benötigt, um Abweichungen zu vermeiden. Die verschiedenen Exemplare müssen darüberhinaus untereinander vollständig kompatibel sein und unter gleichen Beobachtungsbedingungen einen einheitlichen Wert für die Ozonsäule ergeben. Die

Geräte müssen deshalb alle drei oder vier Jahre verglichen werden, um die Kohärenz des Netzes sicherzustellen. Hierbei zeigt sich übrigens auch die Begrenzung, die sich aus der Verwendung unterschiedlicher Geräte ergeben kann, eine Schwierigkeit, die insbesondere die Einbeziehung der sowjetischen Meßwerte in die Analysen betrifft. Alle diese Maßnahmen sind kostspielig, und qualitativ hochwertige Beobachtungen setzen eine strikte wissenschaftliche Koordination voraus. Die Erfahrung lehrt, daß gerade der Routinecharakter solcher systematischen Messungen einer ihrer Hauptfeinde ist. In dem Maß, wie die Gewohnheit hilft, sinkt die Qualität der Messungen. Die ständige Wiederholung bringt unheilvolle Effekte mit sich, durch die die Ergebnisse stark vom Beobachter abhängig werden. Man muß feststellen, daß das Geld das bestimmende Element bleibt, da es ermöglicht, verantwortungsbewußte Wissenschaftler und Ingenieure von hohem Niveau einzustellen, um diese schwierigen Beobachtungen auszuführen und den einwandfreien Betrieb der Meßstationen sicherzustellen. Die internationalen Gesellschaften, wie die Meteorologische Weltorganisation WMO, die die Verantwortung für die Koordinierung des Meßnetzes haben, verfügen nur über geringe Finanzmittel. Was die nationalen Gesellschaften anbelangt, ist die Versuchung oft stark, die systematischen Meßreihen zu stoppen, deren „wissenschaftliche Rentabilität" sich ja erst nach langer Zeit erweist. Außerdem besteht die natürliche Tendenz, und hier trifft die Wissenschaftler eine beträchtliche Verantwortung, schlagzeilenträchtige Entdeckungen und Aktionen den systematischen, aber wenig spektakulären Aufgaben vorzuziehen. Das ist das Paradox: im allgemeinen ist Geld verfügbar, wenn es darum geht, Ausrüstung zu kaufen und Infrastrukturen zu schaffen, die sich sehen lassen und deshalb leicht als Tätigkeitsnachweis verwertet werden können. Die Schwierigkeiten treten dann auf, wenn diese Geräte tatsächlich zur Funktion gebracht werden müssen, wenn die Investitionen an Material und menschlichem Potential nicht mehr auf der erwarteten Höhe sind. Systematische Beobachtungen und Wissenschaft gehen fließend in einander über: hoffen wir, daß diese heute in der Gemeinschaft der Atmosphärenspezialisten weithin geteilte Einsicht verhindert, daß sich die Fehler der Vergangenheit wiederholen! Die Kosten, ein qualitativ hochwertiges Bodenbeobachtungsnetz aufrechtzuerhalten, stellen nur einen winzigen Bruchteil der für Beobachtungen aus dem Weltraum akzeptierten Investitionen dar, und doch haben die im Weltraum gewonnenen Meßwerte ohne Bestätigung durch Bodenmessungen meist nur eine geringe quantitative Aussagekraft.

Dreißig Jahre nach der Inbetriebnahme müssen wir also feststellen, daß das bodengestützte Beobachtungsnetz nur begrenzt in der Lage ist, Tendenzen der Klimaentwicklung aufzudecken. Auf der Südhalbkugel gibt es wegen der großen Fläche der Ozeane zu wenig Meßstationen, um eine zufriedenstellende Einsicht in die natürliche Variabilität zu ermöglichen. In den Tropen konnten nur wenige Meßstationen die notwendige Qualität der Beobachtungen aufrechterhalten. Man kann es übrigens den betroffenen Ländern – meist Entwicklungsländer – nicht übelnehmen, andere wissenschaftliche Prioritäten gesetzt zu haben. Schlußendlich bleiben also für eine seriöse statistische Untersuchung der Ozonschicht nur die Stationen auf der Nordhalbkugel zwischen dem 30. und dem 64. Breitengrad übrig. Noch weiter im Norden sind die Stationen wieder nicht zahlreich genug. Auf dieser Auswahl von rund dreißig Stationen beruht also das Studium der Entwicklung der Ozonschicht seit Beginn der sechziger Jahre. Diese Zahl verringert sich ironischerweise dadurch noch ein wenig, daß Stationen, die einander zu nahe benachbart sind, keine vollständig unabhängigen Informationen über die Verteilung des Ozons liefern.

Dabei handelte es sich bis jetzt nur um die Ozonsäule, die integrierte Gesamtmenge des Ozons also. Denn was die vertikale Verteilung anbelangt, so können wegen der Schwierigkeiten in der Anwendung der Umkehrmethode nur fünf Stationen auf der ganzen Welt eine Datenbasis aufweisen, die für eine Tendenzanalyse ausreichend ist. Noch weit ärgerlicher ist, daß im Verlauf der letzten dreißig Jahre nur eine *einzige* Station regelmäßig Ballonsonden, die direkten Zugang zur vertikalen Ozonverteilung zwischen dem Boden und 35 km Höhe gewähren, hat aufsteigen lassen. Die Aufgabe des Statistikers, der die vom Menschen bewirkten Änderungen der Ozonschicht nachweisen soll, wird dadurch enorm schwierig.

3.4.5 Die Satelliten

Kann man das Heil von den Satellitenbeobachtungen erwarten? Eine erste Beschränkung zeigt sich sofort. Erst seit 1979, seit dem Start des Wettersatelliten Nimbus 7 durch die NASA, können die Ozonmeßdaten als hinreichend verläßlich für eine statistische Tendenzanalyse betrachtet werden. Nun ist eine der Hauptursachen der natürlichen Variabilität der elfjährige Sonnenzyklus. Es ist daher von vornherein schwierig, dessen Signatur in den Satellitendaten wiederzufinden. An Bord dieses Satelliten befinden sich zwei Instrumente, die zum einen die Ozonsäule, zum anderen die vertikale Verteilung in Höhen oberhalb 25 km messen. Beide sind auf optische Prinzipien gegründet.

Das erste Instrument wird TOMS, Total Ozon Mapping System, genannt und mißt das von der Erdoberfläche oder von Wolken gestreute Licht bei verschiedenen ultravioletten Wellenlängen, die vom Ozon mehr oder weniger stark absorbiert werden. In gewissem Sinn handelt es sich um ein umgekehrtes Dobson–Spektrofotometer, bei dem die Lichtquelle nicht mehr direkt die Sonne, sondern der von der Erdoberfläche gestreute Bruchteil des Sonnenlichts ist. Mit diesem Instrument, das einen ungefähr 1200 km breiten Streifen entlang der Bahn des Satelliten am Boden überstreicht (der eigentliche Meßfleck am Boden mißt rund 50×50 km²), erhält man tägliche Ozonkarten. Nimbus 7 befindet sich in einer fast polaren Umlaufbahn 800 km über dem Boden. Er läuft in 90 Minuten einmal um die Erde, und seine Bahn am Boden verschiebt sich bei jeder Überquerung des Äquators um 2400 km, so daß nach 24 Stunden der gesamte Globus erfaßt ist.

Das Instrument SBUV, Solar Backscatter Ultra Violet Radiation, benützt spektrale Kanäle bei noch kürzeren Wellenlängen, wo das Licht hauptsächlich von den oberen Schichten der Atmosphäre zwischen 20 und 60 km Höhe gestreut wird. Dieses Mal handelt es sich um ein der Umkehrmethode ähnliches Meßverfahren zur Bestimmung der vertikalen Verteilung des Ozons mit einer vertikalen Auflösung von 8 bis 10 km. Das SBUV ist fest auf den Boden ausgerichtet und erfaßt einen Fleck von ungefähr 200×200 km^2, so daß die Erfassung der gesamten Erdoberfläche länger dauert.

Das Instrument TOMS arbeitet seit 1979 ohne Unterbrechung, obwohl die NASA anfangs mehrmals versucht war, es abzuschalten. Seit 1985, dem erstmaligen Auftreten des Ozonlochs über der Antarktis, ist davon nicht mehr die Rede. Umso mehr, als das Challengerunglück im Jahr 1986 die Vereinigten Staaten jeder Möglichkeit eines Ersatzes beraubt hat. Heute versuchen die Verantwortlichen in Amerika mit allen Mitteln, ein zweites Instrument in die Erdumlaufbahn zu bringen, um einen eventuellen Ausfall des nun schon zehn Jahre alten Gerätes ausgleichen zu können. Durch die Hilfe von *glasnost* ist es durchaus wahrscheinlich, daß das nächste Instrument TOMS auf einem zu Beginn der neunziger Jahre von den Sowjets gestarteten METEOR–Satelliten fliegt! SBUV funktioniert seit Februar 1987 nicht mehr. Glücklicherweise wurde ein zweites Instrument, genannt SBUV 2, von der NOAA (der National Oceanic and Atmospheric Administration in den Vereinigten Staaten) in die Erdumlaufbahn gebracht, das seit 1984 auf dem Meteorologiesatelliten TIROS N arbeitet. Die Kontinuität der Messungen ist dadurch im Prinzip gewährleistet.

3.4.6 Instrumentelle Abweichungen

Nach ähnlichen Prinzipien arbeitend, können die Instrumente TOMS und SBUV theoretisch die absoluten Ozonkonzentrationen mit einer Genauigkeit messen, die langfristige Tendenzen aufzuzeigen gestattet. Es ist aber nötig, die Spektrometer von Zeit zu Zeit durch Beobachtung des direkten Sonnenlichts nachzueichen. Dazu wird eine beiden Instrumenten gemeinsame Mattscheibe vor die optischen Systeme geschaltet, die es ermöglicht, die Sonne anzuvisieren. Und hier beginnt der Ärger. Durch das intensive direkte Sonnenlicht verliert die Scheibe allmählich ihr Diffusionsvermögen, umso mehr, als das die Instrumente umgebende Vakuum das Ausgasen des Materials fördert. Man schätzt, daß die Mattscheibe in zehn Jahren rund 70 % ihrer Effizienz verliert. Vor allem ist diese Verschlechterung nicht bei allen Wellenlängen dieselbe. Die unmittelbare Folge ist, daß die Ozonmessungen, die gerade durch den Vergleich der Lichtintensität bei verschiedenen Wellenlängen gewonnen werden, mit einem zeitabhängigen systematischen Fehler behaftet sind. Das SBUV ist umso empfindlicher gegenüber dieser Verschlechterung der Mattscheibe, je kürzer die für die Messung verwendeten ultravioletten Wellenlängen sind. TOMS hingegen ist a priori weniger von solchen systematischen Abweichungen betroffen.

Eine genaue Beobachtung der instrumentellen Verschlechterung würde im Prinzip eine Korrektur erlauben. Aber welcher Experimentator hält es für möglich, eine Qualitätsabnahme um fast 70 % besser als auf 1 % zurechtzubiegen! Der einzige Weg besteht darin, Bodenbeobachtungen mit Dobson–Spektrofotometern zur genauen Eichung der Satelliteninstrumente zu Hilfe zu nehmen. Auf diese Weise geht allerdings die Unabhängigkeit der Messungen verloren und die Abweichungen der beiden Beobachtungssysteme werden eng miteinander verkoppelt. Aber wie soll man die Satelliteninstrumente mit denen am Boden vergleichen, wenn, wie wir gesehen haben, die Präzision der letzteren ebenfalls mit Vorsicht zu betrachten ist? Hier kommen einem die unterschiedlichen Zeitskalen zu Hilfe. Zwar weichen TOMS und SBUV im Lauf der Zeit von der ursprünglichen Eichung ab, aber man kann davon ausgehen, daß ihre Gangtreue während eines oder auch mehrerer Tage gewährleistet ist. Sie lassen sich also verwenden, um die Dobson–Spektrofotometer am Boden zu eichen, denn die beobachteten Ozonsäulen müssen für aufeinanderfolgende Flüge des Satelliten über die Bodenstationen untereinander kohärent sein. Es ist dadurch möglich, eventuelle Abweichungen der Bodeninstrumente zu untersuchen und zu korrigieren. Um Fehlerquellen möglichst auszuschalten, benützt man nur Werte, die unter vergleichbaren Beobachtungsbedingungen gewonnen wurden, besonders hinsichtlich des Winkels zwischen der Sehrichtung zur Erde und dem direkten Sonnenlicht. Mit diesem Verfahren kann man die brauchbaren Bodenstationen für die nächste Runde auswählen, die darin besteht, eventuelle langfristige Abweichungen der Satelliten- von den Bodeninstrumenten festzustellen. Auf diese Weise sieht man, daß TOMS zwischen 1979 und 1986 fast linear um insgesamt 4 % abgewichen ist, wobei die 1986 von ihm gemessene Ozonsäule niedriger als die von den Dobson–Spektrofotometern gemessene ist. Ohne das Bodenbeobachtungsnetz hätte man vielleicht auf eine noch stärkere Ozonverminderung als tatsächlich vorhanden geschlossen! Wie dem auch sei, die Kopplung der Bodenmessungen mit den Satellitenbeobachtungen ermöglicht, instrumentelle Abweichungen *im nachhinein* zu korrigieren und die so wichtigen erdumspannenden Langzeitmessungen der Satelliten zu verwenden.

Wenn man sich nur für die vertikale Verteilung des Ozons in der Stratosphäre interessiert, gibt es eine wesentlich genauere Methode, die zudem den Vorteil hat, keine äußere Eichung zu benötigen. Bei jedem Umlauf um die Erde kann der Satellit einen Sonnenaufgang und einen Sonnenuntergang durch die Atmosphäre beobachten. Die dann praktisch tangential einfallenden Sonnenstrahlen durchlaufen im Verlauf einiger Minuten die verschiedenen Schichten der Atmosphäre. Ein Instrument auf dem Satelliten, das den Auf- bzw. Untergang verfolgt, kann durch Vergleich mit der von außerhalb der Atmosphäre empfangenen Strahlung die Absorption längs des momentanen Lichtwegs bestimmen. Mit Hilfe einer sorgfältigen Wahl der verwendeten Wellenlängen, kann man dabei einen bestimmten Bestandteil der Atmosphäre, z. B. das Ozon, herausfiltern. Dieses Prinzip wird bei einem Instrument namens SAGE, Stratospheric Aerosol and Gas Experiment, angewandt. SAGE mißt die vertikale Verteilung des Ozons in 15 bis ungefähr 50 km Höhe mit einer hervorragenden räumlichen Auflösung von weniger als 2 km. Leider erhält man auf diese Weise nur zwei Meßpunkte pro Umlauf. Eine vollständige Überdeckung des Planeten zwischen den 65. Breitengraden der Nord- und Südhalbkugel benötigt mehr als einen Monat, wodurch kurzfristige natürliche Schwankungen nicht direkt gemessen werden können. SAGE wurde 1979 an Bord des NASA–Satelliten Application Explorer II erstmals in eine Erdumlaufbahn gebracht. Leider hat es nur 18 Monate funktioniert, und man mußte bis 1984 warten, ehe das Experiment SAGE II auf dem

Satelliten ERBE – Earth Radiation Budget Experiment – von der NASA gestartet wurde. Nichtdestoweniger ermöglichen die Messungen dieser beiden Instrumente einen unabhängigen Zugang zur Entwicklung der Ozonschicht über einen Zeitraum, der mit dem von TOMS und SBUV überdeckten durchaus vergleichbar ist. SAGE stellt dank seiner Absolutmessungen die neue Generation von Satelliteninstrumenten dar, die während der nächsten fünfzehn Jahre Änderungen der Ozonschicht sehr genau nachweisen werden. Die Beobachtung von Auf- und Untergängen nicht nur der Sonne, sondern auch von Sternen aus der Erdumlaufbahn, behebt die gegenwärtigen Mängel in der räumlichen und zeitlichen Überdeckung.

3.4.7 Probleme beim Nachweis der Ozonabnahme

Mit einem Bodenbeobachtungsnetz, das auf die mittleren Breiten der nördlichen Halbkugel beschränkt ist, und Satelliteninstrumenten, die zwar die globale Überdeckung gewährleisten, aber schwer kontrollierbare und nur im nachhinein korrigierbare zeitliche Abweichungen zeigen, ist das gegenwärtige System also bei weitem nicht optimal. Der Nachweis von Entwicklungstendenzen der Ozonschicht hängt in dieser Situation von der Größe des Effekts ab. Man schätzt, daß das Instrument TOMS oder das Netz der Dobson–Spektrofotometer Änderungen der Ozonsäule in der Größenordnung von 0,3 bis 0,4 % pro Jahr nachweisen können. Was die vertikale Verteilung anbelangt, sind die Möglichkeiten von SBUV, SAGE oder der Umkehrmethode auf 1 bis 2 % jährlich im Höhenbereich zwischen 35 und 45 km beschränkt. Was sagen nun die Modelle voraus, wenn sie die Entwicklung der Ozonschicht seit Beginn der sechziger Jahre einbeziehen?

Diese Entwicklung ist ebenso sehr die Folge der ständigen natürlichen Erscheinungen – Sonnenfleckenzyklus, quasibiennale Oszillation – wie der Erhöhung der Spurenstoffe durch die menschlichen Einwirkungen. Paradoxerweise kann der zweite Effekt wahrscheinlich besser simuliert werden, da die Konzentrationen der Quellsubstanzen Methan, Stickoxid, FCKW und Kohlendioxid mit hoher Genauigkeit gemessen wurden. Die Einbeziehung der natürlichen Vorgänge erweist sich als heikler. Die quasibiennale Oszillation wird nicht simuliert, da man ihre Ursachen noch nicht versteht. Was den Aktivitätszyklus der Sonne anbelangt, so bescheidet man sich im allgemeinen damit, die Intensität der ultravioletten Strahlung mit Wellenlängen kürzer als 240 nm (und infolgedessen die Ozonproduktion durch Fotodissoziation des molekularen Sauerstoffs) in Abhängigkeit von der Sonnenaktivität zu modulieren. Die dadurch beschriebenen Auswirkungen sind auf der ganzen Erde weitgehend dieselben. Sie bestehen in einer Abnahme der Ozonsäule um 1,75 % bis 2 % zwischen 1979, dem letzten Maximum der Sonnenaktivität, und dem Minimum im Jahr 1985. Für die Analyse der Satellitenmessungen, die gerade nur den Zeitraum von 1979 bis 1986 überdecken, ist dieses Ergebnis sehr wichtig.

Demnach beträgt eine eventuelle Verminderung des Ozongehalts aufgrund der FCKW allein nur 0,5 % bis 1 % zwischen 1979 und 1986, weniger als durch die Schwankung der Sonnenaktivität. Allerdings zeigt sie nicht diese gleichmäßige Verteilung über die Breitengrade. Die ausgeprägtesten Effekte werden im Bereich der winterlichen Pole erwartet, wo der Rückgang des Ozons mehr als 1 % ausmacht. Diese mittlere Bilanz berücksichtigt nicht die Prozesse, die kürzlich über dem antarktischen Kontinent während des südlichen Frühlings entdeckt wurden. Die auf diese Weise abgeleiteten Tendenzen liegen an den Grenzen der instrumentellen Möglichkeiten.

Kann man größere Variationen nachweisen, indem man längere Zeitspannen in Betracht zieht? Eine solche Untersuchung muß sich auf das Bodenbeobachtungsnetz stützen, das die 30 Jahre von 1957 bis 1986 überdeckt. Diese Bemühungen sind jedoch bis zu einem gewissen Grad illusorisch, da wir wissen, daß die FCKW erst mit einer Verzögerung von einigen Dutzend Jahren in die Stratosphäre gelangen. Die Auswirkungen der menschlichen Aktivitäten seit 1960 sind deshalb noch kaum spürbar. Erst 20 % der bisher freigesetzten Menge an FCKW haben die Stratosphäre erreicht. Zwischen 1970 und 1980 wurden insgesamt 11 Millionen Tonnen, fast dreimal soviel wie von 1930 bis 1970, emittiert. Die Modelle sagen für 1986 nur eine FCKW-bedingte Verminderung der Ozonschicht um 0,5 % im Sommer und 1,5 % im Winter voraus, verglichen mit dem Jahr 1965. Daß in diesen beiden Jahren die Sonnenaktivität etwa gleich hoch war, erleichtert den Vergleich. Nach dem gleichen Prinzip kann man übrigens durch Mittelung über zwei Jahre den Effekt der quasibiennalen Oszillation ausschalten. Es gibt aber außer der Vergleichbarkeit der Sonnenaktivität noch einen weiteren Grund, die Auswertung erst mit dem Jahr 1965 zu beginnen. Das Ende der fünfziger und der Anfang der sechziger Jahre war durch den Wettlauf nach der militärischen Nutzung der Atomenergie gekennzeichnet. Die meisten Versuche mit Atom- und Wasserstoffbomben fanden in der freien Atmosphäre statt. Durch die Gewalt der Explosion wurden große Mengen an Stickstoffoxiden in die Stratosphäre gerissen, bis in Höhen, wo sie Ozon zerstören. Die erwarteten Auswirkungen sind, obwohl zeitlich begrenzt, nicht vernachlässigbar und können zu 2 % bis 3 % Ozonverminderung führen. Da präzise Meßwerte der so in die Stratosphäre gelangten Menge an Stickstoffoxiden fehlen, und angesichts der Schwierigkeit, zeitlich begrenzte Effekte in Modellen zu erfassen, ist es vorzuziehen, die Zeitspanne zwischen 1957 und 1965 aus Tendenzanalysen auszuklammern.

Hilft uns die vertikale Ozonverteilung bei unserer Suche nach deutlichen Auswirkungen der FCKW, nachdem uns die Rückkehr in die Vergangenheit nicht weitergeführt hat? Die Wirksamkeit der chlorierten Bestandteile ist in der Tat in 35 bis 45 km Höhe am größten. Ihre Auswirkungen könnten deshalb dort am leichtesten zu erkennen sein. Nun sagen die Modelle wohl eine Verminderung des Ozons um maximal 5 % in 40 km Höhe zwischen 1979 und 1988 voraus, mehr also als die Abnahme der gesamten Ozonsäule. Aber dem muß sofort die geringere Genauigkeit der Instrumente, die die vertikale Ozonverteilung messen, entgegengehalten werden. Sie hat zur Folge, daß sich hier der Nachweis von Tendenzen ebenso schwierig gestaltet.

3.4.8 Bestandsaufnahme

Unzureichende Beobachtungssysteme und die geringe Größe der Effekte helfen zusammen, um einen objektiven Nachweis der Verminderung der globalen Ozonschicht aufgrund des Anwachsens der FCKW zu erschweren. Dies erklärt, warum bis 1985 kein signifikantes Ergebnis erzielt werden konnte. Zusätzlich hat die Unsicherheit darüber, wo beim Ozonproblem die Ursache und wo die Wirkung liegt, zu teilweise heftigen Kontroversen geführt. 1985 hat sich die Polemik verschärft, nachdem ein Wissenschaftler der NASA, der für das SBUV–Experiment verantwortlich war, bekanntgab, daß die Ozonschicht in 50 km Höhe zwischen 1979 und 1985 um 20 % abgenommen hat. Er führte diese Verminderung auf die Zunahme der FCKW zurück und berichtete darüber vor der zuständigen Kommission des amerikanischen Kongresses – zum Ärger des NASA–Chefs, der wie die meisten Wissenschaftler bezüglich der Realität des Effekts skeptisch war. Dieser übersteigt in der Tat alle Modellvoraussagen bei weitem und tritt ferner in einer viel größeren Höhenlage auf als die, in der die Hauptwirkung der chlorierten Substanzen erwartet wird. Ein Zweifel an diesem Meßergebnis ist angesichts der Probleme mit dem SBUV wohl angebracht, wenn auch die Abweichung von den Voraussagen noch keinen definitiven Beweis für instrumentelle Fehler darstellt. Um dieses Ergebnis zu bestätigen oder zu widerlegen, stellte die NASA mit Unterstützung der meteorologischen Weltorganisation sofort eine Arbeitsgruppe von ungefähr dreißig Wissenschaftlern auf die Füße, die beauftragt waren, die Meßwerte neu zu analysieren. Diese Gruppe, die den Namen „Ozone Trend Panel" hatte, sah sich sehr schnell veranlaßt, über den Rahmen des Instruments SBUV allein hinauszugehen und sich an eine kritische Analyse sämtlicher existierenden Meßdaten zu machen: des Bodenbeobachtungsnetzes der Dobson–Spektrofotometer und der Satellitenexperimente TOMS, SBUV und SAGE. Die Analyse zeigte zunächst, daß die starke Abnahme des Ozons in 50 km Höhe nur ein instrumentelles Artefakt war, das dadurch zustande gekommen war, daß man der Verschlechterung der erwähnten Mattscheibe nicht hinreichend Rechnung getragen hatte. Die Untersuchung wurde dann weiterverfolgt und alle Meßwerte der verschiedenen Instrumente neu analysiert und untereinander verglichen. Die Umkehrmethoden, die aus Messungen der direkten und der diffusen, gestreuten Sonnenstrahlung die Ozonkonzentration abzuleiten ermöglichen, wurden im Detail überprüft und ihre Unsicherheiten unterstrichen. Hinsichtlich der Statistik wurden die Eigenschaften zeitlicher Meßreihen einer genauen Analyse unterworfen, die es gestattete, die natürlichen Erscheinungen von den durch die menschlichen Einwirkungen hervorgerufenen Veränderungen zu trennen. Die Schlußfolgerungen dieser fast eineinhalbjährigen Arbeit stellen heute die glaubwürdigsten Aussagen bezüglich der Änderungen der Ozonschicht während der letzten dreißig Jahre dar.

Betrachten wir zunächst die Ozonsäule und analysieren die von den Dobson–Spektrofotometern gelieferten Meßwerte. Diese Beobachtungen sind natürlich auf den Streifen zwischen 30° und 65° nördlicher Breite beschränkt. Um jede Überlappung mit der Zeit der Atomexplosionen in der Atmosphäre zu vermeiden, betrachten wir nur die Meßwerte aus den Jahren 1969–1986. Nach Abzug der mit den natürlichen Zyklen zusammenhängenden Effekte werden die Meßwerte in drei Breitenstreifen eingruppiert, von 30° bis 39°, von 40° bis 52° und von 52° bis 64°, und ihr jahreszeitlicher Gang untersucht. In allen Fällen ist eine abnehmende Tendenz festzustellen! Die Abnahme ist am stärksten im Winter und nimmt mit der Breite zu: $2,3 \pm 1,3\,\%$ im ersten, $4,7 \pm 1,5\,\%$ im zweiten und $6,9 \pm 2,5\,\%$ im dritten Streifen. Alle Werte sind statistisch signifikant und weit höher als die von den Modellen vorhergesagten. Im Sommer ist die Abnahme weniger drastisch: ungefähr $2 \pm 0,8\,\%$ südlich von 52° und nicht signifikant, $0,4 \pm 0,8\,\%$, weiter nördlich.

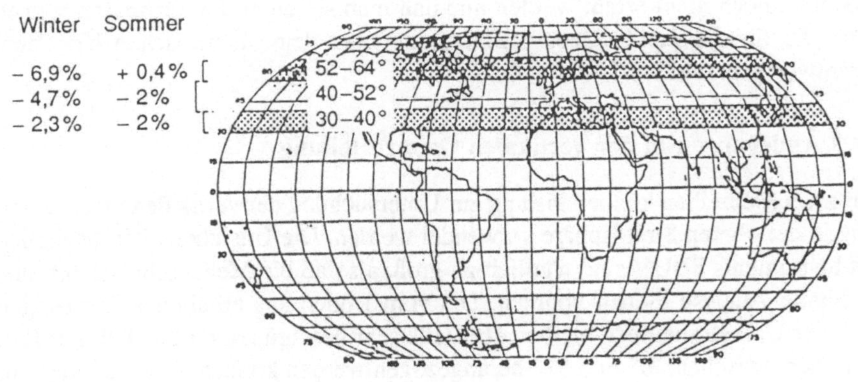

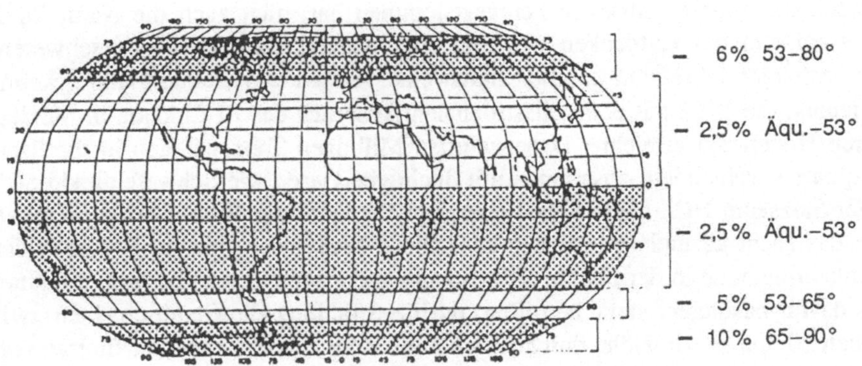

Gemessene Variation der integrierten Ozonsäule

Diese allgemeine Tendenz der Jahre 1979–1986 wird durch Satellitenmessungen, die den gesamten Erdball überdecken, bestätigt. Auch sie lassen eine stark erhöhte Abnahme nahe den winterlichen Polen erkennen, und zwar auf beiden Hemisphären. Über der Antarktis zeigt sich unübersehbar der spektakuläre Effekt des „Ozonlochs". Es zieht südlich von −55° eine Ozonverminderung von mehr als 5 % nach sich, die unabhängig von den Jahreszeiten besteht. Ein Teil dieser globalen Variation muß freilich dem Sonnenzyklus zugeschrieben werden, von dem man eine Ozonabnahme um 2 % während derselben Zeitspanne erwartet. Nichtsdestoweniger ist die Abnahme der Ozonschicht klar bewiesen, vor allem für die letzten zehn Jahre, und zwar unabhängig von den durch die großen natürlichen Zyklen hervorgerufenen Veränderungen. Während des Winters ist die beobachtete Abnahme weit höher als von den Modellen vorhergesagt, auch wenn sie mit den jahreszeitlichen und meridionalen Unterschieden, die man von einem auf die FCKW zurückgehenden Effekt erwartet, gut zusammenpaßt. Man kommt also um die Einsicht nicht herum, daß gewisse Mechanismen von den heutigen Modellen noch nicht erfaßt werden und daß man sie unter den Prozessen suchen muß, die für die rapide Ozonverminderung über dem antarktischen Kontinent verantwortlich sind.

3.4.9 Änderungen in der vertikalen Ozonverteilung

Nur zwei Meßreihen können bislang zur Untersuchung der vertikalen Ozonverteilung in der oberen Stratosphäre verwendet werden. Die Unsicherheiten bezüglich des Instruments SBUV sind nämlich zu groß, als daß die Meßergebnisse für eine ernsthafte Analyse dienen könnten. Die vom Boden aus erhaltenen Messungen nach der Umkehrmethode bleiben ebenfalls sehr beschränkt, da letztlich nur fünf Stationen zwischen 36° und 52° herangezogen werden können, und auch das nur für die Zeit von 1978 bis 1986. Sie zeigen eine Abnahme des Ozons um $9 \pm 5 \%$ zwischen 39 und 44 km Höhe und um $8 \pm 4 \%$ zwischen 34 und 39 km Höhe. Die Meinungen hinsichtlich der Glaubwürdigkeit dieser Messungen sind jedoch geteilt.

Nachdem man bereits die sechziger Jahre aus den statistischen Analysen wegen der Atomexplosionen herausgenommen hat, trägt auch die Natur ihren Teil bei, um das Aufdecken von Entwicklungstendenzen noch zu erschweren. Die achziger Jahre sind nämlich durch eine verstärkte Vulkanaktivität gekennzeichnet, die 1982 mit dem katastrophalen Ausbruch des El Chichon in Mexiko ihren Höhepunkt erreichte. Dabei wurden Millionen Tonnen Staub in die Stratosphäre geschleudert, zusammen mit flüchtigen Gasen wie Schwefeldioxid SO_2 oder Salzsäure HCl. Diese haben eine doppelte Wirkung. Zum einen schwächen sie das Licht ab und verursachen zusätzliche Meßunsicherheiten. Die nach der Umkehrmethode in der oberen Stratosphäre gemessene vertikale Ozonverteilung ist davon besonders stark betroffen, da die Strahlung die Staubschichten zwischen 20 und 30 km Höhe durchqueren muß. Zum anderen kann der Eintrag von Staub und von Gasen wie der Salzsäure das chemische Gleichgewicht des Ozons verschieben. So stellte man 1982 und 1983 eine Verminderung der Ozonsäule um ungefähr 2 % fest, die man versucht ist, dem Ausbruch des Vulkans El Chichon zuzuschreiben. Um die Situation noch ein wenig komplizierter zu machen, trat im gleichen Jahr eine andere bedeutende klimatische Erscheinung auf, die unter dem Namen „El Niño" bekannt wurde und zu einer starken Aufheizung des äquatorialen Pazifik vor der Küste Perus geführt hat. Die Amplitude El Niños war 1982 und 1983 die größte, die in diesem Jahrhundert beobachtet wurde! Die Folge war eine allgemeine Störung der klimatischen Balance in der Troposphäre, die ihrerseits die großräumige Zirkulation der Stratosphäre verändert haben kann. Es ist deshalb praktisch unmöglich, die jeweiligen Beiträge dieser beiden Naturerscheinungen zu den Änderungen der Ozonschicht zu trennen. Freilich handelt es sich dabei nur um vorübergehende Störungen. Die Gesamtmenge an Salzsäure, die durch den Ausbruch des El Chichon in die Stratosphäre gebracht wurde, wird auf rund 200.000 Tonnen geschätzt, das ist weniger als ein Zehntel des aktiven Chlors, das aus anderen natürlichen oder aus menschlichen Quellen kommt. Aber wenn das Ziel letztlich ist, jährliche Veränderungen um weniger als 1 % nachzuweisen, tragen auch solche natürlichen Störungen zur Verschleierung der Lage bei.

Nun bleiben noch die Instrumente SAGE und SAGE II, deren absoluten Charakter wir gerühmt haben. Unglücklicherweise ist die Meßreihe zwischen November 1981 und Oktober 1984 (dem Beginn der Messungen von SAGE II) unterbrochen, und man kann nur die um bis zu 6 Jahren auseinanderliegenden Meßwerte der beiden Instrumente vergleichen. Aufgrund der ungenügenden räumlichen und zeitlichen Durchmusterung wurden die Meßwerte nur in den Breitenstreifen zwischen 20° und 50° auf beiden Halbkugeln analysiert. Immerhin haben sie eine Verringerung der lokalen Ozonkonzentration in 40 km Höhe um $2,5 \pm 1\%$ nachgewiesen, die dieses Mal an der unteren Grenze der Modellvorhersagen liegt. Erstaunlicher war die Abnahme um fast 2 %, die in 25 km Höhe beobachtet, aber von den Modellrechnungen nicht vorhergesagt wurde. Sie könnte von komplexen chemischen Mechanismen herrühren, die von den Modellrechnungen nicht erfaßt werden und hauptsächlich mit dem Ausbruch des El Chichon zusammenhängen.

3.4.10 Eine endgültige Schlußfolgerung oder ein Bündel unbewiesener Vermutungen?

Sei es nun der Beginn des unaufhaltbaren Niedergangs der Ozonschicht oder einfach nur eine vorübergehende Erscheinung im klimatischen Wechselspiel — die globale Abnahme der Ozonschicht während der letzten zehn Jahre scheint heute experimentell gesichert zu sein. Aber die Schwierigkeit, die natürlichen zyklischen oder sporadischen Schwankungen im Modell zu erfassen und die grundsätzlichen Probleme mit den Meßungenauigkeiten bleiben und hindern uns daran, eine sachliche und direkte Verbindung zwischen der festgestellten Erhöhung des Chlorgehalts der Stratosphäre und der Konzentrationsabnahme des Ozons herzustellen. Mehr als der absolute Wert der beobachteten Tendenz muß ihre räumliche und zeitliche Charakteristik unsere Forschung leiten, und in dieser

Hinsicht stellen wir übereinstimmende Indizien fest. Die erhöhte Abnahme im Winter in mittleren und hohen Breiten, sowie das Maximum der Abnahme in 40 km Höhe paßt mit den Vorhersagen der Modelle, die die FCKW in Betracht ziehen, zusammen. Unser Zögern, endgültige Schlüsse zu ziehen, bezieht sich auf die Unzulänglichkeiten, die sich in den beobachteten Unterschieden zwischen Modell und Messung offenbaren. Die vorhergesagten oder beobachteten Effekte sind sehr subtil, von der Größenordnung einiger %, und das macht die Untersuchung schwierig. Dazu kommt in den nächsten drei Jahren, von 1989 bis 1992, der Wiederanstieg der Sonnenaktivität, der die Auswirkungen der chlorierten Substanzen verschleiern kann. Möglicherweise werden wir in den kommenden Jahren aus dem *Ausbleiben* einer Änderung eine Lehre ziehen müssen! Aber in der Zwischenzeit ist eine Erscheinung von ganz anderer Größenordnung aufgetreten, bei der sich die Ozonverringerung auf einige Dutzend Prozent beziffert: seit 1979 bildet sich regelmäßig im Frühjahr ein Loch in der Ozonschicht über der Antarktis. Ist dies nun der formale Beweis für den Einfluß der menschlichen Aktivitäten auf die Balance der hohen Atmosphäre?

3.5 Rapide Ozonabnahme am Südpol

Verloren inmitten der unendlichen Eisflächen des antarktischen Kontinents und für fast acht Monate isoliert von der übrigen Welt: unter diesen Bedingungen bemühen sich mehrere Dutzend Forscher und Ingenieure seit beinahe 60 Jahren, diesem 50 Millionen Quadratkilometer großen Land einige seiner jahrtausendealten Geheimnisse zu entreißen. Eine Reihe von Stützpunkten ist eingerichtet worden, meist entlang der Küste zwischen 68° und 75° Süd, aber auch im Landesinneren auf dem riesigen Plateau, das bis zu 4000 m Höhe erreicht. Die amerikanische Station Admundsen Scott steht sogar genau am Südpol selbst.

Alle großen Nationen sind in diesem internationalen Konzert vertreten, das vom Antarktisvertrag dirigiert wird, der am 1. Dezember 1959 abgeschlossen wurde und nach Ratifikation durch zwölf Unterzeichnerstaaten (darunter Frankreich und die Bundesrepublik Deutschland) am 23. Juni 1961 in Kraft trat. Der Vertrag verfügt, daß die Antarktis ausschließlich für friedliche Zwecke genutzt werden darf und daß die wissenschaftliche Forschung dort frei und auf eine offene internationale Zusammenarbeit gegründet ist. 1964 wurden in Sorge um den Erhalt der Umwelt neue Maßnahmen ergriffen, die insbesondere auf den Schutz der Tierwelt abzielten. Heute scheinen jedoch die wirtschaftlichen Interessen die Oberhand zu gewinnen. Einige Großmächte fordern die Möglichkeit, die Mineralvorkommen der Antarktis auszubeuten. Dies ist der Gegenstand der von ihnen betriebenen Vorarbeiten für eine Revision des Vertrags, die im Prinzip ab 1991 möglich ist. Dennoch sind 1988 im Rahmen der Konvention von Wellington erhaltende Maßnahmen zum Schutz der Natur getroffen worden, wobei die treibende Kraft hauptsächlich Neuseeland war. Die Vertragsparteien erkennen ihre „Verantwortung für den Schutz der außergewöhnlichen und einzigartigen

Umwelt der Antarktis" an. Eine Umweltverträglichkeitsprüfung muß vor Beginn jeder Bergbauaktivitäten erfolgen. Dennoch ist dadurch nicht jegliche Bedrohung ausgeschlossen!

Für Biologen, Ökologen, Meteorologen, Atmosphärenphysiker, Ozeanografen und Astronomen eröffnen sich dort jedoch unersetzliche Studienmöglichkeiten. Als einzigartiges Naturreservat für die Pflanzen- und Tierwelt des Meeres und des Landes, als ausgezeichneter Ort für die Untersuchung der elektromagnetischen Vorgänge in der hohen Atmosphäre, als astronomisches Observatorium, wo die Nacht mehrere Monate dauert, und mit den Archiven des ewigen Eises als einzigartiger Zeuge der Vergangenheit bleibt der antarktische Kontinent auch heute ein ungeheurer Bereich sowohl des Abenteuers als auch der wissenschaftlichen Forschung.

3.5.1 Ozonmessungen seit 1957

Auch die Ozonspezialisten fehlen in der Antarktis nicht. Seit dem Ende der fünfziger Jahre werden unter der Federführung des British Antarctic Survey an der Station Halley Bay systematische Beobachtungen der gesamten Ozonmenge durchgeführt. An dieser Station, bei 76° südlicher Breite und 27° westlicher Länge im Norden der Halbinsel Palmer, die sich bis 63° südlicher Breite in Richtung zum Kap Horn erstreckt, werden seither ununterbrochen Messungen durchgeführt. Diese wurden besonders durch die Impulse, die das Internationale Geophysikalische Jahr 1957–1958 der Atmosphärenforschung verliehen hat, gefördert. Bereits nach kurzer Zeit wurden sie durch Messungen der japanischen Station Syowa (69° Süd, 40° Ost, ab 1961) und der von den Amerikanern 1964 am Südpol errichteten Station ergänzt. Frankreich war mit seiner Basis in Dumont d'Urville, die Halley Bay fast genau gegenüberliegt (68° Süd, 140° Ost) nur sporadisch an der Erforschung der Stratosphäre beteiligt [3]. Die größten Bemühungen hinsichtlich der Atmosphärenphysik zielen auf die hohen Schichten oberhalb 80 km Höhe, wo die Prozesse, die mit dem Eindringen von energiereichen geladenen Teilchen in der Nähe des magnetischen Pols zusammenhängen, dominieren. In dieser Hinsicht ist die geografische Lage von Dumont d'Urville ganz optimal, da der magnetische Südpol im Unterschied zum geografischen Südpol nur einige Dutzend Kilometer entfernt ist.

Die systematischen Messungen des Ozons dauern also bis zum Beginn der achziger Jahre fast dreißig Jahre an und tragen so zu unseren Kenntnissen über die klimatischen Bedingungen der Ozonschicht in den Polarregionen bei. Die mittlere Dicke der Ozonschicht schwankt in regelmäßiger Weise zwischen 2,8 und 3,5 mm, d.h. 280 und 350 Dobson, und zeigt ein jahreszeitliches Minimum während der Frühlingsmonate September und Oktober, wenn die polare Stratosphäre aus der Polarnacht heraustritt. Nun messen die Japaner in Syowa die vertikale Ozonverteilung seit 1966. Diese hat bei 19 bis 20 km Höhe ein Ma-

---

[3] Anmerkung des Übersetzers: dasselbe gilt für die Bundesrepublik mit ihrer Station Georg-von-Neumaier.

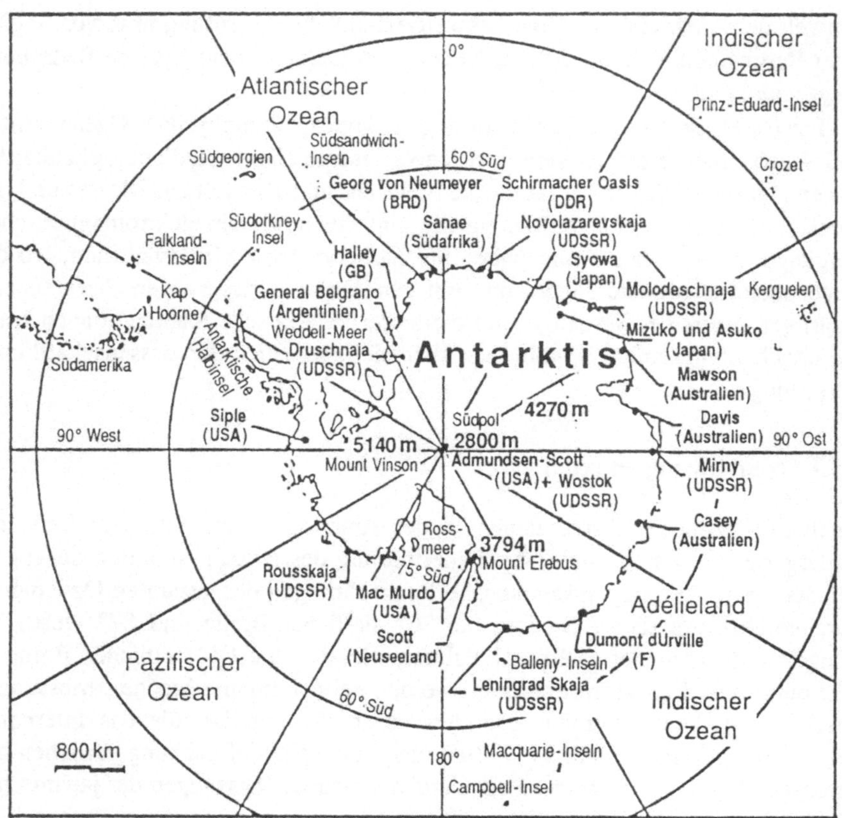

Der antarktische Kontinent

ximum mit einem relativen Ozongehalt von ungefähr 3,5 Millionsteln. Das ist charakteristisch für die Polarregionen, wo die Tropopause verhältnismäßig niedrig liegt, in einer Höhe zwischen 8 und 10 km. All das ist sehr gut mit dem verträglich, was wir über das natürliche Gleichgewicht der Ozonschicht wissen.

In den Jahren 1982–1984 brachten übrigens die Wissenschaftler der Ozonschicht nur ein verhältnismäßig geringes Interesse entgegen. Nachdem sie 1974 einen FCKW-bedingten Rückgang der gesamten Ozonmenge im nächsten Jahrhundert um 13 % und 1979 sogar um 19 % vorhergesagt hatten, schätzten sie diesen 1982 nur noch auf 5 %. Die Überlagerung der Effekte verschiedener Reaktionszyklen – des Kohlenstoffs, des Stickstoffs und des Chlors – und die genaue Messung einiger chemischer Reaktionskoeffizienten hatten zu einer Neubewertung der einige Jahre früher vorausgesagten katastrophalen Auswirkungen geführt. Diese Ergebnisse waren für die experimentell und die mit Modellen arbeitenden Wissenschaftler nicht nur ein Ruf zu Bescheidenheit. Sie ließen auch die meisten Spezialisten der Physik und Chemie der Stratosphäre glauben, daß das Ozonproblem in diesem Teil der Atmosphäre im wesentlichen gelöst sei; daß jedenfalls die Gefahr der Zerstörung des natürlichen Umweltgleichgewichts in anderen Höhenbereichen, vor allem in der Troposphäre, wahrscheinlich höher sei. Der Interessenschwerpunkt der Ozonspezialisten sank also sozusagen in tiefere Höhenlagen ab. Aber es wartete noch eine Überraschung auf sie, und ein wissenschaftlicher Donnerschlag nötigte sie bald, sehr schnell wieder zum stratosphärischen Ozon aufzusteigen, das sie eben im Begriff waren zu verlassen.

3.5.2 Eine rapide Abnahme

Seit 1980 beobachteten die Briten auf Halley Bay und die Japaner auf Syowa, daß die monatlichen Mittelwerte der gesamten Ozonmenge im Oktober um 40 bis 50 Dobson niedriger waren als die während der beiden vorangehenden Jahrzehnte gemessenen. 1982 war der Rückgang noch ein bißchen ungewöhnlicher, da das monatliche Mittel dieses Mal nur 210 Dobson betrug, während sonst 280 bis 300 Dobson beobachtet worden waren. Im Gegensatz dazu änderten sich die Werte in den übrigen Monaten des Jahres kaum, sie blieben in den Grenzen der natürlichen Schwankungen, die man seit dreißig Jahren gemessen hatte. Die Japaner veröffentlichten 1983 diese Meßwerte, aber sie wählten dafür eine nationale Zeitschrift mit sehr geringer Verbreitung. Sie weckten deshalb praktisch keinerlei Reaktion in der internationalen Wissenschaftlergemeinschaft. Die Engländer gingen anders vor. Im Bewußtsein der Grenzen der Dobson–Spektrophotometer und angesichts einer möglichen instrumentellen Abweichung, nahmen sie eine genaue Eichung der auf Halley Bay stationierten Instrumente vor. Sie stellten dabei nichts Ungewöhnliches fest, und mußten bald die Realität der Meßergebnisse anerkennen. 1984 hatte sich der Ozongehalt erneut verringert und das Monatsmittel für Oktober betrug nur noch 190 Dobson.

Nun war es an der Zeit, diese Ergebnisse einer größeren Öffentlichkeit zur Kenntnis zu geben. Farman, Gardiner und Shanklin veröffentlichten im Januar 1985 in der Zeitschrift *Nature* einen Artikel mit dem Titel „Ein bedeutender Ozonrückgang über der Antarktis beweist eine jahreszeitliche Wechselwirkung der Chlor- mit den Stickstoffverbindungen". Sie konnten, für Wissenschaftler verständlich, dem Verlangen nicht widerstehen, einen Erklärungsversuch für den nachgewiesenen Beobachtungsbefund, daß seit 1979 das Ozon im Oktober über der Antarktis abnimmt, zu geben. Sie stützten sich auf die beobachtete gleichzeitige und weltweite Zunahme der chlorierten Bestandteile in der Stratosphäre und schlugen einen Ursache–Wirkungs–Zusammenhang zwischen diesen beiden Erscheinungen vor, der auf den besonderen klimatischen Bedingungen beruhen könnte. Dabei wurden aber lediglich zwei Beobachtungen miteinander in Verbindung gebracht. Wissenschaftlichen Wert hat jedoch nur ein präzises Verständnis der auftretenden Prozesse. Eine Menge experimenteller und theoretischer Untersuchungen waren zur Bestätigung des Zusammenhangs zwischen den chlorierten Substanzen und der Ozonabnahme noch notwendig. Aber das wissenschaftliche Interesse war mit einem Schlag wiederbelebt. Es führte zur vollständigen Mobilisierung der Wissenschaftler, um eine Erscheinung zu erklären, deren Größe zum erstenmal jede Voraussage übertraf. Dieses Phänomen hatte aber noch einen anderen wichtigen Nebeneffekt: es überraschte eine Wissenschaftlergemeinschaft, die sich in ihrer Gewißheit hinsichtlich des Ozongleichgewichts ziemlich gut etabliert hatte, aber vollständig unfähig war, eine Erscheinung vorherzusagen, die zum erstenmal eine vom Menschen verursachte Störung der Balance der hohen Atmosphäre erkennen ließ. Die Natur hat uns dadurch eine Lektion in Bescheidenheit erteilt, die wiederum die eilige Bereitschaft der Wissenschaftler, das Problem möglichst schnell zu erhellen, erklärt. Ganz abgesehen von dem, was dabei für den ganzen Planeten auf dem Spiel steht!

3.5.3 Grenzen der Satellitenbeobachtung

Damit war zum erstenmal das erkannt, was künftig das Ozonloch der Antarktis genannt werden sollte. Zunächst blieben die Beobachtungen aber auf die drei Stationen Halley Bay, Syowa und Admundsen Scott beschränkt. Wie konnte man nun die räumliche Ausdehnung dieser Erscheinung feststellen, von der wir bereits wissen, daß sie nur in den Monaten September und Oktober auftritt? Erstreckt sie sich über den ganzen antarktischen Kontinent? Überschreitet sie den siebzigsten Breitengrad und dehnt sich über die Ozeane aus, wo keine kontinuierlichen Bodenbeobachtungen möglich sind? Nur Satellitenmessungen können hierauf eine Antwort geben. Wir verfügen ja seit Beginn der siebziger Jahre über eine ständige Satellitenüberwachung, anfangs mit Testinstrumenten, ab 1979 mit TOMS und SBUV an Bord von Nimbus 7, deren Wert für wissenschaftliche Messungen wir bereits betont haben. Wir wissen zwar, daß sie eine zeitliche Abweichung zeigen können, aber die Ozonabnahme über der Antarktis ist ja von ganz anderer Größenordnung als die 0,2 % oder 0,3 % jährliche Abnahme, die man sich auf globalem Maßstab nachzuweisen bemüht. Außerdem bescheint die Sonne ab September die südpolare Stratosphäre, so daß ab Mitte September Messungen bis zum Pol möglich werden. Warum hat man mit diesen Beobachtungen das Ozonloch nicht entdecken können, und warum hat man dafür die Bodenstationen benötigt, von denen manche schon geglaubt hatten, sie seien praktisch nutzlos?

In der Tat steht hier die ganze Methodik der passiven Beobachtungsmethoden, die auf der Beobachtung einer externen Lichtquelle wie der Sonne beruhen, auf dem Prüfstein. Im Fall des Instruments TOMS, das zur Messung der integrierten Ozonsäule bestimmt ist, sind die gegebenen Meßgrößen das von der Erdoberfläche gestreute, diffuse Sonnenlicht bei verschiedenen Wellenlängen. Die Bestimmung des Ozongehalts aus diesen Meßwerten macht eine ganze Hierarchie von mathematischen Operationen notwendig, die auf eine große Zahl von Hilfsgrößen und auf die physikalischen Zustandsgrößen der Atmosphäre Bezug nehmen und sich vor allem auf die Ergebnisse von Kontrollmessungen vom Boden oder von Ballons oder Raketen aus stützen. Außerdem muß von vornherein die vertikale Ozonverteilung über der untersuchten Region bekannt sein, um die Anfangsbedingungen für diese „Inversionsmethode" zu setzen. Deren Wert wird im allgemeinen aus einer Gesamtheit von vertikalen Profilen abgeleitet, die wiederum aus Bodenbeobachtungen gewonnen werden. Diese Gesamtheit stellt so etwas wie einen Vorrat an wahrscheinlichen, der geografischen Breite und der Jahreszeit angepaßten Werten dar. Darüberhinaus lehrt die Erfahrung, daß sich der Endwert nicht weit von diesem Anfangswert entfernt.

Darin liegt allerdings ein prinzipielle Mangel der Satellitenmessungen. Im Grund erweisen sie sich sogar als ungeeignet, unnormale Schwankungen, die sich weit vom Mittelwert entfernen, überhaupt nachzuweisen. Was den Südpol anbelangt, so entsprechen wohlgemerkt die archivierten Meßgrößen einer Klimageschichte, die auf Meßergebnissen beruht, die vor dem Start des Satelliten 1979 und somit vor dem Auftreten des Ozonlochs erhalten wurden. Es ist also nicht erstaunlich, daß es seit 1982 nicht mehr möglich war, von TOMS korrekte Werte für den Ozongehalt im Oktober zu erhalten. Der Unterschied zwischen dem wirklichen, unter 220 Dobson liegenden Wert, und dem auf 280 bis 300 Dobson geschätzten Anfangswert war zu groß und der Inversionsalgorithmus divergierte sehr schnell. Die für das Instrument Verantwortlichen dachten zunächst an eine sporadische Fehlfunktion des Geräts, zumal ab November wieder alles normal war. Dies demonstriert wieder in exemplarischer Weise die Notwendigkeit, über mehrere Meßinstrumente zu verfügen, die einander ergänzen und möglichst auf verschiedenen Prinzipien beruhen. Die Illusion, alle Probleme mit Satellitenbeobachtungen lösen zu können, wird dadurch zunichte gemacht.

Nichtsdestoweniger kommt den für TOMS und SBUV verantwortlichen Wissenschaftlern der NASA und der NOAA ein wesentliches Verdienst insofern zu, als sie die Meßgrößen in ihrer ursprünglichen Form sorgfältig aufbewahren. Sobald durch die verfügbaren Bodenmessungen die Realität der geringen Ozonwerte gesichert ist, können die gesamten Satellitenmessungen, die seit 1979 archiviert worden sind, erneut ausgewertet werden. Freilich bleibt immer ein leiser Zweifel hinsichtlich der Qualität der Inversionsmethode, die so von anderen Messungen abhängt, aber Bodenbeobachtungen, die die Satellitenmessungen nachträglich bestätigen können, sind immer da. Nachdem einmal Alarm geschlagen wurde, werden sie sich vervielfachen und dadurch das Zutrauen in dem Maß erhöhen, wie sich die experimentellen Bestätigungen für die Realität des Ozonlochs anhäufen.

3.5.4 Der südpolare Wirbel

Vom Weltall aus betrachtet hat das Ozonloch eine Form, die fast exakt die Konturen des antarktischen Kontinents umschließt. Es ist auf den Pol zentriert, und die geringsten Ozonwerte werden genau im Zentrum des Lochs gemessen. Allerdings ist ein solches Bild zu statisch und entspricht nicht vollständig der physikalischen Wirklichkeit. Um ihr näher zu kommen, muß man die täglichen Schwankungen der Ozonschicht über der Antarktis beobachten und die Satellitenkarten wie einen Film vor den Augen ablaufen lassen. Dann belebt sich alles, und man wird Zeuge einer schnellen Verlagerung der Luftmassen, die das Ozon in einen großen Wirbel reißt, der sich bis zum 60. Breitengrad erstreckt. Für einen Beobachter, der sich genau senkrecht über dem Pol befindet, bewegt sich dieser Wirbel im Uhrzeigersinn von West nach Ost. Einige Tage genügen, und der Kreis ist einmal vollständig durchlaufen, wobei die maximale Windgeschwindigkeit 100 bis 200 m/s bei 60° beträgt. Weiter nördlich, d.h. bei Breiten unterhalb 55°, sind die Strömungen langsamer und die Ozonwerte wesentlich höher, ungefähr 400 bis 450 Dobson. Die Verteilung ist bei weitem nicht gleichmäßig, und häufig beobachtet man in der Nähe von 50° südlicher Breite einen Bereich, in dem sich Maxima des Ozongehalts wie auf einem langgestreckten Croissant aufreihen.

Wenn wir den Film der Ozonentwicklung am Südpol bis Ende Oktober oder Anfang November ablaufen lassen, sehen wir, wie sich der Wirbel allmählich abschwächt. Die Polregionen werden in sporadischen Abständen von Luftmassen aus mittleren Breiten überschwemmt, die einen erhöhten Ozongehalt mit sich führen. Plötzlich gelingt es einer solchen Intrusion, die schnelle Kreisbewegung, die sich im Polarwinter ausbildet, aufzubrechen. Das Ozonloch, das bis dahin gegen das Ozon aus den mittleren Breiten aufrechterhalten worden war, verschwindet plötzlich in der allgemeinen Vermischung der Luftmassen, und die polare Stratosphäre findet bis zum nächsten Winter zu ihrem normalen Aussehen zurück. Hier zeigen sich alle Vorzüge der Satellitenbeobachtung, die es ermöglicht, dem dynamischen und chemischen Verhalten der hohen Atmosphäre praktisch in Echtzeit zu folgen. Allerdings handelt es sich zunächst nur um reine Beobachtungen. Zur Deutung der damit verbundenen Prozesse ist es ein weiter Weg.

Stück für Stück gibt das Ozonloch seine Geheimnisse preis. Eine letzte Meßgröße fehlt noch zu einer vollständigen Beschreibung, nämlich der Höhenbereich, in dem das Ozon abnimmt. Angesichts der Gesamtabnahme um 20 % bis 30 % kann man erwarten, daß eine so bedeutende Veränderung in der Nähe des Maximums der Ozonschicht auftritt. Die mit Wetterballons über verschiedenen Meßstationen ausgeführten vertikalen Untersuchungen lassen dieses Verhalten auch in der Tat erkennen. Im Bereich zwischen 18 und 23 km Höhe verschwindet das Ozon mit einer Geschwindigkeit, die in der zweiten Septemberhälfte und in den ersten Oktobertagen fast 0,5 % pro Tag erreicht. Damit haben wir eine präzise Vorstellung von dieser Erscheinung, deren Ausmaß seit 1985 ständig zunimmt: das Oktobermittel des Gesamtgehalts betrug 1988 nur 170 Dobson, fast 40 % unter dem Langzeitmittel von 1957 bis 1979.

Eine Reaktion ist nun dringend erforderlich. Die Zeit drängt umso mehr, als das wesentliche Problem ist, die Auswirkungen des polaren Ozonlochs auf das globale Gleichgewicht der Ozonschicht zu verstehen. Es muß um jeden Preis schnell eine Erklärung für eine Erscheinung gefunden werden, die keiner vorhersagen konnte. Diese muß zweckmäßigerweise die chemischen und dynamischen Prozesse sowie die Strahlungsvorgänge, die für die Polregionen charakteristisch sind, einbeziehen. Dabei ist von Vorteil, daß wenigstens einige der Kenntnisse verwertet werden können, die wir über mehrere Jahrzehnte der Forschung hinsichtlich der Mechanismen, die das Verhalten der Ozonschicht beherrschen, gewonnen haben. In diese Richtung bewegten sich denn auch die Anstrengungen der plötzlich neu mobilisierten Wissenschaftler, die innerhalb weniger Monate mehrere Theorien vorschlug, die alle oder einen Teil der beobachteten Phänomene erklärten. Um diese Theorien aber richtig zu verstehen, müssen wir uns zuerst mit den physikalischen Besonderheiten aufhalten, die aus der antarktischen Stratosphäre eine so einzigartige Region machen.

3.5.5 Sehr niedrige Temperaturen

Betrachten wir die Südpol von oben und beschränken dabei unser Blickfeld auf den Bereich südlich des 40. Breitengrades. Am Nordrand ragen nur die Südspitze Südamerikas und ein Teil von Neuseeland in die unermeßlichen Weiten des Ozeans hinein. Erst südlich des 65. Breitengrads beginnt die Landfläche des antarktischen Kontinents: eine gleichmäßige Scheibe, auf den Südpol zentriert, deren Symmetrie nur vom Einschnitt des Rossmeeres und der Palmerhalbinsel, die sich wie eine Brücke dem Kap Horn entgegenreckt, unterbrochen wird. Diese ungewöhliche Oberflächentopografie bestimmt wesentlich die Dynamik der polaren Stratosphäre, die uns durch die Bewegung des Ozons bereits deutlich geworden ist. Es handelt sich um die Existenz des enormen Wirbels, der sich während des Polarwinters in den Monaten Juli bis Oktober ausbildet. Er hat seine Ursache im Transport tropischer Luft nach Süden, der sich aus der allgemeinen Zirkulation der Stratosphäre ergibt. Diesem Transport in meridionaler Richtung überlagert sich aufgrund der Corioliskraft sofort eine Bewegung entlang der Breitenkreise, die die Luftmassen – da wir auf der Südhalbkugel sind – nach links ablenkt. Der Wirbel beschleunigt sich, sobald er in Gang gesetzt ist, und stabilisiert sich in einer fast perfekten Symmetrie um den Pol. Die Maximalgeschwindigkeiten erreichen in 16 km Höhe um den 60. Breitengrad schon bald 150 m/s, das sind fast 300 km/h. Nichts stört diese gewaltige Bewegung, die die Polregion vollständig von den Bereichen niedrigerer Breite isoliert. Die wärmere tropische Luft kann diese Barriere nicht überwinden, wodurch der starke thermische Kontrast zwischen dem Pol, der von aller Sonnenstrahlung abgeschnitten ist, und den Regionen mittlerer und niedriger Breite mit ihrer konstanten Sonneneinstrahlung, verstärkt wird. Nur wenn die Sonne im südpolaren Frühling wieder erscheint, wird durch die Temperaturerhöhung der Polregion diese Isolation durchbrochen. Eine intensive Durchmischung der Luftmassen, wie sie uns die Satellitenbeobachtungen der Ozonschicht zeigen, ist die Folge.

Das Beharrungsvermögen und die Stärke dieses Wirbels, des polaren Vortex, sind ganz charakteristisch für die südliche Halbkugel. Auf der Nordhalbkugel gibt es einen viel stärkeren Wechsel zwischen Kontinenten und Ozeanen und deshalb auch zwischen Zonen hohen Drucks über den Landflächen und ausgedehnten Tiefdruckgebieten über den Meeren. Die Troposphäre übt auf diese Weise eine ständige Kraft auf die stratosphärischen Luftmassen aus, deren Bewegung dadurch gestört wird. Wir haben diese Schwankungen schon bei der Beobachtung der Lage der polaren Jetströmung festgestellt. Sie haben ein ständiges Einsickern von wärmerer Luft aus mittleren Breiten zum Pol zur Folge und verhindern damit eine dauernde Isolierung während des Polarwinters. Die meteorologischen Bedingungen in der Stratosphäre sind also auf beiden Halbkugeln verschieden. Dies ist vielleicht der erste Hinweis auf eine Erklärung dafür, daß ein vergleichbares Ozonloch über der Arktis bisher fehlt.

Im Inneren des Wirbels isoliert und während der Polarnacht von der Sonnenstrahlung abgeschnitten, kühlt die Stratosphäre über dem Südpol sehr schnell ab, da ihr jede äußere Wärmequelle fehlt. Sie erreicht auf diese Weise bei Temperaturen, die im Juli und August südlich des 80. Breitengrads und in 16 km Höhe auf Werte unterhalb von $-85°$ absinken, ein Strahlungsgleichgewicht. In der Region um den 60. Breitengrad ist die Luft etwas wärmer, trotzdem liegen die beobachteten Minima bei $-70°$. Dabei handelt es sich um Mittelwerte. Im Vergleich dazu liegen die Temperaturen, die man auf der Nordhalbkugel beobachtet, systematisch um $20°$ bis $25°$ höher, unabhängig von der geografischen Breite. Die für die Antarktis kennzeichnenden sehr niedrigen Temperaturen können unserer Suche nach Prozessen, die dem südlichen Polarwinter eigentümlich sind, die erste Richtung geben.

3.5.6 Wolken in zwanzig Kilometer Höhe

Ein zweiter Weg wird durch die Beobachtung des Himmels, die mit dem wiederkehrenden Licht Anfang September erneut möglich wird, eröffnet. Die Sonne steht sehr niedrig über dem Horizont und erleuchtet mit fast waagrecht einfallenden Strahlen die hohen Schichten der Atmosphäre. Dabei werden in der Stratosphäre irisierende Wolken sichtbar, die sich, wie man weiß, in einer Höhe zwischen 10 und 20 km befinden. Dank der Satellitenbeobachtungen verfügen wir heute über ein weitgehendes Verständnis dieser Wolken, die unter den Namen Perlmuttwolken oder polare Stratosphärenwolken bekannt sind. Seit 1979 beobachtet ein einfaches Fotometer bei einer Wellenlänge von 1 Mikrometer die Absorption der Sonnenstrahlung in Breiten höher als $60°$ auf beiden Hemisphären. Das Experiment SAM (Stratospheric Aerosol Monitoring), das von der NASA begonnen wurde, ermöglicht auf diese Weise, das Auftreten solcher Wolken im Detail zu studieren. Sie sind im antarktischen Winter häufiger und verschwinden sehr schnell, sobald im Frühjahr die Temperaturen zu steigen beginnen, wobei sie auch in geringere Höhe absinken. Ihr wesentliches Kennzeichen ist demnach, daß sie nur bei sehr niedriger Lufttemperatur – im Mittel weniger als $-80°$ – auftreten. Sie bilden sich durch Kondensation von gasförmigen Bestandteilen der Atmosphäre, insbesondere von Wasserdampf, auf Aerosolteilchen, die in der Stratosphäre zwischen 15 und 20 km Höhe als Suspension vorliegen. Als Folge der großen Vulkanausbrüche, des Austausches von Luftmassen zwischen der Troposphäre und der Stratosphäre und des meridionalen Transports in den großen Zirkulationssystemen der Stratosphäre sind diese Teilchen auch über der Polregion vorhanden. Wie bei der Wolkenbildung in der Troposphäre bewirken die sehr niedrigen Temperaturen in der polaren Stratosphäre eine rapide Verringerung des Sättigungsdampfdrucks, d.h. des Maximalgehalts an Wasserdampf in der Nähe einer festen oder flüssigen Oberfläche. Das überschüssige Wasser kondensiert also sehr schnell auf die so gebildeten Tröpfchen oder Kristalle, die dadurch an Zahl und Größe zunehmen und die Stratosphärenwolken ausbilden. Freilich können solche Wolken auf der Nordhalbkugel ebenfalls vorkommen, wie die Beobachtungen von SAM ja auch zeigen. Sie sind dort aber seltener und viel kurzlebiger, da ständig Luft aus mittleren Breiten beigemischt wird. Man hat festgestellt, daß über dem Südpol in 22 km Höhe die Luftmassen von Juni bis August im Mittel 60 % bis 80 % der Zeit im Inneren der Stratosphärenwolken zubringen.

Diese mittlere Aufenthaltsdauer geht im September und Oktober schnell zurück, entspricht aber immer noch einem nennenswerten Bruchteil der Verweildauer in niedrigerer Höhe.

3.5.7 Generalmobilmachung

Mit den sehr niedrigen Temperaturen und dem Vorhandensein von Wolken aus Eiskristallen, die eventuell in gelöster Form andere Bestandteile enthalten, hat die polare Stratosphäre zwei wesentliche Züge preisgegeben, auf denen die meisten Theorien, die den rapiden Verfall der Ozonschicht erklären wollen, aufbauen. Aber kehren wir zum Jahr 1985 zurück und damit zu den einzigen experimentellen Fakten, über die wir verfügen, nämlich die Beobachtungen von Halley Bay, Syowa und Admundsen Scott, die dank der Satellitenaufnahmen über den ganzen Kontinent ausgedehnt werden konnten. Die Reaktion der Wissenschaftlergemeinschaft hat sich umgehend entlang zweier Hauptlinien organisiert: die theoretischen Forschungen müssen plausible Erklärungen zulassen, die auf den spezifischen Eigenschaften des Südpols beruhen; die Experimentatoren müssen alle verfügbaren Mittel ins Feld führen, um ein Bündel von Meßgrößen zu erhalten, die die Unterscheidung zwischen den verschiedenen Hypothesen erlauben und zum Aufweis von neuen chemischen und dynamischen Prozessen sowie Strahlungsvorgängen beitragen.

Die Modellbauer lassen zuerst ihre Stimme hören, denn ausgeklügelte Beobachtungsmethoden auf die Beine zu stellen, die nötigen Finanzmittel aufzutreiben und umfassende Beobachtungskampagnen vorzubereiten in einer Region, die nur einige Monate im Jahr zugänglich ist, bedarf eines Minimums an Zeit. Es ist durchaus bemerkenswert, daß die erste Expedition seit August 1986, die von der NASA mit Unterstützung der NSF (National Science Foundation) und der CMA (Chemical Manufacturers Association) unternommen wurde, an der amerikanischen Station Mac Murdo (78° Süd, 167° Ost) geeignete Beobachtungsmittel zusammentragen konnte. Aber lassen wir zuerst die Theoretiker ans Werk und untersuchen die verschiedenen Hypothesen, die sie seit 1985 formuliert haben.

3.6 Theorien auf dem Prüfstand der Beobachtung

In der Stratosphäre sind die dynamischen, chemischen und Strahlungsvorgänge eng ineinander verwoben. Die Theorien haben aber zwangsläufig vereinfachenden Charakter und jede hat einen Bereich, den sie bevorzugt beschreibt. Innerhalb weniger Monate kamen so eine Theorie über die Auswirkungen des Sonnenzyklus, eine dynamische und eine fotochemische Theorie auf. In Abwesenheit schlüssiger experimenteller Fakten, die eine leichte Unterscheidung ermöglicht hätten, entwickelte sich jede in Konkurrenz zu den anderen und nährte sich aus deren Schwachpunkten. Dies war ein für die wissenschaftliche Forschung ganz normaler Vorgang, der in den Medien und unter den politischen und ökonomischen

Zwängen aber in eine pseudowissenschaftliche Kontroverse umzukippen drohte. Glücklicherweise lieferte die Beobachtung bald genug Antworten, um eine sterile Polemik zu vermeiden und eine Wahrheit, wenn auch mit vorläufigem Charakter, ans Licht zu bringen.

3.6.1 Der Sonnenzyklus

Eine Theorie, die die Strahlungsquelle der Sonne ins Spiel bringt, erscheint von der Atmosphärenphysik aus naheliegend. Im vorliegenden Fall stützt sie sich auf die Möglichkeit, daß, wenn die Sonne besonders aktiv ist, energiereiche Protonen des Sonnenwinds in einer Höhe zwischen 45 und 60 km sehr viele Stickstoffmoleküle aufspalten. Die gebildeten Stickstoffatome werden dann in Anwesenheit von molekularem Sauerstoff sehr schnell oxidiert. Dadurch wird eine zusätzliche Quelle von Stickstoffoxiden NO_x erschlossen, die, wie wir bereits wissen, Ozon zerstören können.

Derartige Ozonverminderungen wurden lokal auch tatsächlich beobachtet, vor allem im August 1972 im Zusammenhang mit einer besonders starken Sonneneruption. Nun war nach den verschiedenen Aktivitätsmerkmalen zu urteilen das Sonnenmaximum 1980 viel ausgeprägter als seine Vorgänger 1959 und 1970. Deshalb könnte es eine stärkere NO_x–Quelle erschlossen und dadurch auch eine im Vergleich zu früheren Zyklen größere Ozonabnahme bewirkt haben. Mit dem Rückgang der Sonnenaktivität Mitte der achziger Jahre als Folge des elfjährigen Zyklus könnte dann alles wieder in Ordnung kommen.

Diese Theorie, deren Hauptvorteil die Erklärung des antarktischen Ozonlochs aus natürlichen Ursachen ist, wirft freilich viele Probleme auf. Auch wenn man eine gewisse zeitliche Verzögerung durch den Abstieg der Stickstoffoxide von der großen Höhe, wo sie erzeugt werden, in die Höhe des Ozonlochs zugesteht – wie soll man erklären, daß sich das Ozonloch 1985 immer noch ausbildet? Warum wurde 1972 nicht ein ähnlicher Effekt beobachtet, obwohl damals – erzeugt durch eine außergewöhnliche Sonneneruption – eine mindestens ebenso große NO_x–Menge vorhanden war wie die für 1980 berechnete? Wie soll man erklären, daß sich das Ozonloch auf den Höhenbereich zwischen 18 und 25 km beschränkt, während die Stickstoffoxide durch die Sonnenaktivität vor allem in Höhen oberhalb 25 km erzeugt werden? Der Todesstoß wurde dieser Theorie versetzt, als ab 1986 die ersten von Mac Murdo aus durchgeführten Beobachtungen zeigten, daß die Stickstoffoxidkonzentration der polaren Stratosphäre tatsächlich viel *niedriger* war als die in anderen Regionen beobachtete. Es ist deshalb nicht möglich, die starke Abnahme des Ozongehalts allein mit Stickstoffverbindungen zu erklären.

3.6.2 Dynamische Theorien

Die dynamischen Theorien beruhen auf der Idee, daß eine Ozonverminderung über dem Südpol einfach das Ergebnis einer Umverteilung der Luftmassen zwischen der Tropo- und der Stratosphäre durch verstärkte vertikale Strömungen sein könnte. Sie beginnen mit der fundamentalen Hypothese, daß seit 1979 die Intensität des südpolaren Wirbels merklich zugenommen und dadurch einen Rückgang der Temperatur über dem Pol verursacht hat. Diese klimatische Veränderung könnte z. B. mit der beobachteten Korrelation zwischen der Ozonabnahme und der Temperaturänderung der Meeresoberflächen zusammenhängen. Letztere schwankt mit einer Zeitskala von mehreren Jahrzehnten, wie sie für die großräumige Zirkulation in den Ozeanen charakteristisch ist, und ist ein bedeutender Faktor in der Dynamik der Troposphäre. Es bleibt das Problem, den physikalischen Prozeß, der für diese „Fernwirkung" verantwortlich ist, zu identifizieren.

Nehmen wir an, diese Hypothese sei bestätigt. Wenn die Sonne im September wieder erscheint, heizt sie die Stratosphäre sehr schnell auf und es kommt zu einer starken aufsteigenden Luftbewegung. Es entsteht eine Konvektionszelle, die Luft aus der polaren Stratosphäre in mittlere Breiten bringt. Die aus der Troposphäre in die Stratosphäre aufgestiegenen Luftmassen enthalten aber weniger Ozon. Ein Aufsteigen um 4 km während eines Monats könnte dann die beobachtete Ozonabnahme zwischen 18 und 20 km Höhe erklären. Damit diese beträchtliche Aufstiegsgeschwindigkeit erzeugt werden kann, muß die Heizrate ungefähr 1 Grad pro Tag erreichen. Nun ist aber unter normalen Bedingungen das Ozon der für die Aufheizung der Stratosphäre hauptverantwortliche Bestandteil. Eine einfache Rechnung zeigt, daß angesichts der beobachteten Konzentrationen das Ozon allein eine Temperaturerhöhung um mehr als 0,1 Grad pro Tag nicht erklären kann. Wo könnte die zusätzliche Energiequelle liegen? Hier kommen zum ersten Mal die polaren Stratosphärenwolken ins Spiel. Sie sind ebenfalls in der Lage, Sonnenenergie zu absorbieren und damit die Antriebskraft der Strahlung zu verstärken, die zur Erklärung der Aufwärtsbewegung der Luftmassen notwendig ist. Dennoch bleibt die Größenordnung dieser Wiedererwärmung eher an der unteren Grenze dessen, was benötigt würde. Unabhängig von der Unsicherheit der Ausgangshypothese hinsichtlich der Antriebskraft der Troposphäre bleiben auch hier eine Reihe von Fragen. Um den dynamischen Ursprung des Ozonlochs zu beweisen, muß gezeigt werden, daß die Temperatur der Stratosphäre seit 1979 im Polarwinter, genauer gesagt in den Monaten Juli und August, tatsächlich gesunken ist. Eine Temperaturabnahme im September und später kann nämlich direkt auf die Ozonverringerung zurückgeführt werden und stellt deshalb eine *Wirkung* und keine *Ursache* dar. Die Analyse der von den Bodenstationen erhaltenen Beobachtungsdaten deutet nun darauf hin, daß, wenn es überhaupt eine Änderung in der Stratosphärentemperatur gibt, diese eher im September eintritt. Freilich maßen die Satelliten eine Temperaturabnahme um ungefähr 8° bis 10° in 20 km Höhe zwischen August 1979 und August 1985, aber die Meßungenauigkeiten sind zu groß, als daß damit die Ergebnisse der Bodenbeobachtung wirklich entkräftet werden könnten.

Die Lösung kommt wiederum von den ersten in Mac Murdo durchgeführten Beobachtungen. Wenn das Ozonloch durch eine aufsteigende Bewegung der Luftmassen verursacht werden würde, dann müßte man in der polaren Stratosphäre im Frühjahr verstärkt Bestandteile finden, die in der Troposphäre eine erhöhte Konzentration haben, wie z. B. die Quellbestandteile Stickoxid oder die FCKW. Dies umso mehr, als bis zum Beginn des Frühjahrs das Fehlen intensiver Sonnenstrahlung ihre Zerstörung auch in großer Höhe verhindert. Eine derartige Erhöhung wurde aber in den Beobachtungskampagnen 1986 und 1987 nicht beobachtet. Den dynamischen Theorien wurde dadurch ein gewichtiges Argument entzogen.

3.6.3 Chemische Theorien

Es bleiben also die Chemie und ihre beunruhigenden Aspekte. Die chemischen Theorien verbinden zwangsläufig die Ozonabnahme mit den katalytischen Zyklen, die durch die in Spuren vorhandenen Stickstoff- und Chlorverbindungen ausgelöst werden, und machen dadurch sofort die menschlichen Aktivitäten verantwortlich. Wie können wir uns also, ausgehend von den Mechanismen, die wir für mittlere Breiten aufgezeigt haben, eine Beschleunigung der ozonzerstörenden Prozesse in der polaren Stratosphäre vorstellen? Die Hauptschwierigkeit liegt im Begriff der Zeitskalen. Innerhalb eines Monats muß fast die Hälfte des Ozons beseitigt sein, wohingegen selbst die pessimistischsten Voraussagen nur von einer Verringerung um 10 % bis 15 % im Verlauf der nächsten paar Dutzend Jahre sprechen. Die einzige theoretische Lösung liegt darin, einen Prozeß zu finden, der die Menge der chemisch aktiven ozonabbauenden Substanzen in vergleichbarer Weise erhöhen kann. Vor allem die Chlorverbindungen kommen hier in Betracht, da wir wissen, daß ihre Wirksamkeit wesentlich höher ist als die der Stickstoffverbindungen. Nur relative Chlormonoxidkonzentrationen über einem Milliardstel können eine Ozonabnahme um 0,6 % pro Tag erklären. Aber wo kann dieses aktive Chlor herkommen, wo doch die maximale beobachtete Häufigkeit an Chlormonoxid in der niederen Stratosphäre bis jetzt einige Hundertmilliardstel nicht überschreitet und der größte Teil davon in etwa 40 km Höhe angetroffen wird? Nachdem 1985 der mittlere Gesamtgehalt der Stratosphäre an Chlor 2,5 Milliardstel betrug, sollte man einen wesentlichen Bruchteil in der aktiven Form $ClO-Cl$ vorfinden.

Aber selbst wenn die Chloroxide tatsächlich in dieser Häufigkeit auftreten sollten, wäre noch nichts definitiv bewiesen! Damit nämlich der katalytische Zyklus der ClO_x das Ozon effektiv abbauen kann, muß eine genügende Menge an Sauerstoffatomen da sein, die das Chlormonoxid zum Chloratom reduzieren. Nun steht in der südpolaren Stratosphäre im September die Sonne noch zu tief, als daß die Strahlung mit Wellenlängen kürzer als 240 nm − die allein den molekularen Sauerstoff dissoziieren und atomaren Sauerstoff bilden kann − bis in die niedere Stratosphäre vordringen könnte. Man muß sich also neue Zyklen ausdenken, die auch in Abwesenheit von atomarem Sauerstoff Ozon effektiv zerstören können. Diese Zyklen müssen letztlich aus zwei Ozonmolekülen O_3 drei Sauerstoffmoleküle O_2 bilden.

3.6.4 Bedeutende Mengen an chemisch aktivem Chlor

Wir wollen zunächst das Problem der Häufigkeit der chlorierten Substanzen klären. Der Transport in der Troposphäre und der Stratosphäre längs der Meridiane hält eine ständige Durchmischung der Luftmassen auf den beiden Erdhälften in Gang. Er trägt insbesondere dazu bei, Bestandteile wie die FCKW, die hauptsächlich auf der Nordhalbkugel erzeugt werden, auf der ganzen Südhalbkugel zu verteilen. Von dieser Durchmischung, die vor allem durch die extrem lange Lebensdauer der FCKW ermöglicht wird, zeugt in beredter Weise die Tatsache, daß zwischen beiden Hemisphären keine Unterschiede in der relativen Konzentration feststellbar sind. Es gibt also in der südpolaren Stratosphäre Chlormengen, die den bei anderen Breiten beobachteten völlig vergleichbar sind. Man findet sie in den klassischen, bereits erläuterten Formen: atomares Chlor Cl, Chlormonoxid ClO, Chlornitrat $ClONO_2$, unterchlorige Säure HOCl, Salzsäure HCl, und natürlich alle Quellsubstanzen, die FCKW, Methylchlorid, Tetrachlorkohlenstoff und Methylchloroform. Denken wir aber daran, daß im Polarwinter, ohne die Sonneneinstrahlung, die einfachen Formen Cl und ClO fehlen und alles aktive Chlor in den Reservoiren Chlornitrat und Salzsäure gespeichert vorliegt.

Es ist also nicht eine Erhöhung des Gesamtgehalts an Chlor, die die Zunahme an aktivem Chlor ClO_x erklärt, sondern vielmehr eine Änderung der relativen Verteilung der chlorierten Substanzen, die von einer Verschiebung des chemischen Gleichgewichts zwischen aktiven Sorten und Reservoirsubstanzen herrührt. Die Idee ist einfach: man finde neue chemische Reaktionen, die aktives Chlor aus den Reservoiren freisetzen können und es dem Chlor dadurch ermöglichen, Ozon zu zerstören. Da es solche Reaktionen in mittleren Breiten nicht gibt (dort werden nur Reaktionen zwischen gasförmigen Bestandteilen betrachtet), liegt es nahe, eine Ursache–Wirkungs–Beziehung zwischen dem Auftreten der aktiven Chlorverbindungen und den für die südpolare Stratosphäre in großer Höhe charakteristischen Eiswolken zu suchen. Hier kommen ganz neue chemische Vorgänge ins Spiel, die gasförmige Bestandteile und feste Kristalle einschließen. Sie tragen den Namen heterogene Chemie, da zwei verschiedene Phasen, die feste und die gasförmige, betroffen sind. Der Gegensatz dazu ist die bisher betrachtete homogene Chemie, in der für das Ozongleichgewicht ausschließlich die Gasphase eine Rolle spielt.

3.6.5 Die heterogene Chemie verschiebt die Balance

Seit 1986 wurden von den Theoretikern zwei hauptsächliche Mechanismen vorgeschlagen, die, ausgehend von Chlornitrat, $ClONO_2$, und Salzsäure, HCl, zur Erzeugung von aktivem Cl und ClO führen.

Der erste Mechanismus besteht in der direkten Reaktion der beiden Substanzen untereinander, wobei ein Molekül Salpetersäure, HNO_3, und ein Chlormolekül, Cl_2, entstehen. Der zweite besteht in der Reaktion des Chlornitrats mit Wasserdampf, wobei unterchlorige Säure und ebenfalls Salpetersäure entstehen. Sobald die Sonne erscheint, werden die Chlormoleküle und die unterchlorige Säure fotodissoziiert und Chloratome freigesetzt.

Wir finden hier bereits die gesuchte Verschiebung des Gleichgewichts zugunsten des aktiven Chlors. Laboruntersuchungen haben sehr schnell die Realität dieser Mechanismen bestätigt, trotz der Schwierigkeiten, im Labor die Temperatur- und Druckbedingungen der polaren Stratosphäre exakt herzustellen. Solche Untersuchungen zeigen auch, daß noch eine ähnliche Reaktion ablaufen kann, die vom Stickstoffhemipentoxid N_2O_3 ausgeht, von dem wir bereits wissen, daß es das abschließende Reservoir der aktiven Stickstoffverbindungen NO und NO_2 während des Polarwinters darstellt.

Durch Reaktion mit Wasserdampf in Anwesenheit fester Partikel entstehen aus dem N_2O_3 zwei Moleküle Salpetersäure. Auch wenn diese Reaktion keine chlorierten Bestandteile umfaßt, spielt sie doch für die Erhöhung der ClO_x eine entscheidende Rolle, da sie einen bedeutenden Teil des Hauptreservoirs der aktiven Stickstoffverbindungen eliminiert.

Wenn die Sonne wiedererscheint, ist die Produktion von Stickstoffdioxid NO_2 nicht mehr in der Lage, durch Bildung von Chlornitrat die Erhöhung des Chlormonoxidgehalts wirksam zu dämpfen. Alles hilft auf diese Weise zu einer wesentlichen Erhöhung des Gehalts an aktivem Chlor zusammen.

Was wird aus der so gebildeten Salpetersäure? Wie die anderen Säuren löst sie sich in den Eiskristallen, die sich bilden, sobald die Temperatur $-80°$ unterschreitet. Wenn die Größe dieser Kristalle einige Mikrometer erreicht, ist ihre Masse ausreichend für ein allmähliches Absinken in die Troposphäre und zur Erdoberfläche, wobei sie die Chlor- und Stickstoffverbindungen, die die rapide Ozonzerstörung bremsen könnten, mit zur Erde nehmen. Damit ist die Szene gesetzt, vor der das chemisch aktive Chlor, als Cl und ClO, seine zerstörerische Rolle spielen kann.

Eine gedankliche Anstrengung bleibt noch zu unternehmen, um die Abwesenheit des atomaren Sauerstoffs zu kompensieren. Aber auch hier fehlt es nicht an Vorschlägen, die Verbindungen des Chlors, des Broms und des Stickstoffs untereinander zu einer ozonzerstörenden Mischung verknüpfen.

Diese Vorschläge laufen darauf hinaus, das fehlende Sauerstoffatom entweder aus dem Chloroxid ClO, dem Hydroperoxylradikal HO_2 oder aus dem Bromoxid BrO bereitzustellen. Dabei bezieht der Mechanismus, der heute am wahrscheinlichsten erscheint, nur die Chlorverbindungen mit ein. Er wird durch die Reaktion von zwei Radikalen ClO eingeleitet, die in Anwesenheit eines dritten Teilchens zur Bildung des Moleküls Cl_2O_2 führt. Dies ist ein Dimer des Chloroxids, da es einfach durch Aneinanderhängen zweier „Muttermoleküle" (franz. mère) entsteht. Man vermutet, daß das Dimer wirklich in der symmetrischen Form ClOOCl entsteht.

Die folgende Stufe dieses Reaktionsschemas besteht in der Fotodissoziation des Dimers durch Sonnenstrahlung mit Wellenlängen um 310 nm, die ab September in der südpolaren Stratosphäre zur Verfügung steht. Die Fotodissoziation muß aber in einer ganz bestimmten Weise ablaufen. Wenn das Doppelmolekül genau in der Mitte zu zwei ClO–Radikalen zerbricht, geschieht hinsichtlich des Ozongleichgewichts gar nichts.

Die Fotodissoziation führe zur Bildung von Chlordioxid ClO_2 und atomarem Chlor. Das Dioxid ist sehr instabil und wird beim ersten Zusammenstoß mit einem Stickstoff- oder Sauerstoffmolekül – den Hauptbestandteilen der Atmosphäre – zerbrochen, wobei es seinerseits ein Chloratom und ein

Sauerstoffmolekül freisetzt. Die beiden Chloratome reagieren sofort mit dem Ozon. Dabei entstehen wieder die beiden Ausgangsmoleküle Chlormonoxid und zwei Sauerstoffmoleküle.

Es handelt sich also um einen katalytischen Zyklus, da das Chlormonoxid wiederhergestellt wird. Wie erwartet, macht er im Netto aus zwei Ozonmolekülen drei Sauerstoffmoleküle. Bemerkenswerterweise beruht übrigens der Zyklus auf zwei ClO–Molekülen und nicht nur auf einem, wie der „klassische" Zyklus, der in mittleren Breiten wirksam ist. Deshalb ist seine Reaktionsgeschwindigkeit proportional zum Quadrat der der ClO–Konzentration. Zusammen mit der durch die heterogenen Prozesse erhöhten Konzentration an ClO erlaubt das zunächst, die schnelle Ozonabnahme um 0,6 % pro Tag zu verstehen. Aber die quadratische Abhängigkeit kann auch erklären, weshalb sich die Ozonabnahme seit 1979 so brutal beschleunigt hat, nachdem der Gesamtgehalt an Chlor in der Stratosphäre den Wert von 2 Milliardstel überschritten hatte; dieser Wert stellt also offenbar eine Schwelle dar. Halten wir schließlich fest, daß dieser Prozeß in mittleren Breiten ebenfalls ablaufen kann. Allerdings ist dort die Chlormonoxidkonzentration viel geringer, während die des atomaren Sauerstoff den normalen Wert hat. Die Reaktion zwischen ClO und O ist deshalb wesentlich schneller, und der klassische Zyklus überwiegt bei weitem.

Dies ist, so einfach wie möglich formuliert, die fotochemische Theorie. Der Erkenntnisweg, der zu ihr geführt hat, war freilich keineswegs immer völlig gerade. Die verschiedenen Puzzleteile wurden nur Stück für Stück zusammengetragen, wobei gleichermaßen die Ergebnisse der ersten Feldexperimente wie die zahlreichen Labormessungen der Reaktionskoeffizienten, die seit 1985 unternommen wurden, Berücksichtigung fanden. Es ist übrigens etwas irreführend, von einer fotochemischen Theorie zu sprechen, nachdem die für die Ausbildung des Ozonlochs notwendigen Anfangsbedingungen wesentlich mit der Strahlung und mit dynamischen Prozessen zu tun haben, die zu den sehr tiefen Temperaturen und zur Bildung der Stratosphärenwolken führen. Deshalb kann man im nachhinein leicht die Dynamiker und die Fotochemiker versöhnen, da die dynamischen Prozesse die Bedingungen schaffen, unter denen die chemischen Mechanismen wirksam werden können. Nichtsdestoweniger bleibt es wahr, daß wir im Moment nur über eine theoretische Konstruktion verfügen, die wohl in sich schlüssig und mit den speziellen Bedingungen in der Stratosphäre verträglich ist, die wir aber jetzt mit der einzigen relevanten Wirklichkeit, nämlich den Experimenten und den Messungen, konfrontieren müssen.

3.6.6 Welche experimentellen Beweise gibt es?

Von August bis Oktober 1986 lief eine erste, NOZE (National Ozone Expedition) genannte Kampagne, die, gestützt auf Bodenbeobachtungen der amerikanischen Basis Mac Murdo, zwischen den verschiedenen Hypothesen zu unterscheiden half. Diese Basis verfügt über eine Landepiste für Großtransporter vom Typ C-130, die den Transport der notwendigen Ausrüstung in Rekordzeit ermöglichte, während die Station auf dem Seeweg unzugänglich war. Mehrere wichtige Entdeckungen wurden gemacht, die alle auf gravierende Störungen der chemischen

Balance im Inneren des polaren Wirbels hinwiesen. Zuerst zeigten lokale Messungen, die mit Hilfe von Ballons *in situ* durchgeführt wurden, daß die Ozonabnahme in einer Höhe zwischen 15 und 20 km und in Anwesenheit von Teilchen passiert, die für die Stratosphärenwolken und folglich für sehr tiefe Temperaturen charakteristisch sind. Optische Messungen vom Boden aus zeigten weiterhin, daß der Gehalt an Stickoxiden sehr gering ist. Andere Bodenmessungen schienen auf bedeutende Mengen an Chlormonoxid und -dioxid hinzuweisen und so die chemische Hypothese zu verstärken. Aber die Eichungen blieben zu ungenau, als daß endgültige, quantitative Schlüsse hätten gezogen werden können. Trotz ihrer Unvollständigkeit hat diese erste Kampagne das Verdienst, die mit dem Sonnenzyklus zusammenhängende Hypothese auszuschalten, da sie das Fehlen der dafür nötigen Stickstoffverbindungen nachwies. Sie schuf auch die Grundlagen für eine zweite Kampagne im Südwinter 1987, die noch wesentlich aufwendigere logistische Mittel erforderte.

Die Idee dahinter war, die chemische Zusammensetzung der Stratosphäre im Inneren des polaren Wirbels direkt zu messen. Dies ist nur mit luftgestützten Beobachtungen möglich. Vor allem verfügt die NASA über ein ER-2 Flugzeug (Earth Resources 2), das bis in 20 km Höhe fliegen kann. Es handelt sich dabei um ein einstrahliges Flugzeug der Serie U2, die ihre Glanzzeit in den sechziger Jahren als Hauptinstrument der militärischen Aufklärung der Vereinigten Staaten hatte. Zu wissenschaftlichen Zwecken umfunktioniert, kann es eine große Zahl von Empfängern transportieren, die *in situ* das Chlor- und das Brommonoxid, den Wasserdampf, das Ozon, die NO_x, die Stickoxide, die chemische Zusammensetzung und die Größe der Teilchen in den Stratosphärenwolken und natürlich die thermodynamischen Variablen, den Druck und die Temperatur, messen können. Derart ausgerüstet, stellte es die Speerspitze der Kampagne AAOE (Airborne Antarctic Ozone Expedition) dar, die wiederum von der NASA, sowie von der NOAA, dem NSF und der CMA organisiert wurde. Das Ganze wurde vervollständigt durch ein zweites Flugzeug, eine DC 8, die in 10 km Höhe flog und ausgeklügelte Geräte zur Messung aus der Distanz mittrug: Laser, Spektrometer für den UV-, den Infrarot- und den Mikrowellenbereich.

Mehr als 160 Personen begaben sich also nach Punta Arenas auf 53° südlicher Breite, dem letzten Flughafen ganz im Süden Chiles. Ungefähr zwanzig stießen in Mac Murdo für eine weitere Bodenbeobachtungskampagne noch dazu. Insgesamt schlossen sich mehrere Dutzend Wissenschaftler auf der ganzen Welt dieser Kampagne an, um den Experimentatoren die zur Optimierung der luftgestützten Messungen nötigen Meßwerte zu liefern. Damit man das Flugzeug ER-2 auf seine Erkundungen losschicken konnte, mußte man sich auf interessante Situationen einstellen, da es mit seinem sehr beschränkten Aktionsradius den 74. Breitengrad kaum überschreiten und sich gerade eine Flugstunde weit vom Stützpunkt entfernen konnte. Man mußte also nicht nur mit einer Havarie rechnen, sondern auch sicherstellen, daß man den Piloten, falls er sich mit dem Schleudersitz würde retten müssen, rechtzeitig wiederfinden würde. Was man von ihm verlangte, war auch nicht besonders attraktiv, da er die Atmosphäre gerade in den Eiswolken erkunden sollte, die ein Pilot normalerweise instinktiv meidet. Insgesamt waren zwölf Flüge mit einer Gesamtstrecke von 70.000 km notwendig, die aber eine reiche Ernte an Meßwerten sehr guter Qualität lieferten, die durch die Beobachtungen der DC 8, die auf 13 Flügen fast 140.000 km zurücklegte, ergänzt wurde.

3.6.7 Eine reiche Ernte von Meßwerten

Eine ganze Reihe von Geheimnissen ließen sich bei dieser Kampagne lüften, während das Jahr 1987 das tiefste bis dahin beobachtete Ozonloch brachte. Im Monat Oktober betrug die gesamte Ozonsäule im Mittel 150 Dobson, 15 % niedriger als 1985. Am 15. Oktober wurde in Halley Bay nur 105 Dobson gemessen. Zwei Drittel des Ozons waren verschwunden. Noch beeindruckender war die vertikale Verteilung: im Höhenbereich zwischen 16 und 20 km waren gerade noch 5 % des Ozonwerts vom August übriggeblieben. Die Satellitenbeobachtungen zeigten, daß sich daß Ozonloch auch horizontal erweitert hatte und schon fast den 65. Breitengrad erreichte. Zudem bestand es fast bis Mitte November, wobei die Stratosphärentemperaturen extrem niedrig blieben. Es wurde immer dringender, die verantwortlichen Mechanismen definitiv zu identifizieren.

Die Messungen der ER-2 und der DC 8 trugen wesentlich dazu bei, die chemische Hypothese zu stützen. Die Chlormonoxidkonzentration innerhalb des Wirbels überschritten an manchen Stellen ein oder zwei Milliardstel, das ist mehr als das Fünffache dessen, was in gleicher Höhe in mittleren Breiten gemessen wird. Das vertikale Profil von Markierungsstoffen wie dem Stickoxid, dem Methan oder den FCKW ließ keine Anreicherung in der niederen Stratosphäre erkennen und widerlegte deshalb die rein dynamische Hypothese eines vertikalen Transports. Die NO_x-Konzentrationen waren sehr niedrig und die Luft war sehr trocken. Die lchen in den Stratosphärenwolken enthielten in der Tat saure Verbindungen löster Form. Übrigens zeigten optische Messungen zwei Typen von Wole häufigeren bestehen aus sehr feinen Teilchen aus Salpetersäuretrihydrat, Salpetersäure–Teilchen, die von 3 Wassermolekülen umgeben sind. Sie Ji sich bei −78° und ihre Größe überschreitet ein tausendstel Millimeter Jcht. Der andere, seltenere Typ, bildet sich erst bei noch niedrigeren Temperaturen, nämlich bei −86°. Er besteht aus Eiskristallen, die Spuren von löslichen gasförmigen Bestandteilen wie Salzsäure, Salpetersäure oder Schwefelsäure enthalten. Diese Kristalle können eine Größe von einem hunderstel bis einem zehntel Millimeter erreichen; entsprechend schnell sinken sie in geringere Höhen ab.

Insgesamt erlaubte die Kontinuität der Messungen, die von August bis Oktober durchgeführt wurden, den Nachweis zweier experimenteller Fakten. Die Ozonabnahme trat in dem Höhenbereich zwischen 12 und 20 km auf und setzte erst ein, nachdem die polare Stratosphäre wieder von der Sonne bestrahlt wurde. Bei den Flügen im August, in der Polarnacht, war keine Korrelation zwischen den relativen Konzentrationen des Chlormonoxids und des Ozons festzustellen. Im Gegensatz dazu war im September mit einem erhöhten Chlormonoxidgehalt eine signifikant niedrigere lokale Ozonkonzentration verknüpft. Die gemeinsame Wirkung der Sonnenstrahlung und der starken Chlormonoxidkonzentrationen scheint daher tatsächlich die Ursache der rapiden Ozonabnahme zu sein.

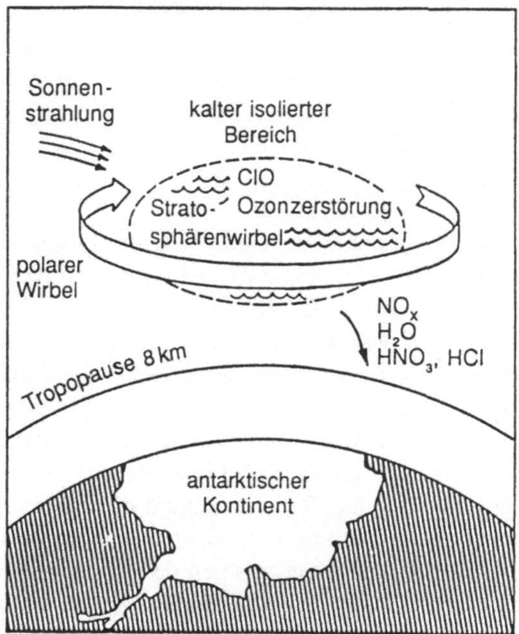

Der polare Wirbel und die heterogene Chemie

3.6.8 Die natürliche Variabilität der polaren Stratosphäre

Im Licht der Ergebnisse der großen Kampagnen von 1987 (außer der luftgestützten Kampagne gab es noch einige bodengestützte Kampagnen anderer
Länder) erscheint also die fotochemische Theorie des antarkischen Ozonlochs
zunehmend schlüssig. Freilich verbleiben noch viele Unsicherheiten hinsichtlich
des quantitativen Verständnisses der elementaren Prozesse. Aber die gesicherte
Beziehung zwischen dem aktiven Chlor und dem Ozon scheint die letzten Zweifel zu beseitigen, die in Bezug auf die Rolle der FCKW, der Hauptquelle des
Chlors in der Stratosphäre, etwa noch bestehen könnten.

Trotzdem, wenn man die Entwicklung der Ozonschicht im Winter und
Frühjahr 1988 betrachtet, wird man sich einmal mehr bewußt, daß keine Gewißheit endgültig gilt, und daß die natürliche Variabilität der hohen Atmosphäre
noch einige Überraschungen für uns bereit hält. Es zeigte sich nämlich, daß der
gesamte Ozongehalt im Jahr 1987 ein tiefstes Minimum aufwies, und daß das
Ausmaß der Ozonverminderung 1988 deutlich geringer war. In diesem Jahr betrug das Oktoberminimum um 200 Dobson, völlig vergleichbar dem Wert von
1982. Sicher, das Ozonloch war noch da, die Abnahme im Vergleich zu den
Werten der Jahre 1957–1979 betrug immerhin mehr als 20 %, aber nach 1987
hätte man Schlimmeres erwarten können [4].

---

[4] Anmerkung zur deutschen Ausgabe: Im Jahr 1989 und 1990 beobachtete man erneut die extrem
niedrigen Werte von 1987!

Diese besondere Situation wirft ein Licht auf die Kopplung zwischen Dynamik und Chemie. Während sich in den vorausgegangenen Jahren der polare Wirbel voll ausbilden konnte, hat 1988 die von der Troposphäre ausgeübte Kraft aus einem noch unbekannten Grund den Wirbel gegenüber dem Pol verschoben und ihn auf diese Weise geschwächt. Die Satellitenbeobachtung der Ozonverteilung hat gezeigt, daß die horizontale Erstreckung des Ozonlochs nur auf einer Seite vom antarktischen Kontinent begrenzt war; nämlich dort, wo die Temperaturen genügend absanken, damit sich die Stratosphärenwolken bilden konnten. Allerdings gibt es nichts in den Beobachtungen des Ozonlochs von 1988, was den Folgerungen aus den Erfahrungen der vorhergehenden Jahre widersprechen würde. Die natürlichen Schwankungen der großräumigen Bewegungen in der Troposphäre und der Stratosphäre haben einfach nicht die Bedingungen geschaffen, die für die chemischen Prozesse des Ozonabbaus günstig sind. Was diese Schwankungen für die nächsten Jahre bereit halten, vermag niemand vorherzusagen. Freilich ist es, wie die englischen Wissenschaftler zu recht bemerkt haben, schwierig, sich eine schlimmere Situation als 1987 vorzustellen, wo praktisch das gesamte Ozon zwischen 16 und 20 km Höhe verschwunden war! Aber das Problem verändert jetzt seinen Charakter. Wenn es auch noch verfrüht ist, die Debatte über die Ursache des antarktischen Ozonlochs endgültig zu beenden, so ist es andererseits doch zwingend notwendig, umgehend ein neues Forschungsfeld zu eröffnen: welche Konsequenzen hat diese räumlich und zeitlich noch begrenzte Erscheinung für den gesamten Planeten?

3.6.9 Globale Konsequenzen

Die erste weltweite Konsequenz des Ozonlochs besteht darin, daß ein Teil des atmosphärischen Ozons jeden Oktober über der Antarktis unwiederbringlich verlorengeht. Eine mittlere Verringerung der Ozonschicht um 50 % während eines Zwölftels des Jahres und über einer Fläche, die ungefähr ein Zehntel der südlichen Halbkugel beträgt, bedeutet für diese Halbkugel eine Abnahme des gesamten Ozongehalts um 0,4 %. Es handelt sich um einen Verdünnungseffekt, der einsetzt, sobald die Luftmassen aus mittleren Breiten die Isolierung des polaren Wirbels durchbrechen. Wenn das Ozonloch wirklich chemischen Ursprungs ist und auf der Erhöhung des Gehalts an aktivem Chlor beruht, dann gibt es keinen Ausgleichseffekt in den ozonproduzierenden Regionen niedrigerer geografischer Breite. Wir können die Sonnenstrahlung noch nicht in genügendem Maß erhöhen, und werden das auch nie können! Das Loch dehnt sich langsam über die ganze südliche Halbkugel und schließlich über die ganze Erde aus. Die Satellitenbeobachtungen lassen erkennen, daß die Abnahme der Ozonschicht in höheren Breiten als 55° Süd im Lauf der letzten zehn Jahre bereits annähernd 9 % erreicht hat. Selbst wenn die natürlichen Schwankungen dazu beitragen, das Ausmaß der Erscheinung von einem Jahr zum anderen zu verändern, werden sich die aufeinanderfolgenden Defizite summieren – jedenfalls solange, wie der Gesamtgehalt an Chlor über 2 Milliardsteln, dem 1979 erstmals erreichten Schwellenwert, bleibt, und solange die sehr niedrigen Temperaturen in der südpolaren Stratosphäre andauern.

3.6.10 Der Nordpol

An dieser Stelle kommt natürlicherweise ein zweiter Gedanke in den Sinn. Da der Chlorgehalt überall in der Stratosphäre im wesentlichen derselbe ist, können die Mechanismen, die für den Südpol aufgezeigt worden sind, an jedem beliebigen Ort der Erde in Erscheinung treten. Es genügt, daß die Temperaturen hinreichend tief werden, so daß sich die Stratosphärenwolken bilden können, die als Katalysator für Prozesse der heterogenen Chemie wirken. Damit ist das Problem der Arktis gestellt. Wir wissen, daß auf der Nordhalbkugel die mit der Verteilung der Kontinente und der Ozeane verknüpfte Antriebskraft der Troposphäre keinen so vollkommenen und stabilen Wirbel wie über dem Südpol zuläßt. Das fortwährende Eindringen von wärmerer Luft aus mittleren Breiten bewirkt somit in den hohen Breiten der Nordhalbkugel mittlere Temperaturen, die um ungefähr 20° höher liegen als die südlich von −60°. Allerdings handelt es sich dabei um klimatische Mittelwerte, und im Prinzip hindert nichts die Temperaturen daran, örtlich auf unter −80° abzusinken, die schicksalhafte Schwelle, unterhalb derer die Bildung der Stratosphärenwolken einsetzt. Übrigens bestätigen die Beobachtungen des bereits erwähnten Experiments SAM II die Anwesenheit von Wolken während des arktischen Winters. Ihre Häufigkeit und ihre Ausdehnung bleiben zwar weit unter der der südpolaren Wolken, aber auf lange Sicht können die gleichen Ursachen die gleichen Wirkungen zeitigen. Freilich wurde bisher weder durch Boden- noch durch Satellitenbeobachtungen eine dauerhafte Ozonabnahme über der Arktis nachgewiesen, trotz der gegenteiligen Behauptungen gewisser kanadischer Wissenschaftler, die in ein Katastrophengeschrei verfielen. Die beobachteten Variationen blieben vollkommen vereinbar mit den natürlichen Schwankungen. Aber das antarktische Ozonloch hat uns die herausragende Bedeutung von Schwelleneffekten gelehrt – man halte sich die rapide Ozonabnahme vor Augen, die eintritt, sobald der relative Chlorgehalt den Wert von zwei Milliardstel überschreitet. Existiert eine ähnliche Schwelle am Nordpol, und was ist dann ihr Wert? Ist die nordpolare Stratosphäre schon vorbelastet, und erleben wir gerade, wie – wenn auch noch örtlich begrenzt und sporadisch – Prozesse in Gang kommen, die zu der rasanten antarktischen Ozonabnahme geführt haben?

Die Bedeutung dieser Fragen wird noch verstärkt durch die legitime Sorge der Bevölkerung nördlich des 60. Breitengrads. Den Ozeanen der südlichen Halbkugel und den unendlichen Eiswüsten des antarktischen Kontinents stehen hier verhältnismäßig dicht besiedelte Regionen gegenüber, wenn man an die vielen bedeutenden Städte nördlich des 60. Breitengrads denkt. Daraus wird verständlich, daß sich nach den antarktischen Kampagnen 1987 das Interesse sehr schnell der Nordhalbkugel zugewendet hat. Im Winter 1987 organisierten die Europäer im Januar und Februar, also unter vergleichbaren jahreszeitlichen Bedingungen wie vorher am Südpol, die erste Kampagne, die CHEOPS I (CHEmistry of Ozone in the Polar Stratosphere) genannt wurde. Die Franzosen und die Deutschen waren diesmal näher an ihrer Heimat. Sie konnten über wichtige logistische Hilfsmittel verfügen, wie die Raketenabschußbasis ESRANGE in der Nähe des nordschwedischen Kiruna auf 68,5° nördlicher Breite, oder die Beobachtungsstation auf Spitzbergen, bei mehr als 80° nördlicher Breite.

Auch die Untersuchung der arktischen Stratosphäre bedarf sowohl boden- als auch luftgestützter Beobachtungsmethoden. Die Vereinigten Staaten schickten zu diesem Zweck ein mit optischen Fernerkundungsinstrumenten ausgerüstetes Orion–Flugzeug der NASA. Die Infrastruktur der Station ESRANGE gestattete Starts großvolumiger Stratosphärenballons, die Geräte zur Messung des Ozons, der Salpetersäure, der FCKW und der optischen Eigenschaften der Stratosphärenwolken tragen konnten. Unter besonders schwierigen Bedingungen mit großer Kälte, gelang es der französischen Weltraumbehörde CNES, unter Beteiligung französischer und deutscher Wissenschaftler erfolgreich sieben Ballons mit Instrumenten zu starten. Auch die amerikanischen Wissenschaftler blieben nicht völlig untätig. Kaum drei Monate nach der luftgestützten Kampagne 1987 in der Antarktis stellten sie in Thule auf Grönland optische Instrumente zur Messung der stickstoff- und chlorhaltigen Bestandteile vom Boden aus auf.

Die Ergebnisse dieser ersten arktischen Kampagne waren bei weitem nicht so spektakulär wie die am Südpol. Immerhin schienen sie zu zeigen, daß alle notwendigen Bedingungen für chemische Vorgänge ähnlich denen, die am Südpol das Ozon zerstören, gegeben sind. Insbesondere wurden in Thule Chlorkonzentrationen gemessen, die zwar noch niedriger als die am Südpol, jedoch weit höher als die normalerweise in mittleren Breiten gemessenen waren.

Obwohl diese Ergebnisse noch vorläufigen Charakter haben, erschienen sie den großen Behörden interessant genug für eine Wiederholung der Beobachtungskampagne im Januar und Februar 1989. Die NASA schickte wieder die Flugzeuge ER-2 und DC 8, die vom Flughafen in Stavanger an der norwegischen Westküste aus operierten. Dänen, Norweger und Finnen beteiligten sich durch Beobachtungen auf Grönland und Spitzbergen an dieser Kampagne, die AASE, Airborne Arctic Stratospheric Expedition, genannt wurde. Im Rahmen der Kampagne CHEOPS II kooperierten wiederum Franzosen und Deutsche bei Boden- und Ballonmessungen. Es war erneut ein beträchtlicher instrumenteller Aufwand, an dem auch die Sowjetunion teilnahm, indem sie optische Meßgeräte am Boden und an Bord eines Flugzeugs vom Typ Tupolev 144, das in großer Höhe flog, bereitstellte. Diese Kampagne warf ein neues Licht auf das arktische Ozonproblem. Die ersten Ergebnisse machten klar, daß auf der Nordhalbkugel im Prinzip ganz ähnliche Prozesse ablaufen wie am Südpol. Vor allem wurde in der Nähe der Stratosphärenwolken eine erhöhte Konzentration an aktiven Chlorverbindungen – besonders Chlormonoxid – gefunden. Die Stickstoffverbindungen waren unterrepräsentiert, und die Atmosphäre war ebenfalls sehr trocken. Alles erweckte den Eindruck, als ob die arktische Stratosphäre bereits darauf vorbereitet wäre, daß dieselben ozonzerstörenden Prozesse wie in der Antarktis in Gang kommen. Trotzdem machen es die Größe der natürlichen Schwankungen und die Schwierigkeit, subtilere Effekte als die am Südpol gefundenen nachzuweisen, notwendig, die begonnenen Anstrengungen in den kommenden Jahren fortzusetzen. Die arktische Stratosphäre gibt ihre Geheimnisse nicht leicht preis!

Die vollkommen unerwartete Entdeckung der rapiden Ozonabnahme über dem antarktischen Kontinent zu Beginn des Frühjahrs hat also bedeutende Enthüllungen gebracht. Sie hat der wissenschaftlichen Gemeinschaft die Grenzen ihrer Kenntnisse deutlich gemacht und dazu beigetragen, die Forschungen über das stratosphärische Gleichgewicht neu zu beleben. Die spektakuläre Erscheinungsform als Ozonloch hat auch einen internationalen Prozeß der Bewußtseinsbildung in Gang gesetzt, der mit einer verhältnismäßig kurzen Verzögerung auf der Konferenz von Montreal 1987 zu regulativen Maßnahmen zum Schutz der Ozonschicht führen sollte. Schließlich hat diese Entdeckung exemplarischen Charakter insofern, als sie die ersten großen Auswirkungen der menschlichen Aktivitäten auf die physikalisch–chemische Balance der Atmosphäre in einer Region zeigt, die sehr entlegen und vor den direkten Emissionen geschützt ist. Diese Tatsache läßt zweierlei in hervorragender Weise erkennen: zum einen das globale Ausmaß des menschlichen Raubbaus an seiner Umgebung, zum anderen die momentanen Grenzen in unserem Verständnis der grundlegenden Prozesse und der komplexen Wechselwirkungen zwischen der Atmosphäre, den Ozeanen und der Biosphäre. Man kann von Glück sagen, daß die Natur diese erste Warnung auf eine isolierte und kaum bevölkerte Region beschränkt hat, wo die schädlichen Auswirkungen einer rapiden Ozonverringerung zunächst begrenzt bleiben! Mögen wir daraus alle notwendigen Lehren ziehen!

4. Die Wiederherstellung des Gleichgewichts

4.1 Vorhersagen oder Wette über die Zukunft?

Das Ozonloch über dem Südpol, erste Indizien einer allgemeinen Verminderung der stratosphärischen Ozonschicht, Erhöhung des Ozongehalts in der Troposphäre: die Anzeichen einer globalen Veränderung der Gesamtmenge und der vertikalen Verteilung des Ozons mehren sich. Da das Ozon das Gleichgewicht des Lebens auf der Erde mitbestimmt, ist es notwendig, auf diese Anzeichen zu reagieren und Maßnahmen zur Regulierung der Emissionen zu ergreifen. Diese Maßnahmen müssen letztlich zur Vermeidung oder Begrenzung der zerstörerischen Auswirkungen der menschlichen Aktivitäten führen. Die bereits häufig erwähnte Anfälligkeit der atmosphärischen Balance erfordert außerdem, die Konsequenzen, die solche Korrekturmaßnahmen für die gesamte Atmosphäre haben können, *im voraus* zu bedenken.

Aber birgt nicht jede Maßnahme, die darauf abzielt, der Abnahme in großer Höhe entgegenzuwirken, die Gefahr in sich, in einer anderen Höhenlage oder an einem anderen Ort auf der Erde eine entgegengesetzte Wirkung zu zeitigen, die sich nach einiger Zeit als genauso schädlich erweist? Die verschiedenen Bereiche der Atmosphäre sind ja durch den ständigen Austausch von Energie und Materie eng miteinander verkoppelt. Allerdings hat jeder Bereich seine eigene Dynamik und seine eigenen, für seine chemische, dynamische und Strahlungsbalance charakteristischen Zeitskalen, innerhalb derer er auf Störungen reagiert. Die Trägheit des ganzen Systems, auf einige Jahre hin betrachtet, ist aber so, daß man nicht die Auswirkungen der ersten korrigierenden Maßnahme abwarten kann, um dann eventuell eine neue zu probieren.

Da die Menschen das gekoppelte System Atmosphäre – Ozean – Biosphäre durch das rapide Wachstum ihrer industriellen und landwirtschaftlichen Aktivitäten aus dem Gleichgewicht gebracht haben, haben sie jetzt eben auch die Pflicht, die Konsequenzen ihrer Handlungen im voraus zu bedenken – was sie in der Vergangenheit gerade nicht tun konnten oder wollten. Es handelt sich einfach um eine Umkehr der Verhältnisse, die uns jedoch in eine sehr schwierige Situation bringt. Die mathematischen Simulationsmodelle sind gegenwärtig das einzige Hilfsmittel, das uns trotz aller Begrenzungen, die sich aus der unvollständigen Kenntnis der elementaren Vorgänge ergeben, und trotz der ungeheuren Schwierigkeit, ein so komplexes System wie den gesamten Planeten zu simulieren, ermöglichen kann, die Zukunft unseres Planeten abzuschätzen. Angesichts des heutigen Stands der Erkenntnis bleibt uns nichts anderes übrig, als uns auf die mehr oder weniger exakte Simulation der einzelnen Reservoire zu beschränken, d.h. die Troposphäre, die Stratosphäre und die Ozane jeweils separat für sich zu betrachten. Der Traum eines großen integrierten Modells, das auch die Biosphäre mit einschließt, wird wohl nicht vor dem Ende des Jahrhunderts verwirklicht werden können.

4.1.1 Reaktionen und Gegenreaktionen

Selbst wenn man nur die Atmosphäre für sich betrachtet, sollte allein schon die *Geschichte* der Modellvoraussagen zur Vorsicht mahnen. Auch wenn man das spezielle Problem der Überschallflüge beiseite läßt, haben sich seit dem ersten Alarm für die Ozonschicht zu Beginn der siebziger Jahre die Vorhersagen vervielfacht. 1975 hatte sich eine allgemeine Übereinstimmung herausgebildet, daß in einem Zeitraum von 50 Jahren mit einer Verminderung der Ozonschicht um 15% zu rechnen sei, sofern die FCKW-Emissionen auf dem Stand von 1974 eingefroren würden. 1976, knapp zwei Jahre später, betrug die vorhergesagte Abnahme nur noch 7%. 1978 kam man plötzlich auf einen größeren Wert zurück, der diesmal sogar nahe bei 20% lag, immer unter den gleichen Annahmen für die Emissionen!

Durch neue Messungen für die Reaktionskoeffizienten und durch Berücksichtigung bis dahin unbekannter Elementarprozesse veränderten sich die Modelle in dem Maß, wie die Erkenntnisse voranschritten. Die vorläufig letzte Etappe brachte das Jahr 1981, als die enge Kopplung zwischen den verschiedenen Familien der chemischen Bestandteile erkannt wurde. Sie ermöglicht die Zwischenspeicherung eines bedeutenden Teils der chemisch aktiven, ozonzerstörenden Substanzen in Reservoiren wie dem Chlornitrat oder der Peroxosalpetersäure. Die Ozonverringerung stabilisiert sich demnach, konstante FCKW-Emission auf dem Niveau von 1974 vorausgesetzt, bei ungefähr 5% bis 7% pro Jahr [5]. Dieser Wert wird auch heute noch von den neuesten Modellen vorhergesagt. Wir wissen aber schon, daß neue Prozesse berücksichtigt werden müssen, die mit den Mechanismen der heterogenen Chemie, wie sie am Südpol in Erscheinung getreten sind, zusammenhängen. Sie werden zwangsläufig die Modellvorhersagen erneut verändern, zumindest für die Regionen in höheren geografischen Breiten.

Damit haben wir schon wesentliche Einschränkungen unserer Fähigkeit, in die Zukunft zu extrapolieren, erkannt. Umso mehr, als die Zunahme der chlorierten Bestandteile nicht die einzige mit den menschlichen Aktivitäten zusammenhängende Störung ist. Die Gesamtheit der Veränderungen in der chemischen Zusammensetzung der Atmosphäre muß einbezogen werden. So führt die Erhöhung des Kohlendioxidgehalts zu einer Verstärkung der Abstrahlung von infraroten Wellen in den Weltraum, wofür dieses Gas der Hauptverantwortliche ist. Die Stratosphäre kühlt dadurch ab. Dieser Effekt ist genau umgekehrt zu dem, den die Zunahme an Kohlendioxid in der Troposphäre hervorruft. Dort reflektiert es einen Teil der von der Erdoberfläche emittierten Infrarotstrahlung und

---

[5] Dies bedeutet eine Halbierung innerhalb von 10 bis 14 Jahren! (Anmerkung des Übersetzers)

heizt dadurch die Troposphäre auf. In der Stratosphäre begrenzt die Temperaturabnahme um einige Grad direkt die chemische Reaktionsgeschwindigkeit und bremst auf diese Weise die ozonzerstörenden katalytischen Kreisläufe. Dieser günstige Effekt einer positiven Gegenreaktion gleicht zum Teil die Erhöhung der Konzentration an chlorierten Bestandteilen aus.

Ebenso wirkt die Erhöhung der Konzentrationen an Stickoxiden und Methan, den wichtigsten Quellen für die chemisch aktiven Stickstoff- und Wasserstoffverbindungen, in zweierlei Richtung. Die direkte Auswirkung ist eine verstärkte Fähigkeit zur Ozonzerstörung über die katalytischen Kreisläufe der oxidierten Formen HO_ix und NOi_x. Aber gleichzeitig wirken diese Quellsubstanzen begrenzend auf die Aktivität der Chlorverbindungen, indem sie die Möglichkeiten erweitern, diese in Reservoiren zu speichern. Positive und negative Wirkungen überlagern sich, wodurch die Antwort des Gesamtsystems hochgradig nichtlinear wird. Es genügt deshalb für eine genaue Beschreibung der resultierenden Störung nicht, die Auswirkungen der einzelnen Störungen für sich zu betrachten.

Darüberhinaus gibt es noch andere Reaktionen sowohl positiver als auch negativer Art, die direkt mit der Variation des Ozons selbst zusammenhängen. Jede Veränderung in der vertikalen Ozonverteilung modifiziert die thermische Struktur der Stratosphäre und damit der Zirkulation, die durch den Austausch von Energie zwischen warmen und kalten Regionen hervorgerufen wird. Das wiederum führt dazu, daß die erwarteten Effekte in Abhängigkeit von der Höhe und der geografischen Breite unterschiedlich ausfallen, was nur mit einem zweidimensionalen Modell erfaßt werden kann.

Schließlich muß noch ein letzter Korrekturmechanismus berücksichtigt werden: die Durchlässigkeit der Stratosphäre für die Sonnenstrahlung. Wenn das Ozon in großer Höhe, zwischen 35 und 50 km, abgebaut wird, erhöht sich die Durchlässigkeit dieser Schicht für ultraviolette Strahlung und der verfügbare Fluß an Photonen, die molekularen Sauerstoff spalten können, nimmt zu. In geringeren Höhen, zwischen 30 und 35 km, wird dann zusätzlich Ozon erzeugt, das die Abnahme weiter oben zum Teil kompensieren kann. Dieser „Selbstheilungseffekt" hängt sehr stark vom Einfallswinkel der Sonnenstrahlung ab, der die Eindringtiefe des ultravioletten Lichts bestimmt und mit der geografischen Breite variiert. Auch dieser Effekt läßt sich nur in zweidimensionalen Modellen korrekt berücksichtigen.

4.1.2 Ein plausibles Entwicklungsszenario

Vor dem Versuch, die Entwicklung der Ozonschicht vorherzusagen, ist es angebracht, die Konzentrationen der Spurensubstanzen zu betrachten, die in den kommenden Jahrzehnten die Entwicklung des Umweltgleichgewichts bestimmen: Kohlendioxid, Methan, Kohlenmonoxid, Stickoxide, Fluor-Chlor-Kohlenwasserstoffe und andere chlorierte Bestandteile. Eine solche Bewertung kann nicht aufgrund der wissenschaftlichen Problematik allein erfolgen, die wegen unseres mangelnden Wissens über die globalen Bilanzen dieser Bestandteile schwierig genug ist. Vielmehr können die wirtschaftlichen Regulationsmechanismen in so unterschiedlichen Bereichen wie der Industrie, der Landwirtschaft und dem Transportwesen ihrerseits die zu einem gegebenen Zeitpunkt vorhersehbaren Wachstumsraten abrupt verändern. Es gibt übrigens auch kein Wachstumsmodell, das man auf den *ganzen* Planeten anwenden könnte, da z.B. der jährliche Energieverbrauch pro Einwohner von 7,5 Öleinheiten [6] in den Vereinigten Staaten über 4,6 in Europa zu 0,6 in den Ländern der Dritten Welt variiert. Statt zu versuchen, Szenarios aufzustellen, die die tatsächliche Entwicklung widerspiegeln, ist es deshalb besser (wenigstens hinsichtlich der Bestandteile, die für die Industrie, den Transport, die Landwirtschaft und die Energieversorgung von Bedeutung sind), eine Gleichgewichtssituation zu betrachten, in der die künftigen Konzentrationen *vorgegeben* werden. Der zeitliche Abstand, der uns von diesem neuen Zustand der Atmosphäre trennt, ist dann eine Funktion der effektiven Wachstumsraten.

Wenn man z.B. den Fall betrachtet, daß dieser neue Gleichgewichtszustand einer Verdoppelung des Kohlendioxids, des Kohlenmonoxids und des Methans, sowie einer Erhöhung des Stickoxidgehalts um 20% entspricht, so liegt bei den gegenwärtigen Wachstumsraten der Zeitpunkt hierfür im Jahr 2040. Eine Beschleunigung oder Verzögerung um ein oder zwei Jahrzehnte spielt dabei keine große Rolle, da nicht weniger als Schicksal der gesamten Menschheit auf dem Spiel steht und die Zeitskala jedenfalls unter einem Jahrhundert bleibt.

Die Bemühungen, den möglichen Einfluß der Fluor-Chlor-Kohlenwasserstoffe auf die Ozonschicht zu verstehen und dann die zum Schutz der Umwelt notwendigen Entscheidungen über ihre Regulierung zu treffen, haben auch die Entwicklung der FCKW-Emissionen zum Thema. Die wesentliche Größe ist hier der Gesamtgehalt an Chloräquivalent in der Stratosphäre, zu dem die verschiedenen Szenarios führen können. Wenn als Zeitpunkt wiederum das Jahr 2040 gewählt wird, so resultiert aus einer jährlichen Wachstumsrate von 3% (der Wert von 1970) eine relative Chlorkonzentration von 15 Milliardsteln, das ist fast 25 mal so viel wie der vorindustrielle Wert, der allein auf das Methylchlorid zurückging. Würden die Emissionen auf dem Niveau von 1986 eingefroren, so läge die entsprechende relative Konzentration bei 8 bis 10 Milliardsteln. Selbst wenn man sich strikt an die Vereinbarungen des Protokolls von Montreal aus dem Jahr 1987 (siehe Kap. 4.3) hielte, die vorsehen, die Emissionen bis zum Jahr 2000 auf die Hälfte des Niveaus von 1986 zu begrenzen, würde bis 2040 ein Wert von 6 Milliardsteln erreicht, immer noch zehnmal soviel wie natürlicherweise in der Stratosphäre vorkommt!

4.1.3 Vorhersehbare globale Wirkungen

Bevor wir die Effekte derartiger Erhöhungen des Chlorgehalts auf die Ozonschicht analysieren, wollen wir zu den übrigen Bestandteilen zurückkehren, um deren Einzelwirkungen quantitativ genauer zu erfassen. Alle Angaben beziehen sich dabei wieder auf den hypothetischen neuen Gleichgewichtszustand im Jahr 2040.

---

[6] 1 Öleinheit entspricht ca. 14.000 kWh

Die Verdoppelung des Kohlendioxidgehalts bewirkt durch die Abkühlung der Stratosphäre eine Erhöhung des Ozongehalts um maximal 20% in 40 km Höhe. Das Kohlenmonoxid hat keine direkte Auswirkung auf die Stratosphäre, eine Verdoppelung führt aber zu einer Erhöhung des Ozongehalts um 10% in der Troposphäre. Ein zweifach höherer Methangehalt führt ebenfalls zu einer Ozonvermehrung in der Troposphäre (um etwa 15%), und lokal, in rund 40 km Höhe, auch in der Stratosphäre (um etwa 4%). Nur im Höhenbereich über 50 km, der von den Kohlenwasserstoffen beherrscht wird, macht sich der ozonzerstörende Charakter des Methans in einer Ozonverringerung um rund 15% in 60 km Höhe bemerkbar. Insgesamt hat also die Stratosphäre durch diese Stoffe noch nicht allzusehr gelitten. Die integrierte Gesamtmenge des Ozons (die Ozonsäule) hat tatsächlich durch das Kohlendi- und -monoxid um 3,5% und durch das Methan um 2,9% zugenommen.

Die Zunahme der Stickoxide um 20% ruft einerseits eine Ozonverminderung in der Stratosphäre bei 40 km Höhe um maximal 5%, andererseits eine geringfügige Ozonvermehrung um weniger als 2% in der niederen Stratosphäre zwischen 12 und 18 km Höhe hervor. Diese genügt jedoch nicht, um die Abnahme in größerer Höhe zu kompensieren; alles zusammen genommen verringert sich die Ozonsäule unter dem Einfluß der Stickstoffverbindungen um 1,7%.

Diese Veränderungen sind für den Ozongehalt der Stratosphäre noch keineswegs dramatisch. Folglich ist den chlorierten Bestandteilen die Hauptwirkung anzulasten. Wenn wir beispielsweise eine mittlere Entwicklung annehmen, die zu 8 Milliardsteln relativem Chlorgehalt in der Stratosphäre führt, bewirken allein die Chlorverbindungen eine Ozonverringerung um 50% in 40 km Höhe, was für die Ozonsäule eine Abnahme um 6% bedeutet! Glücklicherweise wird das durch die anderen Bestandteile ein wenig abgemildert. Wenn man die Einzelbeiträge einfach aufsummiert, so erhält man eine Abnahme der Ozonsäule um 1,3%. Eine solche Addition hat jedoch wegen der nichtlinearen Kopplungen des Systems keinen Sinn. Ermittelt man die Gesamtwirkung aller Störungen in einem einheitlichen Modell, so erhält man als neuen Gleichgewichtswert eine *Zunahme* der Ozonsäule um 0,2%. Demzufolge hätte sich also der Ozongehalt in den 70 Jahren kaum verändert!

Aber freuen wir uns nicht zu früh über diese unerwartete Konstanz! In Wirklichkeit verschleiert sie nämlich zwei sehr beunruhigende Tatsachen. Zum einen wird dieser Wert von +0,2% erst mit dem neuen Gleichgewichtszustand erreicht. Während der Übergangsphase in den nächsten 20 bis 30 Jahren wird sich die Ozonsäule im globalen Mittel jährlich um 2% bis 3% verringern, bevor sie unter der vereinigten Wirkung der verschiedenen Störungen langsam wieder anwächst. Durch dieses erste Nadelöhr müssen wir auf jeden Fall hindurch. Zweitens ist das für 2040 vorhergesagte geringfügige Anwachsen der Ozonsäule das Ergebnis einer Erhöhung um fast 20% in der Troposphäre und einer Verringerung um 30% bis 40% in der Stratosphäre zwischen 35 und 45 km Höhe. Die vertikale Verteilung des Ozons wird also sehr stark verändert, mit möglichen Konsequenzen für das thermische Gleichgewicht der Atmosphäre. Drittens tritt der von den Stickstoff- und Kohlenstoffverbindungen bewirkte Puffereffekt nur ein, wenn der

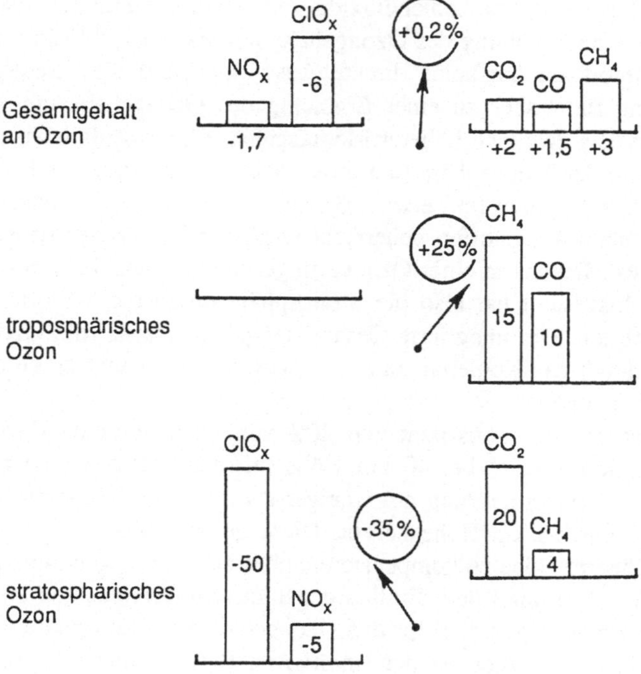

Die verschiedenen Ursachen für die vorhergesagten Variationen
des Ozongehalts (für das Jahr 2040)

relative Chlorgehalt unterhalb einer gewissen Schwelle bleibt. Für eine Chlorkonzentration von 15 Milliardsteln nimmt die Ozonsäule um 13% und die Ozonkonzentration in 40 km Höhe um 70% ab! Es sei deshalb wiederholt, daß wir
nicht als moderne Zauberlehrlinge in die Versuchung verfallen dürfen, gleichzeitig die Konzentrationen aller Quellsubstanzen erhöhen zu wollen. Vergessen wir
nicht, daß alle diese Substanzen auch eine wesentliche Rolle für die Aufheizung
der Erdoberfläche durch den Treibhauseffekt spielen. Die Medizin wäre dann
schlimmer als die Krankheit!

4.1.4 Mittlere und polare Breiten

Alle diese Abschätzungen beruhen auf eindimensionalen Modellen, die nur Mittelwerte der Entwicklung vorhersagen und keine Abhängigkeit der Veränderungen
von der geografischen Breite wiedergeben können. Die experimentellen Ergebnisse haben aber ebenso wie die Entwicklungsstudien, die anhand von Meßdaten
aus der Vergangenheit gemacht wurden, die Bedeutung einer Breitenabhängigkeit
aufgezeigt. Für unser Bemühen um den Schutz der Ozonschicht sind die Mittelwerte der Ozonverringerung auf globalem Maßstab nur von sehr relativer Bedeutung, da sie weit größere, aber räumlich begrenzte Effekte verschleiern können.
Die Tiere und die Pflanzen wandern ja nicht ständig von Gebieten mit starker

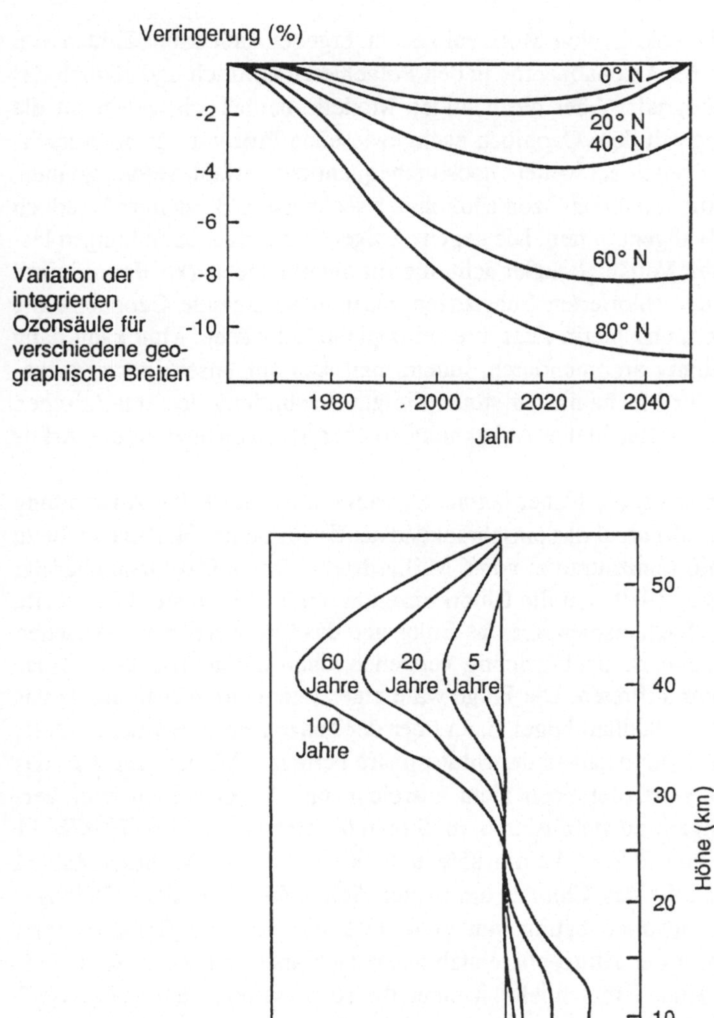

Die vorhergesagten Variationen des Ozongehalts

zu solchen mit schwächerer Ozonverminderung, um im Mittel eine möglichst geringe Auswirkung zu spüren!

In bezug auf die Minimalwerte der Ozonsäule, die für das Jahr 2010 oder 2020 vorausgesagt werden, entsprechen die Breiteneffekte den ersten experimentellen Ergebnissen, die man aus der Analyse der Daten aus der Periode von 1979 bis 1986 erhält. Die maximale Ozonabnahme wird für polnahe Bereiche und das jeweilige Frühjahr vorhergesagt. In einem Szenario, das auf der strikten

Anwendung des Protokolls von Montreal beruht, ergeben sich dabei Zahlen von ungefähr 5% oder 6% Ozonabnahme in den Polgebieten nördlich und südlich des sechzigsten Breitengrads. Aber die heutigen Modelle berücksichtigen nicht die im Zusammenhang mit dem Ozonloch nachgewiesenen Prozesse, deren Auswirkung auf mittlere Breiten bei weitem noch nicht quantitativ erfaßt werden können. Auf der Südhalbkugel hat das Ozon südlich des sechzigsten Breitengrads jedoch bereits um fast 5% abgenommen. Die gegenwärtigen Vorhersagebemühungen lassen die elementaren Vorgänge außer acht, die für die einzige starke, definitiv mit der Vermehrung der chlorierten Substanzen zusammenhängende Ozonabnahme verantwortlich sind, und hierin liegt ihre prinzipielle Schwäche. Man kann dann vielfach nur qualitativ argumentieren, indem man sich auf unsere noch wackeligen Kenntnisse der Mechanismen stützt, die zur Ausbildung des antarktischen Ozonlochs und zur beobachteten Anbahnung solcher Mechanismen in der Arktis führen.

Von allen Szenarios, die bisher betrachtet wurden, ist die strikte Anwendung des Protokolls von Montreal das einschränkendste. Es würde im Gleichgewicht zu einer relativen Chlorkonzentration von 6 Milliardsteln führen. Das Ozon über der Antarktis nimmt seit 1979, seit die Chlorkonzentration 2 Milliardstel überschritt, ab. Wenn wir die Mechanismen, die das Chlor und das Ozon in der antarktischen Stratosphäre aneinanderkoppeln, richtig verstehen, dann müßte also künftig das Ozonloch jedes Jahr auftreten. Die Folge wäre eine allgemeine Abnahme, da das Ozon zuerst über der Südhalbkugel, dann über der ganzen Erde verdünnt würde. Der gegenwärtige Chlorgehalt in der Stratosphäre beträgt 3 Milliardstel. Um das Chlor auf diesem Wert (der noch nicht ausreicht, um das Ozonloch zum Verschwinden zu bringen) zu stabilisieren, muß man die Emissionen von FCKW 11 um 77% und die von FCKW 12 um 85% reduzieren. Die Größe dieser Zahlen belegt direkt, wie sehr das Chlor heute in der Atmosphäre aus dem Gleichgewicht ist. Seine Abbaurate beträgt nur etwa 15% bis 20% der Emissionsrate; die Konzentration in der Atmosphäre stabilisiert sich aber erst, wenn diese beiden Raten gleich sind. Um schließlich unter die schicksalhafte Schwelle von 2 Milliardsteln zurückzukommen, müßte man die Gesamtheit aller chlorhaltigen Emissionen – die FCKW, aber auch die Halone, den Tetrachlorkohlenstoff und das Methylchloroform – um mehr als 90% reduzieren, wobei die letzten beiden Substanzen im Protokoll von Montreal gar nicht berücksichtigt sind. Es ist offensichtlich, daß eine solche Maßnahme nicht von heute auf morgen durchgeführt werden kann, da ein wesentlicher Teil der Chlorverbindungen in Kühlschränken und synthetischen Schäumen enthalten ist, die momentan noch in Gebrauch sind.

Was die Arktis anbelangt, so wissen wir heute nicht, auf welchem Niveau sich hier die Schwelle befindet, jenseits derer analoge Prozesse wie am Südpol in Gang kommen. Nach der Logik des Protokolls von Montreal ist die Frage aber nur, ob diese Schwelle zwischen 3 Milliardsteln und 6 Milliardsteln liegt. Die Komplexität des Problems schließt eine Antwort der Wissenschaftler für die nächsten Jahre aus. Möglicherweise ist es schon zu spät.

4.1.5 Die ultraviolette Strahlung

Außer in der Troposphäre, wo eine zu starke Erhöhung der Ozonkonzentration wegen der hohen Oxidationsfähigkeit Flora und Fauna unmittelbar schädigen kann, beeinflußt das Ozon die Umweltbalance nur auf dem Umweg über zwei Größen, die allerdings wesentlich sind: die ultraviolette Sonnenstrahlung und die Temperatur. Erstere wird direkt durch Änderungen in der Höhe der Ozonsäule bestimmt – jener wenigen Millimeter, die eine unüberschreitbare Barriere für Wellenlängen kürzer als 280 nm (das sog. UV-C) darstellen, und die Strahlung mit Wellenlängen zwischen 280 und 320 nm (das sog. UV-B) stark abschwächen. Wellenlängen zwischen 320 und 400 nm (UV-A) werden vom Ozon kaum beeinflußt. Änderungen in der Ozonschicht machen sich deshalb hauptsächlich im UV-B bemerkbar. Nachdem der Absorptionskoeffizient des Ozons in diesem Spektralbereich gut bekannt ist, ist es leicht, die Zunahme an UV-B–Strahlung am Boden aus der Ozonverminderung zu berechnen. Man schätzt, daß eine Reduzierung der Ozonschicht um 5% die UV-B–Strahlung auf der Erdoberfläche im Mittel um 10% erhöht.

Freilich liegt das Problem nicht so einfach, wie man im ersten Moment denken könnte, da die Änderungen der Strahlungsintensität sehr empfindlich von der Höhe, in der sich die Ozonkonzentration verändert, abhängen. In der Stratosphäre ist die Luft nämlich nicht sehr dicht, die Sonnenstrahlung wird von den Luftmolekülen nur wenig gestreut und durchquert die Ozonschicht nahezu geradlinig. Dagegen bewirkt in geringerer Höhe die zunehmende Dichte der Luft, daß ein Lichtstrahl viele Male von den Stickstoff- und Sauerstoffmolekülen gestreut wird, wodurch sich sein Weg stark verlängert. Die effektive Dicke der durchquerten Schicht ist wesentlich größer als für den direkten Weg, was zwangsläufig eine erhöhte Absorption bedeutet. Wenn das Ozon in der Troposphäre um genausoviel zunimmt, wie es in der Stratosphäre abnimmt, so kompensiert sich das hinsichtlich der Absorption der Strahlung nicht exakt; die Strahlung wird dann vielmehr geschwächt.

Dies könnte zum Teil die Tatsache erklären, daß die wenigen Instrumente, die am Boden die UV-B–Strahlung messen können, bislang eine Abnahme und nicht, wie man aus der Verminderung der Ozonsäule erwarten könnte, eine Erhöhung dieser Strahlung gemessen haben. Allerdings ist das Ozon nicht der einzige Absorber in der Troposphäre. Im Prinzip erhöht jede Art von Verschmutzung die Konzentration an Staub und Gasen, die die Durchsichtigkeit der Atmosphäre verringern, Licht absorbieren und am Boden einen verminderten Strahlungsfluß bewirken. Der Hauptgrund für diesen scheinbaren experimentellen Widerspruch liegt aber darin, daß das bestehende Beobachtungsnetz nicht ausreicht, um Änderungen des Strahlungsflusses am Boden in der Größenordnung von einigen Prozent nachzuweisen. Man findet hier die Probleme wieder, die schon im Zusammenhang mit den Dobson-Spektrofotometern erwähnt wurden: das Fehlen einer absoluten Eichung, die stark von den Witterungsbedingungen abhängige zeitliche Überdeckung und die mangelnde Übereinstimmung der Instrumente. Die ersten Schlußfolgerungen aus der Ermittlung der Schwankungen des UV-B–Flusses werden dadurch etwas zweifelhaft.

4.1.6 Die thermische Bilanz der Erde

Änderungen im Ozongehalt wirken sich in zweifacher Weise auf die thermische Bilanz der Atmosphäre aus. In der Stratosphäre trägt die Absorption der UV-B–Strahlung über den Kreislauf der Fotodissoziation und Rekombination des Ozons zur Heizung der Atmosphäre bei. Eine Verringerung der Ozonkonzentration führt zur Verminderung dieser Absorption und somit zur Abkühlung der Stratosphäre. Die Erhöhung des Kohlendioxidgehalts und die Ozonabnahme wirken also in gleicher Richtung auf das thermische Profil. Angesichts des starken Ozonrückgangs in der hohen Stratosphäre, in der Höhe der maximalen Absorption, sagen die Modelle ziemlich große Temperaturänderungen voraus. In 50 km Höhe sind es $-15°$ am Äquator und $-20°$ in hoher geografischer Breite. In der ganzen Stratosphäre zwischen 20 und 50 km Höhe ändert sich die Temperaturverteilung, wobei die mittleren Abweichungen von $-18°$ in 50 km Höhe über $-7°$ in 35 km Höhe zu $-2°$ in 20 km Höhe reichen.

In der Troposphäre sind die Auswirkungen des zu erwartenden Anwachsens der Ozonkonzentration auf die thermische Struktur und die energetische Bilanz Teil des allgemeinen Treibhauseffekts, der mit der Zunahme der Spurensubstanzen zusammenhängt. Am besten untersucht ist der Fall des Kohlendioxids. Man schätzt, daß die Erhöhung seiner relativen Konzentration von 270 Millionsteln im Jahr 1850 auf fast 345 Millionstel heute ein Ansteigen der mittleren globalen Temperaturen um $0,5°$ zur Folge hat. Eine Verdoppelung der CO_2–Konzentration über den heutigen Wert hinaus ließe die Temperatur im Mittel um weitere $1°$ bis $2°$ ansteigen. Bei der gegenwärtigen Wachstumsrate ist diese Verdoppelung in wenigen Jahrzehnten erreicht.

Aber das Kohlendioxid ist nicht der einzige Verantwortliche für den Treibhauseffekt und damit für den Temperaturanstieg auf der Erdoberfläche. Alle Quellbestandteile, die wir in der Beschreibung des Ozongleichgewichts betrachtet haben, der Wasserdampf, das Methan, die Stickoxide, die FCKW, und natürlich das Ozon selbst, haben Absorptionsbanden im infraroten Spektralbereich bei etwa $10\ \mu$. Sie alle fangen einen Teil der von der Erdoberfläche ausgesandten Strahlung ab und reflektieren ihn zur Oberfläche zurück. Ihr Einfluß ist umso größer, als ihre Absorptionsbanden außerhalb der für die Absorption des Wasserdampfs und des Kohlendioxids charakteristischen Spektralbereiche liegen. Eine Verdoppelung ihrer Konzentration führt zu einem zusätzlichen Treibhauseffekt, der für das Methan 25 mal, für das Stickoxid 250 mal, für FCKW 11 17.500 mal und für FCKW 12 20.000 mal größer ist als für das Kohlendioxid. Daraus wird verständlich, daß diese Bestandteile selbst in wesentlich kleineren Konzentrationen als das Kohlendioxid einen nicht vernachlässigbaren Einfluß auf die Aufheizung der Erde haben. Die Abnahme des Ozons in der Stratosphäre hat auch eine direkte Auswirkung auf die Oberflächentemperatur, indem sie mehr Strahlung zum Boden durchläßt und ihn dadurch um ein bis zwei Zehntel Grad erwärmt.

Die bisher eingetretene Temperaturerhöhung durch die Gesamtheit aller Spurensubstanzen außer dem Kohlendioxid, ist besonders seit 1950 spürbar und wird im globalen Mittel auf $0,3°$ geschätzt. Wenn man für die zukünftige Entwicklung der Konzentrationen ähnliche Annahmen macht wie in Kap. 4.1.3, so erweist sich die Gesamtwirkung der Spurensubstanzen als fast gleich der des Kohlendioxids, nämlich rund 1° bis zum Jahr 2040. In Wirklichkeit bleiben bei dieser Abschätzung zahlreiche Unsicherheiten aufgrund der Mängel der Vorhersagemodelle und der Schwierigkeit, die Kopplung zwischen der Atmosphäre, den Ozeanen und der Kryosphäre, sowie deren mögliche Gegenreaktionen, angemessen zu berücksichtigen. Deshalb ist es besser, den Bereich anzugeben, in dem die Temperaturerhöhung der Oberfläche wahrscheinlich liegen wird, nach heutigem Wissen ist das im weltweiten Mittel zwischen 1,5° und 4,5°. Auch hier gibt es erhebliche Unterschiede hinsichtlich der geografischen Breite: in hohen Breiten könnten die Temperaturerhöhungen 8° bis 10° erreichen, während sie in den Äquatorialregionen auf 2° beschränkt bleiben. Wie schon bei der Variation der Ozonschicht, ist der direkte Nachweis der erwarteten Effekte – die Aufheizung der Erdoberfläche und der gesamten Troposphäre – schwierig, da sie innerhalb einer großen, aber unverstandenen natürlichen Variabilität auftreten. Und das, obwohl es eine kontinuierliche Aufzeichnung der Oberflächentemperaturen seit der Mitte des letzten Jahrhunderts gibt! Sie zeigen, daß die kühlste Periode von 1850–1900 war, während die höchsten Temperaturen seit ungefähr 1940 gemessen werden. Der Temperaturunterschied beträgt dabei etwa 0,6° und liegt damit an der Untergrenze der vorhergesagten Effekte. Eine vergleichbare Analyse der Meerestemperaturen zeigt dagegen, wenn überhaupt eine Tendenz sichtbar wird, einen Anstieg um maximal 0,2°. Aus der Beobachtung der Oberflächentemperaturen kann also bislang in objektiver Weise nichts über eine globale Temperaturerhöhung ausgesagt werden, auch wenn seit Beginn der achziger Jahre die Jahresmittel mehrmals die höchsten zuvor gemessenen Werte überschritten haben.

Einen wichtigen, aber noch nicht vollständig verstandenen Einfluß auf die Wärmebilanz der Erde haben die Wolken. Ausgedehnte Meßreihen von Satelliten aus den letzten Jahren haben gezeigt, daß eine niedrige, dichte Wolkendecke zur Abkühlung der darunterliegenden Region führt, da sie vor allem die Reflexion der einfallenden Sonnenstrahlung zurück in den Weltraum verstärkt. Hohe, dünne Zirrusbewölkung dagegen behindert die einfallende Strahlung kaum, hält aber die vom Boden kommende längerwellige Strahlung zurück und verstärkt somit den Treibhauseffekt. Eine Gesamtbilanz dieser Einflüße auf die globale Klimaveränderung ist aber derzeit noch nicht möglich. Ferner deutet eine erst kürzlich veröffentlichte Auswertung von ERBE-Daten über den Strahlungshaushalt der Ozeane an, daß auch diese für die Bewertung des Treibhauseffekts wesentlich mehr als bisher berücksichtigt werden müssen. Aufgrund der allgemeinen Erwärmung verdunsten die Ozeane mehr Wasserdampf, eines der wichtigsten Treibhausgase, so daß eine positive Rückkopplung in Gang gesetzt wird, die den ohne die Ozeane berechneten Treibhauseffekt nahezu verdoppeln könnte.

4.1.7 Vorhersage oder Wette?

Was ist nun daraus zu schließen hinsichtlich unserer Fähigkeiten, einerseits die gegenwärtige Entwicklung der Atmosphäre aufzuzeigen, andererseits die zukünftige vorherzusagen? Zunächst bleibt auf wissenschaftlichem Feld noch eine große Anstrengung zu unternehmen, um als erstes die Kenntnisse zu erlangen, die uns in den Bereichen der Dynamik und der Chemie der Atmosphäre, der Strahlung, der Rolle der Wolken, der Oberfläche der Ozeane, der allgemeinen Zirkulation, des Materie- und Energieaustauschs an der Oberfläche sowie der Reaktionen der Vegetation noch so sehr fehlen.

Was die Entwicklung der Ozonschicht anbelangt, so fehlt zwar ein absolut sicheres Urteil, es zeichnet sich aber der allgemeine Eindruck ab, daß sich alle Indikatoren in die gleiche gefährliche Richtung entwickeln. Dieser Eindruck beruht auf präzisen, unwiderlegbaren Fakten wie der Zunahme der Quellsubstanzen und des Ozons in der Troposphäre, oder dem Ozonloch über der Antarktis. Stück für Stück breitet sich in der wissenschaftlichen Gemeinschaft die Überzeugung aus, daß die von den Auswirkungen der menschlichen Tätigkeiten erzeugten klimatischen Signale in den nächsten Jahrzehnten aus dem Rauschen der natürlichen Variabilität heraustreten werden. Die Verbesserung unserer Kenntnisse ist umso dringender, als sich – während diese Signale unmißverständlich werden – die bereits in Gang befindlichen Prozesse aufgrund der Trägheit des gekoppelten Systems Ozean–Atmosphäre noch über mehrere Jahrzehnte hin fortsetzen werden.

Abschließend muß noch eine weitere Feststellung hinsichtlich des Anschlags des Menschen auf seine Umwelt getroffen werden. Der Treibhauseffekt, die Verminderung der Ozonschicht und die Zunahme der oxidierenden und sauren Eigenschaften der Troposphäre sind eng miteinander verquickt. Es ist nicht möglich, sie getrennt zu behandeln. Könnte man sich z.B. vorstellen, zur Eindämmung der Wirkung der chlorierten Bestandteile auf die Ozonschicht die Emissionen an Methan, Stickoxid oder Kohlendioxid zu verstärken, die ja in der Stratosphäre einen dämpfenden Einfluß haben? Dadurch würde der Ozongehalt in der Troposphäre, und mit ihm der Treibhauseffekt, drastisch ansteigen; es würde nur das eine Problem durch ein anderes ersetzt. Sämtliche Vorhersagen zeigen uns die enge Verknüpfung aller vom Menschen herbeigeführten Störungen. Es kann nur eine globale Lösung geben. Es ist nicht vorstellbar, die Ozonschicht um den Preis einer allgemeinen Aufheizung des Erdklimas retten zu wollen!

4.2 Der Mensch, das Klima und die Biosphäre

Seit seinem ersten Auftreten vor mehr als drei Milliarden Jahren hat sich das Leben auf der Erde unaufhörlich entwickelt und gewandelt, bis hin zu der heutigen Form, die vom Dasein des Menschen beherrscht wird. In der Vergangenheit sind mehrere Male Arten ausgestorben und durch andere ersetzt worden. So verschwanden am Ende der Kreidezeit, vor ungefähr 65 Millionen Jahren, die Dinosaurier und die großen Reptilien und machten den Säugetieren Platz. Ob die Ursache nun ein Klimaumschwung, ein katastrophaler Vulkanausbruch oder der Einschlag eines riesigen Meteoriten war, es war auf jeden Fall ein Naturereignis. Die Menschen, oder vielmehr ihre Vorfahren, traten erst vor 5 Millionen Jahren auf. Auch sie mußten sich ständig an Klimaveränderungen anpassen und im

Quartär vier große Eiszeiten ertragen. Immer war es die Natur, die die Umweltbedingungen schuf. Während des letzten Jahrtausends wechselte das Vorrücken der Gletscher im 12. und 13. Jahrhundert, vor allem aber während der „Kleinen Eiszeit" (ungefähr von 1550 bis 1850) mit gemäßigteren Perioden ab; ein Rhythmus, der sich auch in den großen Völkerwanderungen und den wesentlichen geschichtlichen Ereignissen niederschlug. Nach den harten Jahren zu Beginn des 18. Jahrhunderts kam es zu einer globalen Wiedererwärmung, dem „Kleinen Klimatischen Optimum", von dem wir noch heute profitieren.

Solche klimatischen Umschwünge beeinflussen direkt die Lebensweisen der Menschen, indem sie die geografische Verteilung der verschiedenen Klimazonen und Ökosysteme verändern. Heute kehrt sich das Problem um und gewinnt gleichzeitig eine neue Dimension: der Mensch nimmt nun Einfluß auf die großräumige Balance der Umwelt. Er muß sich damit aber auch einer neuen Herausforderung stellen, nämlich den Folgen, die eine wesentlich auf ökonomisches Wachstum und unbegrenzten Verbrauch an fossiler Energie gegründete Zivilisation für unseren Planeten hat. Eine Bruchstelle scheint bereits insofern erreicht, als sich zwei Drittel der Menschheit noch in einem wenig entwickelten oder unterentwickelten Zustand und in einer sehr schwierigen Lage befinden. Das Problem wird durch solche große Unausgewogenheiten drastisch verschärft: die reichen Länder sind die Hauptverantwortlichen für die Verschmutzung der Erde, während die Entwicklungsländer völlig zu Recht nach mehr Wohlstand und einer besseren Gleichverteilung der Reichtümer unseres Planeten streben. Die Ausdünnung der Ozonschicht, die klimatischen Veränderungen durch den Treibhauseffekt und die Verstärkung der oxidierenden und sauren Eigenschaften der Troposphäre sind auf globalem Maßstab die wesentlichen Aspekte des Umweltproblems. Wir müssen jetzt versuchen, ihre Folgen für die Balance der Umwelt, und damit für die Formen des Lebens, die wir heute kennen, abzuschätzen.

4.2.1 Klimatische und biologische Folgen

Die Veränderungen in der chemischen Zusammensetzung der Atmosphäre, die sich seit dem 19. Jahrhundert beschleunigt haben, nehmen seit etwa 1950 exponentiell zu. Die Folgen für die physikalische, chemische, dynamische und Strahlungsbalance des gekoppelten Systems Erde–Ozean–Atmosphäre können Rückwirkungen auf die Menge an Sonnenstrahlung, die bis zum Boden vordringt, haben. Auch das thermische Gleichgewicht der Erdoberfläche und der Atmosphäre kann betroffen sein. Um zu verstehen, inwiefern die vom Menschen herbeigeführten chemischen Veränderungen die gegenwärtigen Lebensbedingungen auf der Erde beeinflussen können, muß man deren Einwirkungen auf die Umwelt und insbesondere die Biosphäre *quantitativ* erfassen. Das eröffnet ein neues Forschungsfeld. Freilich sind die Unsicherheitsspannen hier aufgrund unserer lückenhaften Kenntnis der irdischen Funktionsmechanismen und aufgrund des Fehlens schlüssiger experimenteller Beweise für Änderungen der atmosphärischen Balance besonders groß. Dies trifft sowohl auf die Ozonschicht als auch auf die Temperaturen der Erdoberfläche und der Atmosphäre zu, wenn man die jüngst in den Polarregionen festgestellten Erscheinungen außer acht läßt.

In Anbetracht der Rolle, die das Ozon und die Spurensubstanzen wie das Kohlendioxid, das Methan, das Stickoxid und die FCKW spielen, kann man sofort zwei Arten von Folgeerscheinungen erkennen. Die klimatischen Folgen hängen direkt mit den Änderungen der Strahlungsbilanz zusammen, die durch die Vermehrung dieser Substanzen und durch den von ihnen erzeugten Treibhauseffekt hervorgerufen werden. Die biologischen Folgen für die pflanzlichen und tierischen Ökosysteme einschließlich des Menschen beruhen hauptsächlich auf der Filterwirkung des Ozons gegenüber der ultravioletten Strahlung; darüberhinaus spielt wegen seiner rapiden Vermehrung in der Troposphäre auch die starke Oxidationswirkung des Ozons eine Rolle. Freilich muß die Unterscheidung zwischen klimatischen und biologischen Folgen abgeschwächt werden, da wir ja schon wissen, daß die Komponenten unseres Planeten – die Atmosphäre, die Ozeane, die Biosphäre am Land und im Wasser – sehr stark miteinander wechselwirken. Jede Veränderung an einem dieser Untersysteme zieht nach einer gewissen Zeit, die von dem betrachteten „Reservoir" und den zugehörigen Wechselwirkungsmechanismen abhängt, notwendigerweise in den anderen Systemen eine Kette von Reaktionen und Gegenreaktionen nach sich, die entweder verstärkend oder dämpfend auf die ursprüngliche Störung wirken. Da es uns aber noch nicht möglich ist, die verschiedenen Mechanismen präzise zu erkennen, bleibt uns nichts anderes übrig, als uns mit einer getrennten Untersuchung dieser Folgen zufriedenzugeben. Dabei müssen wir uns der Unsicherheitsspannen voll bewußt bleiben.

4.2.2 Der Treibhauseffekt und die Erhöhung der Oberflächentemperatur

Beim Treibhauseffekt spielt das Kohlendioxid CO_2 die Hauptrolle, da es allein 50% der vom Menschen erzeugten Treibhauswirkung zustande bringt. Das Ozon kommt aber auch hier sowohl direkt als auch indirekt ins Spiel. Seine direkten Auswirkungen sind zweierlei. Zum einen erhöht sich durch die Verminderung des Ozons in der Stratosphäre die ultraviolette Strahlung, die den Boden aufheizt. Zum anderen trägt die Erhöhung des Ozongehalts der Troposphäre zu etwa 5% zum Einfangen der infraroten Strahlung bei. Dazu gesellen sich die Beiträge der FCKW, des Methans und der Stickoxide; alles Substanzen, deren Gleichgewicht in der Atmosphäre von physikalisch-chemischen Wechselwirkungen bestimmt wird, in denen das Ozon eine wesentliche Rolle spielt. Man kann also das Problem des Ozons in der Atmosphäre nicht von dem des Treibhauseffekts trennen, und die Untersuchung seiner klimatischen Auswirkungen ist eine notwendige Vorbedingung dafür, daß globale Lösungen der Umweltprobleme in ihrem Zusammenhang ins Auge gefaßt werden können.

Die Temperaturerhöhung auf der Erdoberfläche bis zum Jahr 2040 wird wahrscheinlich zwischen 1,5° und 4,5° betragen. Wie bedeutsam diese Erhöhung ist, ersieht man daraus, daß der Temperaturunterschied zwischen den Eiszeiten und den warmen Zwischeneiszeiten nur 6° bis 7° betragen hat. Zu den zahlreichen Folgeerscheinungen zählen der Anstieg des Meeresspiegels, die Veränderung der Ökosysteme am Land und dadurch eine geografische Neuverteilung der landwirtschaftlichen Produktionszonen, die Verknappung der Wasservorräte, und möglicherweise eine direkte Schädigung der Gesundheit.

An die Stelle der bisherigen Klimaverteilung auf der Erde wird also eine neue Klimastruktur mit komplizierter Abhängigkeit von der geografischen Länge und Breite treten. Da die erwarteten Effekte durchaus regionalen Charakter haben, sind also die politisch Verantwortlichen, die die möglichen Folgen für das wirtschaftliche Gleichgewicht ihrer Länder abschätzen müssen, verständlicherweise an einer genauen Vorhersage stark interessiert. Die gegenwärtigen Kenntnisse erlauben aber eine so genaue Kartierung der künftigen Klimazonen und der mit ihnen verbundenen Neuverteilung der Ökosysteme noch nicht. Die Forschung befindet sich hier noch im Stadium der Voruntersuchungen. Wir müssen uns mit allgemeinen Hinweisen begnügen, die mehr eine Tendenz als wirklich quantitative Ergebnisse aufzeigen.

4.2.3 Der Treibhauseffekt und die Erhöhung des Meeresspiegels

Der Erhöhung des Meeresspiegels liegen verschiedene Mechanismen zugrunde. Entgegen der weitverbreiteten Meinung ist die erste Ursache nicht das Abschmelzen der polaren Eiskappen, sondern einfach die thermische Ausdehnung des Wassers. Wenn die Temperatur des Oberflächenwassers bis in 200 m Tiefe global um 1° ansteigt, so hebt sich dadurch der Wasserspiegel um 20 cm. Bei einer Temperaturerhöhung um 4° bedeutet diese allgemeine physikalische Erscheinung also eine Anhebung des Meeresspiegels um 80 cm.

Die Eiskappe am Südpol hat ein Volumen von rund 30 Millionen km^3 und repräsentiert damit 90% der gesamten kontinentalen Eismassen. Wenn nur 1% davon abschmilzt, hebt sich der Meeresspiegel wiederum um 80 cm. Allerdings ist es in einem ersten Stadium möglich, daß die Mächtigkeit des polaren Eises sogar zunimmt, da die aufgrund der Temperaturerhöhung verstärkte Verdunstung der Meere zu vermehrtem Schneefall über der Antarktis führen könnte. Nachdem dieser Effekt auf einer kürzeren Zeitskala abläuft als das Schmelzen der Eismassen, sollte er sich als erster bemerkbar machen.

Katastrophenszenarios, die von einem totalen Abschmelzen des antarktischen Eises ausgehen, sagen einen Anstieg des Meeresspiegels um 80 m voraus. Die Wahrscheinlichkeit, daß so etwas in näherer Zukunft eintritt, ist aber verschwindend gering. In der Tat wäre dafür eine Temperaturerhöhung um 20° nötig, was höchstens nach einigen Jahrhunderten erreicht sein könnte. Plausibler (aber auch nur langfristig gesehen) ist es, daß die großen Gletscher an den Bergen der zum Atlantik und zum Pazifik hin gelegenen Küsten der Antarktis abschmelzen; das würde immerhin einen Anstieg des Meeresspiegels um 6 m bewirken. Wenn auch solche Szenarios mehr von Science Fiction als von einer wirklichen Klimavorhersage an sich haben, so darf man doch nicht vergessen, daß die Polregionen am empfindlichsten für Temperaturveränderungen sind. Außerdem wird in dem Maß, wie die stark reflektierenden Schnee- und Eisflächen abnehmen, immer weniger von der einfallenden Sonnenstrahlung in den Weltraum zurückgestrahlt und ein immer größerer Energiebetrag absorbiert. Es ist denkbar, daß es auch hier einen

Schwelleneffekt gibt, der plötzlich einen irreversiblen Prozess in Gang setzen würde.

Im Unterschied zur Antarktis, wo die Gletscher am Rand des Kontinents ständig abbrechen und schmelzen, wird der arktische Ozean vom Packeis, einer 2–3 m dicken Eisschicht, bedeckt, die außer in Küstennähe niemals schmilzt. Das Schmelzen des Packeises hätte keinen Anstieg des Meeresspiegels zur Folge, da es auf dem Meer schwimmt wie ein Eiswürfel im Saftglas. Allerdings befindet sich unter dieser Eisschicht sehr salzhaltiges und verhältnismäßig warmes Tiefenwasser. Wenn das Eis auf dem Meer schmelzen würde, könnte die Mischung des entstehenden kalten Süßwassers mit diesem Tiefenwasser jede Neubildung von Eisbergen verhindern, da der Gefrierpunkt des Wassers mit zunehmendem Salzgehalt sinkt. Auch die großen ozeanischen Strömungen, die zum Teil von Unterschieden im Salzgehalt angetrieben werden, könnten sich verändern. Niemand vermag zur Zeit die klimatischen Folgen einer solchen Umwälzung vorherzusagen.

Wenn man sich auf die über einige Jahrzehnte hin vorhersehbaren Effekte beschränkt, muß sich die Menschheit also auf einen langsam um 1–2 m ansteigenden Meeresspiegel einstellen. Gemessen an den Umstürzen vergangener Klimaveränderungen ist das nicht besonders spektakulär. Vor 20.000 Jahren lag das Meeresniveau um 120 m unter dem jetzigen. Der Ärmelkanal existierte nicht, und die Atlantikküsten befanden sich fast 100 km weiter draußen. Dennoch ist der heutige, schwächere Effekt bedrohlich, da fast ein Drittel der Menschheit weniger als 60 km von einer Küste entfernt lebt. Ein Anstieg des Meeresspiegels um 1 m würde Stück für Stück 50% der küstennahen Marschlandschaften vernichten und eine große Zahl von Stränden und Inseln verschwinden lassen. Die Kontinentalränder würden überschwemmt, einer verstärkten Erosion ausgesetzt und der Salzgehalt im Erdreich der Küstengebiete anwachsen. Besonders bedroht sind die großen Flußdeltas. So könnte das Mississippidelta, das sich bereits jetzt durch das Aufeinanderprallen der Kontinentalschollen absenkt, allmählich verschwinden. Im Nildelta leben 10% bis 20% der Bevölkerung Ägyptens; sie müßten evakuiert werden. Was Bangladesh betrifft, so würde ein Anstieg des Meeresspiegels um 2 m die Stadt Dacca überschwemmen. Ein Anstieg um 50 cm könnte einen großen Teil des Deltas unter Wasser setzen, das bereits jetzt von regelmäßigen Überschwemmungen durch die Himalayaflüsse Ganges und Brahmaputra heimgesucht wird. In diesem Delta sind fast 20% der Bevölkerung konzentriert. Sicherlich kann man sich technische Lösungen wie die Errichtung von Deichen vorstellen. So leben die Einwohner mancher Gebiete der Niederlande seit langer Zeit unterhalb des Meeresspiegels. Aber jetzt ist ein beträchtlicher Teil der Weltbevölkerung betroffen. Die wirtschaftlichen Kosten solcher Lösungen wären zweifellos sehr hoch, während die betroffenen Länder zum größten Teil kaum die Mittel hätten, derartige Maßnahmen schnell zu verwirklichen.

4.2.4 Veränderungen der Klimazonen und der Ökosysteme der Erde

Die Hauptwirkung einer klimatischen Veränderung auf die Ökosysteme ist zweifellos deren geografische Umverteilung. Die Ausdehnung der tropischen und der gemäßigten Zonen nach Norden verdrängt die nördlichen Nadelwälder und wandelt die Tundra in Prärien um. Gleichzeitig dehnen sich auch die halbtrockenen Regionen nach Norden aus, vor allem in den großen Ebenen Nordamerikas und in Südeuropa. Hierbei handelt es sich um qualitative Abschätzungen, und eine genaue quantitative Erfassung der Effekte ist wiederum problematisch. Das Gleichgewicht der Ökosysteme resultiert aus der ständigen Wechselwirkung seiner Tier- und Pflanzenarten. Der gegenwärtige Stand der wissenschaftlichen Kenntnisse gestattet es nicht, diese komplexen Mechanismen in ihrer Gesamtheit zu erfassen; dies gilt umso mehr für ihre Entwicklung.

Wenden wir uns der Vergangenheit zu, da wir über die Zukunft wenig aussagen können. Die Klimaarchive helfen uns in der Tat, die Veränderungen, die von Temperaturschwankungen um einige Grad (wie sie im Lauf der letzten Jahrtausende beobachtet wurden) bewirkt werden, besser einzuschätzen. Die Klimaerwärmung, die vor 20.000 Jahren begonnen hat, hat trockene Regionen feucht und warm werden lassen und das Aufsprießen einer Vegetation eingeleitet, die den Beginn des Ackerbaus begünstigt hat. Wilde Obstbäume, Gras, Getreide, Reben, und Nußbäume haben sich in den gemäßigten Regionen, wo Wärme und Feuchtigkeit in ausreichender Menge verfügbar waren, vervielfacht. Umgekehrt brachte während der Eiszeiten ein kälteres und trockeneres Klima viele heute weit verbreitete Pflanzensorten zum Verschwinden, wie die Birken, die Buchen, die Erlen, die Eschen, und die Ulmen. Eichen und Kiefern gediehen nur in den tropischen Regionen. Diese wenigen Beispiele zeigen uns, auch wenn ihre quantitative Aussagekraft begrenzt ist, daß eine Änderung der globalen Temperaturen um einige Grad große Veränderungen in den Ökosystemen hervorrufen kann.

Aber die Temperatur ist nicht der einzige bestimmende Faktor für Veränderungen der irdischen Ökosysteme. Eine zweite Ursache muß ebenfalls berücksichtigt werden: der Gehalt der Atmosphäre an Kohlendioxid. Als Hauptbestandteil der Fotosynthese spielt dieses Gas die Rolle eines Nährstoffs. Ist es in erhöhtem Maß vorhanden, so ermöglicht das den Pflanzen verstärkte Fotosynthese und stimuliert damit ihr Wachstum. Im einzelnen hängt das von der Art der Umwandlung von CO_2 und Wasserdampf zu energiereichen Kohlenwasserstoffen ab. Wenn die Zwischenprodukte des Fotosynthesezyklus drei Kohlenstoffatome in der Form der Phosphorglycerinsäure enthalten (bei sog. C_3-Pflanzen), so ist die Wachstumsreaktion auf erhöhten Kohlendioxidgehalt sehr stark. Wenn aber unter diesen Zwischenprodukten solche wie Oxalacetat sind, die vier Kohlenstoffatome enthalten, reagieren diese sog. C_4-Pflanzen wesentlich weniger sensibel auf Änderungen des Kohlendioxidgehalts. Damit zeichnet sich in Abhängigkeit von den Klimaverschiebungen eine Differenzierung der Pflanzenarten ab: einige würden verschwinden, während andere ein vermehrtes Wachstum aufweisen könnten. Die damit verbundenen Veränderungen im verfügbaren Nahrungsangebot können ihrerseits Einfluß auf die Verteilung der Tierpopulationen haben.

4.2.5 Die Umverteilung der landwirtschaftlichen Zonen

Wir können uns hier nicht auf die natürlichen Ökosysteme beschränken. In der Tat leben wir auf einem Planeten, den der Mensch Stück für Stück umgestaltet hat, um die für sein Überleben notwendigen Bedingungen zu schaffen, vor allem durch die ständige Erweiterung der Anbauflächen. Aufgrund der Umverteilung der großen Klimazonen durch u.a. die Erhöhung des atmosphärischen Kohlendioxidgehalts könnte sich die geografische Verteilung der Kulturen radikal verändern. Um zunächst die Auswirkungen einer Erhöhung der mittleren Temperaturen um einige Grad zu ermessen, mögen die katastrophalen Folgen der großen Dürren des 20. Jahrhunderts als Beispiel dienen. Dabei handelt es sich wohlgemerkt nicht darum, zwischen den Trockenperioden der jüngsten Vergangenheit (in den Jahren 1983–1988) und den ersten Vorankündigungen des Treibhauseffekts eine kausale Verbindung herzustellen. Nichts erlaubt nach dem gegenwärtigen Stand der Kenntnisse die Existenz einer solchen Beziehung anzunehmen. Es gibt jedoch Effekte, die die globalen Folgen einer Aufheizung des Planeten besser erkennen lassen. So ist die Getreideproduktion in den USA während der Trockenheit der achtziger Jahre, als die Temperaturen im jahreszeitlichen Mittel um 4 bis 5 Grad über den normalen Werten lagen, um 30% zurückgegangen. Mehrere tausend Stück Vieh sind zugrundegegangen, und die Waldbrände in den großen Wäldern des Westens haben sich vervielfacht. In der großen Trockenheit der Jahre 1932 bis 1937 sind annähernd 200.000 Farmen in den großen Ebenen des mittleren Westens der Vereinigten Staaten eingegangen. Übrigens gleichen sich Aufheizung und Abkühlung hinsichtlich ihrer Wirkung auf die Landwirtschaft. Während der Kleinen Eiszeit hörte der Ackerbau in Norwegen und in Schottland auf, und die großen Auswanderungswellen im 18. Jahrhundert gehen zum Teil darauf zurück.

Schließlich kann man noch die dramatischen Trockenheiten der Sahelzone, der halbtrockenen Region südlich der Sahara und nördlich der tropischen Regenwälder erwähnen. Diese Trockenheiten treten jedes Jahrhundert ein paarmal auf, nämlich wenn die Niederschläge vom Golf von Guinea im Westen bzw. vom Indischen Ozean im Osten zurückgehen. Die Weideflächen verschwinden und es kommt zu einem Massensterben des Viehs. Diese Perioden verlaufen immer mörderischer, je mehr die Bevölkerung anwächst. Die tragischen Ereignisse der Jahre 1972–1975 und 1983–1984 sind noch in jedermanns Gedächtnis.

In dem Maß, wie gewisse Agrarregionen bis zur Toleranzschwelle des Bodens ausgebeutet werden, nimmt die Sensibilität für Klimaveränderungen zu oder ab, je nach der betrachteten Gegend und den angebauten Sorten. Das Zusammenwirken von Temperaturanstieg, von Trockenheit als Folge verstärkten Wasserentzugs der Böden und von erhöhtem Kohlendioxidgehalt der Atmosphäre muß im wechselseitigen Zusammenhang betrachtet werden. So hat die Temperaturerhöhung eine direkte Auswirkung auf die Produktion von Weizen und Mais. Trockenheit während der Blütezeit wirkt sich sehr schädlich für Mais, Soja und Weizen aus. Was das Kohlendioxid anbelangt, so müssen wir wieder die verschiedenen Fotosyntheseprozesse berücksichtigen. Für Pflanzen des Typs C_3 bewirkt eine Verdoppelung der relativen CO_2-Konzentration eine Zunahme an Wachstum und Ergiebigkeit um 10% bis 50%. Für C_4-Pflanzen bleibt diese Zunahme unter 10%. Dieser Unterschied ist bedeutsam, da unter den 20 wichtigsten Kulturpflanzen 16 vom Typ C_3 und nur 4 – nämlich der Mais, das Zuckerrohr, die Hirse und Zuckermohrhirse – vom Typ C_4 sind. Der Effekt könnte sich also nach einiger Zeit als günstig erweisen. Allerdings muß dieser Optimismus sofort gedämpft werden, da die vier C_4-Sorten in den Tropen und Subtropen weithin die Grundlage der Landwirtschaft bilden. Die Entwicklungsländer befinden sich einmal mehr in einer Situation zunehmender Benachteiligung gegenüber den entwickelten Ländern, vor allem, da der Reis, das Hauptnahrungsmittel von 60% der Weltbevölkerung, auf erhöhte Trockenheit besonders empfindlich reagiert.

4.2.6 Eine neue ökonomische Situation

Die Folgen der klimatischen Veränderungen für die Landwirtschaft und die regional unterschiedlichen Reaktionen sind ein wesentliches Element der neuen wirtschaftlichen Situation, deren Ursache die Aufheizung des Planeten ist. Im zentralen Teil der Sowjetunion führt ein Temperaturanstieg um 1,5° zu einer Erhöhung der Weizenproduktion um 30% und zu einer Zunahme der kultivierbaren Böden um ebenfalls 30%. Die Getreideerzeugung in der Sowjetunion würde also um 70% ansteigen, während gleichzeitig die großen landwirtschaftlichen Gebiete der USA (vor allem der mittlere Westen) unter den Folgen einer erhöhten Trockenheit zu leiden hätten. In der kanadischen Provinz Saskatchewan würden sich das Jahresmittel der Temperatur um 3° und das der Niederschläge um 20% erhöhen. Da die beiden Effekte aber schwerpunktmäßig zu unterschiedlichen Jahreszeiten eintreten würden, erwartet man ein Verringerung der Weizenerzeugung um 25%. Das erklärt die unterschiedliche Aufmerksamkeit, die die Supermächte dem Problem des wachsenden Treibhauseffekts schenken. Man versteht die abwartende Haltung der Sowjetunion, die hier möglicherweise eine natürliche Lösung ihrer gegenwärtigen landwirtschaftlichen Unterproduktion sieht!

Dies ist jedoch ein Poker um die Zukunft, dessen wissenschaftliche Grundlage sehr brüchig ist. Die neue geografische Verteilung der natürlichen Ökosysteme oder der kultivierbaren Zonen vorherzusagen setzt eine genaue quantitative Kenntnis aller Reaktions- und Gegenreaktionsmechanismen des gekoppelten Systems Atmosphäre–Ozean–Biosphäre voraus. Wir haben aber bereits wiederholt die Unsicherheiten unterstrichen, die in unserem Verständnis der globalen Bilanzen und insbesondere des Wasserkreislaufs – der wichtigsten Antriebskraft der irdischen Klimata – noch bestehen. Jede klimatische Veränderung modifiziert die Bodenfeuchtigkeit, die Verdampfungs- und Kondensationserscheinungen sowie die Pflanzenatmung, und beeinflußt dadurch die Wasserbilanz. Sie modifiziert auch die Strömungs- und Erosionsmechanismen, die Grundwasserspiegel, und damit die natürlichen Süßwasservorräte. Auch hier zeigen uns die paläoklimatischen Forschungen, daß diese Ressourcen im Lauf der Zeit starken Schwankungen unterworfen waren. So ist es sehr wahrscheinlich, daß vor 9000 Jahren tropische Seen und Sümpfe Teile der heutigen Wüsten in der Sahara und in Arabien bedeckt haben. Nur bringen diese Feststellungen über die Vergangenheit keine Verbesserung unserer Vorhersagefähigkeit, da wir eben nicht über die nötigen Werkzeuge und insbesondere nicht über ein globales Modell der gesamten Umwelt verfügen. Es wird fast ein Lotteriespiel um die Zukunft: in einer Situation wissenschaftlicher Unsicherheit ist das Bessere oft nur schwer vom Schlechteren zu trennen, und oft genügt in einer Entscheidungssituation in winziger Anstoß, daß statt des einen den andere Weg gewählt wird.

Es bleibt noch ein letzter Aspekt der vom Menschen herbeigeführten Klimaänderungen zu bedenken: die Auswirkungen auf die menschliche Gesundheit. Eine globale Erwärmung gefährdet in Teilen der Erde auch die Gesundheit und das Überleben der Bevölkerung. Veränderungen des Klimas und der Umwelt, aber auch neue ökonomische Bedingungen und die zu erwartenden Probleme bei der Anpassung der Sozialstrukturen besonders in den Städten, können die Ursache sein. Hungersnöte aufgrund zunehmender Trockenheit, Überschwemmungen durch den Anstieg des Meeresspiegels, stark erhöhte Temperaturen in den großen Städten, die schon jetzt übermäßiger Verschmutzung ausgesetzt sind: die menschlichen Gesellschaften werden weithin und wieder in sehr unterschiedlichem Ausmaß unter den Klimaveränderungen leiden. Jedoch wäre auch eine Vorhersage der sozialen Folgen oder der Erhöhung der Sterblichkeit für die verschiedenen Bevölkerungen mehr Science fiction als eine rationale Aussage. Die Fähigkeit und Bereitschaft der menschlichen Art zur Anpassung bleibt eine der großen Unbekannten.

Die klimatischen Effekte, die wir beschrieben haben, betreffen im wesentlichen die Erdoberfläche und die ersten Kilometer der Atmosphäre. Sie machen sich für den Menschen wegen ihres Einflusses auf seine Umwelt am unmittelbarsten bemerkbar. Aber die Verminderung der Ozonschicht wirkt sich auch auf das thermische Gleichgewicht der hohen Atmosphäre aus. Während sich die Troposphäre durch den Treibhauseffekt aufheizt, kühlt die Stratosphäre um fast 20° ab. Zwischen der Tropo- und der Stratosphäre kommt es zu einem verlangsamten Temperaturanstieg. Nun blockiert der positive Temperaturgradient zwischen 20 und 50 km Höhe einen Teil der vertikalen Austauschvorgänge. Er verursacht dadurch gerade die vertikale Schichtung, die zu der Bezeichnung Stratosphäre geführt hat. Man kann also erwarten, daß sich durch die Abnahme dieses Gradienten die Austauschprozesse verstärken. Davon ist sowohl der Materietransport als auch die Verteilung der Energie über die verschiedenen Höhenbereiche betroffen. Die stärkere Durchmischung kann das chemische und das dynamische Gleichgewicht, das für die Zirkulation der Luftmassen in der Stratosphäre verantwortlich ist, verschieben. Eine Vorhersage der durch die Veränderungen in der thermischen Struktur hervorgerufenen Effekte muß heute noch zwangsläufig qualitativ bleiben. Nur dreidimensionale Modelle können diese Veränderungen effektiv beschreiben, da die Gesamtheit aller chemischen und dynamischen Vorgänge auf allen Längen- und Zeitskalen betroffen ist. Solche Modelle sind noch im Stadium der Entwicklung. Für Vorhersagen der langfristigen Entwicklung der Stratosphäre können sie erst in einigen Jahren eingesetzt werden.

4.2.7 Die Biosphäre und die ultraviolette Strahlung

Die unmittelbarste Auswirkung einer Verringerung des gesamten Ozongehalts in der Atmosphäre ist, daß ein größerer Teil der ultravioletten Sonnenstrahlung den Erdboden erreicht. Nun hat aber die Filterwirkung der 3 mm Ozon, die uns von der Sonne trennen, das Leben auf der Erde erst ermöglicht. Jede Veränderung in deren Effizienz, sei sie auch klein, wirkt sich direkt auf die Lebewesen, auch die Pflanzen und die Mikroorganismen, aus. Dessenungeachtet haben nur wenig Wissenschaftler auf der ganzen Welt die Wirkungen der ultravioletten Strahlung, die doch den Fortbestand des tierischen und pflanzlichen Lebens auf der Erde direkt beeinflussen, untersucht (wenn auch die Forschungen der vergangenen 20 Jahre zu einem etwas besseren Verständnis der komplexen Probleme, die mit den Klimaveränderungen einhergehen, geführt haben).

Das Gleichgewicht des Lebens auf der Erde hängt mittelbar und unmittelbar von der Energiequelle „Sonnenstrahlung" ab. Alle lebenden Organismen sind auf sie angewiesen, um aus ihr die Energie für die chemischen Stoffwechselvorgänge des Wachstums und der Fortpflanzung zu gewinnen. Das bekannteste Beispiel dieser Umwandlung von Sonnenenergie in chemische Energie ist die Fotosynthese. Die Organismen, die diese Umwandlung nicht selbst vollziehen können, müssen sich in die verschiedenen Nahrungsketten einklinken, um ebenfalls aus der Fotosynthese Nutzen ziehen zu können. Beim Menschen wird die UV-B–Strahlung von der Haut absorbiert und für den Aufbau von Vitamin D verwendet, das für den Knochenstoffwechsel benötigt wird.

Allerdings hat das Sonnenlicht nicht nur positive Auswirkungen. Insbesondere kann Strahlung im UV-B–Bereich von den wichtigsten Molekülen der lebenden Materie, den Proteinen und den Nukleinsäuren, absorbiert werden und dort zerstörerische Wirkung ausüben: beim Menschen Hautkrebs und Grauen Star, bei den Pflanzen und den Meeresmikroorganismen durch Störungen der Zellmembran, des Zellplasmas und der Zellkerne Blockierung der Entwicklung und der Fortpflanzung.

4.2.8 Die Unkenntnis der Dosis–Wirkung–Beziehung

Die Untersuchung der biologischen Wirkungen und der Reaktion der Organismen auf Veränderungen der der ultravioletten Strahlungsintensität wirft mehrere Fragen auf. Die erste betrifft die Beziehung zwischen der Menge der auftreffenden Strahlung und der daraus resultierenden biologischen Aktivität. Es ist genau diese auf die jeweils betrachtete biologische Aktivität bezogene Wirksamkeit des Lichts, durch die die Dosis–Wirkung–Beziehung, eine fundamentale Größe hinsichtlich aller gesundheitlichen Wirkungen, definiert wird. Es muß also festgestellt werden, ob für eine bestimmte Wirkung eine direkte Beziehung zur Intensität und zur Dauer der Einstrahlung (deren Produkt die Dosis ergibt) besteht. Unabhängig von der Gesamtmenge der empfangenen Strahlung ist die biologische Empfindlichkeit auf deren Wellenlänge ein zweiter fundamentaler Parameter. Die Wirksamkeit der Strahlung hinsichtlich eines bestimmten Prozesses wird durch das „Wirkungsspektrum" festgelegt – das Produkt der spektralen Empfindlichkeit des biologischen Prozesses mit dem Spektrum der einfallenden Strahlung.

Die Kenntnis dieser beiden Parameter ermöglicht es, die Auswirkung einer vorgegebenen Änderung des atmosphärischen Ozongehalts auf *die* UV–Strahlung, die biologisch wirksam wird, quantitativ zu berechnen. Wenn man die Gesamtheit aller Wellenlängen unter Berücksichtigung ihrer Fähigkeit zu schädlichen biologischen Wirkungen *im Mittel* betrachtet, so erhält man eine *lineare* Beziehung zwischen dem Ozongehalt und der biologischen Wirksamkeit der UV-B–Strahlung. Für eine Verminderung der Ozonschicht um beispielsweise 5% erhöht sich diese Strahlung um 10%. Dennoch hat auch diese Beziehung nur qualitativen Charakter, da hier ebenfalls Unsicherheiten verbleiben, die mit der mangelhaften Kenntnis der elementaren Prozesse und der Extrapolation der noch ungenau bekannten Dosis–Wirkung–Beziehung zusammenhängen.

4.2.9 Hautrötungen, Krebs und Starerkrankungen

Rötung, Blutandrang in der Haut und Hauttumore wurden schon oft als Beispiele für die Schädlichkeit der ultravioletten Sonnenstrahlung angeführt. Wenn es sich dabei auch für die Biosphäre um geringfügigere Wirkungen handelt als es etwa genetische Mutationen oder die Verhinderung der Fotosynthese sind, so belegen sie doch in charakteristischer Weise, daß die Verminderung der Ozonschicht ein Schlag gegen die Gesundheit der Menschen ist. Die Mehrzahl der Untersuchungen führen in weitgehender Übereinstimmung zu dem Ergebnis, daß in einem Land mittlerer Breite wie Deutschland eine Ozonabnahme um x% die krebserzeugende Wirkung der Sonnenstrahlung um 2x% erhöht.

Nach den zu Beginn der achtziger Jahre vorliegenden Zahlen treten jedes Jahr in Frankreich rund 18.000 neue Fälle von Hautkrebs auf [7]. 97% davon sind Epitheliome, Tumore, die von einer Degenerierung der äußeren Hautschicht herrühren und die nicht sehr bösartig sind. Sie sind in den meisten Fällen heilbar, wenn die Diagnose früh genug erfolgt; immerhin kommt es dadurch pro Jahr zu 90 Todesfällen. 3% hingegen sind Melanome, Hauttumore von sehr hoher Malignität, die in einem von drei Fällen tödlich verlaufen und in Frankreich rund 180 Todesopfer pro Jahr fordern. Wenn man mit aller gebotenen Vorsicht unterstellt, daß die Beziehung zwischen der Erhöhung der ultravioletten Strahlungsmenge und der Häufigkeit von Hautkrebsen linear bleibt, so würde eine Verringerung der Ozonsäule um 5% die Krebshäufigkeit um 10% und die Todesfälle um 30 pro Jahr erhöhen, wobei die gesamte jährliche Krebssterblichkeit in Frankreich ungefähr 0,2% bzw. 100.000 Todesfällen entspricht. Eine analoge Studie in den USA berechnet die gesamten durch die Zunahme der ultravioletten Strahlung hervorgerufenen Hautkrebsfälle und kommt für den gegenwärtigen Bevölkerungsstand auf zusätzlich 1 Million Epitheliome und 12.000 Melanome.

---

[7] Da französische und deutsche Haut im wesentlichen gleich sind, erhält man die für Deutschland gültigen Zahlen durch Multiplikation mit 1,5 , das ist der Faktor, um den die Bevölkerung Deutschlands die Frankreichs übersteigt.

Das entspricht fast 20.000 zusätzlichen Todesopfern, die auf das Konto der verminderten Ozonschicht gehen.

Man erkennt aber auch deutlich die Schwierigkeiten, mit denen die epidemiologischen Untersuchungen zu kämpfen haben, wenn sie derartige Wirkungen nachweisen wollen – umso mehr, als die Ursachen für das Auftreten von Hautkrebs keineswegs eindeutig sind. So hat weltweit die Zahl der Melanome von 1974 bis 1983 jährlich um 3% bis 4% zugenommen. Obwohl die meisten wissenschaftlichen Untersuchungen zeigen, daß eine lange Einwirkung von UV-B–Strahlung einen direkten Einfluß auf das Auftreten von Hautkrebs hat, können andere äußere Faktoren ebenfalls eine bestimmende Rolle spielen. So entwickeln Arbeiter an freier Luft weniger Melanome, aber mehr Epitheliome als Menschen, die sich meist in geschlossenen Räumen aufhalten. Dort findet man den Einfluß anderer krebserzeugender Substanzen wie Teer, Schweröl, Ruß oder Arsen. Vergessen wir auch nicht, daß unsere Lebensart die Ferien weitgehend der Sonne gewidmet hat: einige Wochen Sonnenbad an einem tropischen Strand läuft auf eine Verdoppelung der aufgenommenen UV-B–Strahlung hinaus. Von den Bräunungslampen wollen wir gar nicht erst reden! Das Problem besteht darin, alle diese unterschiedlichen Ursachen zu erfassen und die Wirkungen, die direkt mit der Verminderung der Ozonschicht zusammenhängen, herauszufiltern.

Eine Klärung kann auch von einer besseren Kenntnis der Elementarprozesse kommen. Bedeutende Fortschritte in der Krebserzeugung durch Strahlung wurden dabei mit Hilfe von Tierversuchen erzielt, bei denen die Krebsentstehung in den Bindegeweben und der Lederhaut unter dem Einfluß von Licht untersucht wurde. Diese zur Zeit im Gang befindlichen Forschungen erlauben, die Wirkungen der verschiedenen für Hautkrebs verantwortlichen Faktoren zu isolieren und quantitativ zu beschreiben. Die letzte Schwierigkeit besteht dann darin, ob diese Ergebnisse auch für den Menschen Gültigkeit haben, wenn auch die Anwendung der Resultate von Tierversuchen auf den Menschen in anderen Bereichen der Fotobiologie der Haut bereits von Erfolg gekrönt waren.

Eine andere direkte Auswirkung der ultravioletten Strahlung auf die Menschen ist der Graue Star, eine fortschreitende Trübung der Augenlinse, die das Sehvermögen stark beeinträchtigt und die ohne Operation am Ende zur Blindheit führt. Gegenwärtig leiden auf der ganzen Welt 30 bis 45 Millionen Menschen an Sehschwäche durch den Grauen Star, 12 bis 15 Millionen davon sind erblindet. Auch wenn die genauen Ursachen des Grauen Stars noch nicht bekannt sind, so stützen doch epidemiologische Studien, Tierversuche und biochemische Analysen die Annahme, daß sein Auftreten mit der UV-B–Strahlung der Sonne zusammenhängt. Sicher spielen auch andere Faktoren wie z.B. die Unterernährung eine Rolle bei diesem Augenleiden, aber es ist vorstellbar, daß eine Zunahme der UV-B–Strahlung durch die Ausdünnung der Ozonschicht Grauen Star in erhöhtem Maß auslöst. Die jüngsten, auf epidemiologische Untersuchungen gegründeten Zahlen weisen daraufhin, daß eine Verminderung der Ozonschicht um 10% eine Zunahme des Grauen Stars um 0,3% bis 0,6% bewirkt.

4.2.10 Immunabwehr und genetische Mutationen

Verstärkte UV-B–Strahlung ruft bedeutende Veränderungen in den Immunreaktionen bei Mensch und Tier hervor, die in den meisten Fällen auf eine Schwächung der Immunabwehr hinauslaufen. Übrigens beschränken sich die direkten Auswirkungen der Strahlung nicht auf die unmittelbar betroffenen Hautpartien. Vielmehr wird eine ganze Kaskade von Vorgängen ausgelöst, indem zuerst ein bestimmter Zelltyp inaktiviert wird. Dies blockiert die Produktion von Antikörpern, die für das Immunsystem des Organismus unerläßlich sind. Daraus folgt beim Menschen eine Zellvermehrung, die wiederum das Auftreten von immununterdrückenden Substanzen fördert. Diese können schließlich die Synthese von Nukleinsäuren in verschiedenen Zellstammbäumen hemmen. Die Folgen einer solchen Veränderung des Immunsystems sind schwierig abzuschätzen. Zweifellos tragen sie dazu bei, die Empfindlichkeit für Hautinfektionen zu erhöhen, und begünstigen die Entstehung von Hautkrebsen, besonders von Melanomen.

Der Mensch ist nicht der einzige, der unter der möglichen Erhöhung der ultravioletten Strahlung leidet. Die marinen Ökosysteme, und hier vor allem die Mikroorganismen, die in den Nahrungsketten der höheren Lebewesen eine entscheidende Rolle spielen, sind besonders abhängig vom Gleichgewicht der Strahlung. Laborexperimente haben gezeigt, daß die UV-B–Strahlung einer der begrenzenden Faktoren für die Fruchtbarkeit der Fische und Schalentiere, für die Entwicklung deren Larven und für das Wachstum der zur Ernährung der Meereslebewesen nötigen Pflanzen ist. In klarem Wasser wirkt die Sonnenstrahlung bis in etwa 20 m Tiefe, wobei starke Turbulenz die Wirkung im allgemeinen auf wenige Meter Tiefe begrenzt. Diese Werte entsprechen wenigen % der obersten Schicht der Ozeane, die euphotische Schicht genannt wird. In ihr ermöglicht das eindringende Licht Fotosynthese. Eine Zunahme der UV-B–Strahlung kann Änderungen in der Zusammensetzung der marinen Ökosysteme bewirken. Allerdings verlaufen solche Mutationen langsam, über mehrere Jahrzehnte hinweg, während die charakteristische Zeitskala für das Wachstum und die Erneuerung der Mikroorganismen und des Planktons wenige Tage beträgt. Auch hier sind die Folgen nur schwer quantitativ zu erfassen, da diese mutagene Aktivität lediglich *ein* Faktor in der Populationsentwicklung der Mikroorganismen ist. Deren Entwicklung hängt ebenso von Schwankungen der Temperatur und des Salzgehalts des Wassers und vom Nährstoffangebot ab. Außerdem kann vermehrte UV-B–Strahlung auch die Selektion neuer, resistenter Mutanten anregen.

Schädliche Entwicklungen in den marinen Ökosystemen sind heute nicht mehr nur eine potentielle Gefahr. Man hat sich angewöhnt, zu argumentieren, daß die Folgen des Ozonlochs über dem antarktischen Kontinent begrenzt bleiben, und zwar zum einen dadurch, daß die Sonneneinstrahlung zu Beginn des Frühjahrs in hohen geografischen Breiten sowieso nur schwach ist, zum anderen dadurch, daß sich die Bevölkerung auf einige wenige dick eingekleidete Forscher beschränkt. Dabei wird vergessen, daß die Oberflächenschichten des antarktischen Ozeans überaus bedeutsam für die Fotosynthese sind und eine nicht vernachlässigbare Rolle im globalen Gleichgewicht der Ozeane spielen. Nun war aber 1987, in dem Jahr, in dem die maximale Ozonverminderung beobachtet wurde, die Intensität der UV–Strahlung an der Meeresoberfläche zwischen dem 1. und dem 10. November höher als die Ende Dezember im Mittel beobachtete. Die Mikroorganismen waren also einer Strahlung ausgesetzt, die höher war als alles, was sie bis dahin kannten. Freilich war dieser Maximaleffekt nur von kurzer Dauer, aber denken wir auch daran, daß die Ozonschicht südlich des 60. Breitengrads bereits seit 1979 um 9% zurückgegangen ist, wodurch sich die UV–Einstrahlung in diesen Bereichen um fast 20% erhöht hat!

4.2.11. Auch Pflanzen sind bedroht

Wie für die marinen Ökosysteme ist es auch für die Pflanzenwelt schwierig, die Langzeitfolgen einer Änderung des Ozongehalts der Atmosphäre quantitativ genau zu erfassen. Sie hängen einerseits mit dem erhöhten Fluß ultravioletter Strahlung am Boden, andererseits mit den möglichen klimatischen Veränderungen zusammen. Die Hauptwirkung der UV–Strahlung betrifft wieder die Fotosynthese, die im wesentlichen vom sichtbaren Licht und von der UV-A–Strahlung angetrieben wird, die aber von UV-B–Strahlung mit Wellenlängen kürzer als 300 nm unterdrückt werden kann. Langfristig scheint diese Unterdrückung durch eine Schädigung der Nukleinsäuren und der Nukleoproteine bewirkt zu werden. Kürzerfristig kann die UV-B–Strahlung die Chloroplasten, das sind die Chlorophyllkollektoren, die von sichtbarem Licht angeregt werden und unentbehrliche Bestandteile der Fotosynthesekette sind, lahmlegen oder zerstören. Wieder scheint die relative Änderung, die sich für die hemmende Wirkung auf die Fotosynthese ergibt, in erster Näherung der relativen Änderung der Ozonsäule direkt proportional zu sein. Allerdings hängt der Proportionalitätskoeffizient stark von den Bedingungen der Einstrahlung ab. Zwischen dem Pol und dem Äquator wächst er sehr schnell um einen Faktor zwischen 5 und 10. Ein natürlicher Anpassungsvorgang an die Intensität der UV–Strahlung hat übrigens bei einigen hochwachsenden Pflanzenarten zur Bildung von Lichtschutzpigmenten, den Flavoiden, geführt. Ein derartiger Mechanismus ist der Bräunung der menschlichen Haut durch Melaninproduktion ähnlich. Man könnte sich also vorstellen, daß eine solche Anpassung im Fall erhöhter UV–Strahlung eintritt und möglicherweise eine verbesserte Widerstandsfähigkeit der Pflanzen durch natürliche Auslese oder Neueinstellung ihrer Reproduktionsrate zur Folge hat.

4.2.12 Direkte Auswirkungen in der niederen Atmosphäre

Der Treibhauseffekt und die Ausfilterung der ultravioletten Sonnenstrahlung hängen im wesentlichen mit den Absorptionseigenschaften des Ozonmoleküls im ultravioletten, sichtbaren und infraroten Spektralbereich zusammen. Wir müssen wegen der rapiden Erhöhung des Ozongehalts in der niederen Troposphäre (um 1% bis 2% im Jahr) aber auch die direkten chemischen Auswirkungen auf die Gesundheit des Menschen und auf die Landökosysteme betrachten. In manchen großen Industriemetropolen wie Los Angeles, Mexiko City, Rio de Janeiro und auch in bestimmten Gebieten hoher Industriekonzentration, wie dem Ruhrgebiet oder in Nordfrankreich, ist die Luft stark mit Oxidantien verschmutzt. Die Bevölkerung ist dort Ozonkonzentrationen ausgesetzt, die weit über den normalen Mittelwerten liegen. Besonders anfällige Menschen wie Asthmatiker und Bronchitiker kommen in Atemschwierigkeiten, die ihre Einweisung in die Klinik nötig machen kann. Aber diese Auswirkungen können erst dann richtig quantifiziert werden, wenn die detaillierten epidemiologischen Untersuchungen zu Ende geführt sind, welche die Dosis–Wirkung–Beziehung präzise aufzustellen erlauben und die synergetischen Effekte zwischen den verschiedenen Schadstoffen berücksichtigen. Vergessen wir nicht, daß die wichtigste Ursache für Erkrankungen der Lunge und der Atemwege die Nikotinvergiftung ist, und daß für gewisse Gase die Verschmutzung innerhalb geschlossener Räume, sowohl in Wohnungen als auch in Fabriken, die Verschmutzung der Außenluft übertreffen kann. Nichtsdestoweniger empfiehlt die Weltgesundheitsorganisation aus Vorsorgegründen eine Neufestsetzung der Grenzwerte für die annehmbaren Ozonkonzentrationen. Die zur Vermeidung jedes gesundheitlichen Risikos vorgeschlagenen Richtwerte entsprechen einer relativen Konzentration von 75–100 Milliardsteln als Stundenmittel und 50–60 Milliardsteln für eine Exposition von mehr als acht Stunden. Dabei beträgt die mittlere Ozonkonzentration in der Troposphäre außerhalb der verschmutzten Gebiete bereits 30 Milliardstel!

Das Ozon und andere Fotooxidantien wie Perazetylnitrat und Wasserstoffperoxid, die durch chemische Reaktionen in der Troposphäre erzeugt werden, haben zerstörerische Wirkungen auf die Ökosysteme an Land. Diese hängen mit der Oxidation organischer Bestandteile in den Pflanzen, mit der Zerstörung der Chloroplasten und mit der Hemmung der Fotosynthese zusammen, wobei die verschiedenen Pflanzenarten unterschiedlich empfindlich darauf reagieren. So sind der Tabak, der Spinat, die Bohnen, die Kohlarten, der Lattich und die Luzerne besonders empfindlich; wenn sie starken Ozonkonzentrationen ausgesetzt sind, können sich Flecken auf ihren Blättern bilden. Man hat auch nachgewiesen, daß bei den empfindlichsten Kulturen wie Soja, Baumwolle und Spinat ein Ozongehalt über 50 Milliardstel während des Wachstums einen Ertragsrückgang um 10% bis 15% zur Folge haben kann. Bei einem ähnlichen Ozongehalt, wenn er über mehrere Wochen anhält, kann das Wachstum mancher Pinien- und Pappelarten stark verlangsamt sein. Auch als Mitverursacher des Waldsterbens ist das Ozon im Verdacht. Dieser stützt sich auf eine mögliche Zunahme der Zelldurchlässigkeit der Blätter oder Nadeln bei erhöhter Ozonkonzentration. Die lebenswichtigen Nährstoffe werden dann von Nebel- und Regentröpfchen leichter aus den Blättern herausgelaugt. Allerdings sind die elementaren Mechanismen, mit denen die in Feldversuchen beobachteten Dosis–Wirkung–Beziehungen erklärt werden könnten, noch nicht erforscht.

Längerfristig kann die Einwirkung des Ozons die Empfindlichkeit der Vegetation auf andere biotische oder abiotische Einflüsse erhöhen. Wir verstehen indes derartige Wechselwirkungen zu wenig. Das gleiche gilt für die Verbindung zwischen dem Ozon und anderen klimatischen Parametern wie Trockenheit oder Eis. Eine Schwelle, jenseits derer die Ozonkonzentrationen in der niederen Atmosphäre irreversible Folgen für die natürliche Balance zeitigen würde, können wir nicht genau angeben.

Die oxidierenden Eigenschaften des Ozons können auch Materialschäden hervorrufen, besonders an Plastiken und gemalten Flächen. Zusätzlich trägt eine verstärkte Sonnenstrahlung zur rapiden Alterung der vom zunehmenden Säuregehalt der Luft angegriffenen Materialien bei. Unzählige historische Monumente sind so heruntergekommen, daß ihre Restaurierung oft beträchtliche Summen erfordert. Ihr „Schutz" erfordert manchmal, sie durch Kopien aus widerstandsfähigerem Material zu ersetzen. Es ist bereits soweit, daß ein Teil des Menschheitserbes nur in geschlossenen Räumen mit sorgfältig gefilterter Luft überdauern kann!

4.2.13 Die Verarmung der Tier- und Pflanzenwelt

Es ist heute offensichtlich, daß die vom Menschen verursachten Veränderungen in der chemischen Zusammensetzung und der thermischen Struktur der Atmosphäre über kurz oder lang das natürliche klimatische und biologische Gleichgewicht der Umwelt stören werden. Diese Aussage muß jedoch, obwohl sie wissenschaftlich begründet ist, nach dem gegenwärtigen Stand unseres Verständnisses der hauptsächlichen Kopplungsmechanismen im wesentlichen qualitativ bleiben. Die quantitative Bewertung der vorhersehbaren Effekte kann erst dann in nennenswertem Umfang voranschreiten, wenn zwei wesentliche Probleme gelöst sind. Das eine betrifft die Beziehung zwischen Dosis und Wirkung, d.h. zwischen der Erhöhung der menschlichen Schadstoffquellen und der Verminderung der Ozonschicht samt ihren klimatischen und biologischen Folgen. Das zweite Problem berührt das Verständnis der Reaktionen und Gegenreaktionen, welche die Empfindlichkeit unserer Umwelt auf äußere Störungen abzuschätzen gestatten. Es handelt sich darum, festzustellen, ob das momentane Gleichgewicht stabil oder instabil ist. Im ersten Fall muß man die Zeitskalen, die das gekoppelte System Atmosphäre – Ozean – Biosphäre charakterisieren, möglichst genau angeben. Die Anpassungsfähigkeit der Tier- und Pflanzenarten ist dabei die wichtigste Unbekannte. Im zweiten Fall ist nur eine Frage wichtig: ob der Mensch das neue Gleichgewicht, das sich wahrscheinlich nach mehreren Jahrzehnten oder Jahrhunderten einstellen wird, noch erlebt.

Die Strategie, die zum Schutz der Umwelt auf globaler Skala anzuwenden ist, hängt zum großen Teil von der Antwort auf diese Fragen ab. Es wäre ein gewagtes Glücksspiel, auf die klimatische und biologische Anpassungsfähigkeit des gesamten Systems und auf eine Evolution, die mit dem raschen Anwachsen der menschlichen Störungen Schritt halten kann, zu setzen. Sicher kann in den natürlichen Ökosystemen eine genetische Selektion stattfinden, die zu einem neuen Gleichgewicht führt. Aber sie wäre zweifellos von einem allmählichen Verschwinden mancher Tier- und Pflanzenarten begleitet. Das hat es freilich seit der Entstehung des Lebens auf der Erde immer gegeben, und es stellt sich die Frage: ist das gut oder schlecht? Die Erhöhung der Oberflächentemperatur durch den Treibhauseffekt kann sich als positiv erweisen, falls die natürliche Klimaentwicklung auf eine neue Eiszeit hinläuft. So beachtet heute niemand das Verschwinden der für die Seidenraupen nötigen Maulbeerbäume, was noch im letzten Jahrhundert katastrophal gewesen wäre. Aber in einer Welt, in der zwei Drittel der Menschheit an Unterernährung leiden und in einem chronischen Zustand der Unterentwicklung leben, ist die größte Gefahr unzweifelhaft die Verringerung der Artenvielfalt, der Rückgang der Pflanzenproduktion und das Zerreißen der Nahrungsketten. Unglücklicherweise sind diese Entwicklungen am schwersten vorherzusehen, da sie gleichzeitig klimatische, ökologische und wirtschaftliche Hypothesen erfordern.

4.3 Lösungswege: von der Concorde zum Protokoll von Montreal

Es ist zu bemerken, daß in dem Maß, wie sich die globale Bedrohung der Umwelt verschärft, auch das Bewußtsein für die Dringlichkeit eines gemeinsam abgestimmten Einschreitens immer schärfer wird. Jedoch machen es verschiedene Faktoren schwer, das Problem konkret zu erfassen. Dies gilt sowohl für die Verminderung der Ozonschicht als auch für das Anwachsen des Treibhauseffekts und der oxidierenden Stoffe in der Troposphäre. Die Emission der Schadstoffe ist in den meisten Fällen praktisch unsichtbar, und die mit ihrer Lebensdauer verbundene Verzögerungswirkung führt zusammen mit den Schwierigkeiten im Nachweis der Folgen dazu, daß jeder spektakuläre Effekt und jede direkte Betroffenheit von diesen Umweltvergiftungen ausbleibt. Sie sind auch eher schleichend im Vergleich zu den jüngsten Unfällen in Seveso, in Bhopal und Tschernobyl, im Vergleich zur Verschmutzung des Rheins und den schwarzen Fluten der Amoco–Cadiz und der Exxon–Valdez, die zu Recht für Empörung gesorgt haben. Aber die Gefahr einer Zerstörung der globalen Balance der irdischen Umwelt ist vorhanden, auch wenn sie nicht so direkt sichtbar ist. Sie hat in den letzten zwanzig Jahren zunehmend Kräfte zur Rettung des Planeten mobilisiert. Freilich verlief der Weg seit dem ersten Ozonalarm zu Beginn der siebziger Jahre nicht immer geradlinig. Unsicherheiten und wissenschaftliche Fehler, heftige Debatten in den Medien sowie politischer und wirtschaftlicher Druck haben wiederholt eine ausufernde Polemik entfacht, die auf manche mehr wie ein Ozonkrieg als wie eine Suche nach Übereinstimmung gewirkt hat.

4.3.1 Die ersten Alarmrufe

Die Geschichte mit der Concorde Ende der sechziger Jahre brachte die amerikanischen Wissenschaftler und Ökologen gegen den Überschallflug auf. Der Stand der Kenntnisse erlaubte aber kein wohlbegründetes Urteil über die Anschuldigungen, die in dem Handelskrieg, der wegen dem Projekt Concorde die USA und Europa entzweite, vorgebracht wurden. Das Ozonproblem zeigte sich somit gleich beim erstenmal in einer Atmosphäre der politischen und wissenschaftlichen Kontroverse, deren Nachwirkungen noch Jahre danach zu spüren waren. Dieser erste Alarm, von dem wir heute wissen, daß er wissenschaftlich nicht begründet war, hatte gewichtige Folgen. Durch die wirtschaftlichen Konsequenzen weckte er die Aufmerksamkeit der Politiker und stoppte in den USA das Projekt SST (Supersonic Stratospheric Transport). Zahlreiche wissenschaftliche Komitees wurden ins Leben gerufen, in Frankreich COVOS (Comité pour l'étude des conséquences des vols stratosphérique), in den Vereinigten Staaten CIAP (Climatic Impact Assessment Programme) und COMESA (Comittee on Meteorological Effects of Stratospheric Aviation) im Vereinigten Königreich. Die wissenschaftliche Gemeinschaft wurde dadurch in Bewegung gebracht und war 1974 und 1975, als die FCKW- bzw. die Halon-Problematik aufkam, wesentlich besser gerüstet. Die Vereinigten Staaten gingen übrigens am weitesten, indem beim Kongreß ein Amt für Technologiefolgeneinschätzungen eingerichtet wurde, das ein ständiges Bindeglied zwischen Wissenschaftlern, Politikern und Leuten aus der Wirtschaft wurde. Die großen nationalen Behörden wie die NASA, die EPA (Environmental Protection Agency) und die NOAA mußten auf diese Weise jährlich Bericht über die Forschungsfortschritte erstatten. Sie riefen mehrere Komitees ins Leben, die ebenso für die Beurteilung der wissenschaftlichen Aspekte des Ozongleichgewichts wie für die klimatischen, biologischen und wirtschaftlichen Konsequenzen einer möglichen Abnahme der Ozonschicht zuständig waren.

Auch die Industriellen blieben nicht untätig. 1974 begannen die beiden wichtigsten FCKW-Hersteller, DuPont in Nemours (USA) und Imperial Chemical Industries (GB), mit Forschungsprogrammen für Ersatzstoffe. Gleichzeitig bildeten die Erzeuger eine Lobby und schufen innerhalb der Chemical Manufacturers Association (CMA) einen Ausschuß, den „Fluorocarbon Program Panel", dessen Rolle im wesentlichen die Förderung der FCKW-Forschung war. Zunächst schien er sein Hauptziel darin zu sehen, die Harmlosigkeit der FCKW für die Atmosphäre nachzuweisen. Das führte zu ziemlichen Spannungen mit der Wissenschaftlergemeinde. Noch herrschte die Kontroverse vor. Jedes neue Ergebnis wurde verwendet, um zu zeigen, wie wenig Glauben man den vorher vorgebrachten Hypothesen schenken konnte. Aber Schritt für Schritt gewann die wissenschaftliche Ethik die Oberhand. Die von der Industrie finanzierten Forschungen verliefen dann in voller Übereinstimmung mit denen der nationalen oder internationalen wissenschaftlichen Behörden.

4.3.2 1976 bis 1980: die ersten freiwilligen Maßnahmen

Ab 1976 kam es zu ersten freiwilligen Beschränkungen des Verbrauchs an FCKW, die in erster Linie ihre Verwendung als Treibgas in Spraydosen betrafen. Diese für die breite Öffentlichkeit bestimmten Erzeugnisse waren unter den FCKW-Produkten am besten bekannt und machten damals fast die Hälfte des Gesamtverbrauchs der FCKW aus. Es sind aber auch gleichzeitig die Erzeugnisse, deren Verwendung am unnötigsten ist und die deshalb am angreifbarsten erscheinen. Es ist keineswegs undenkbar, zu den Zerstäubern unserer Eltern und

Großeltern zurückzukehren. Außerdem gibt es Ersatzstoffe, obwohl die Ungiftigkeit und die Nichtentflammbarkeit der FCKW ursprünglich dazu beigetragen hatte, diese zu verdrängen. 1976 schlug die deutsche Industrie eine freiwillige Beschränkung der Verwendung von FCKW 11 und FCKW 12 in Sprays auf ein Drittel der 1975 erzeugten Menge vor. Die Schweden gingen noch weiter, vielleicht, weil sie selbst keine FCKW herstellen, und verboten 1977 diese beiden FCKW in Sprays ganz. 1978 folgten ihnen die USA, die aber die medizinische Anwendung (vor allem zur Sterilisierung) von diesem Verbot ausnahmen. Norwegen folgte 1979 und Kanada 1980. Die EG nahm eine abwartende Haltung ein, da sie von den verschiedenen Ländern in einander widersprechender Weise unter Druck gesetzt wurde. 1980 tat sie einen ersten Schritt, indem sie empfahl, die Produktionskapazität der FCKW 11 und FCKW 12 einzufrieren und ihre Verwendung in Spraydosen allmählich zu senken. Es war eine bloße Absichtserklärung, die aber von drei Nichterzeugerländern in Anwendungsbestimmungen umgesetzt wurde: von Dänemark, das die Verwendung der FCKW in Sprays 1984 ganz verbot, sowie von Belgien und Spanien. Das beste wäre freilich, das Problem an der Wurzel zu packen und nicht die Verwendung, sondern die Herstellung der FCKW zu regeln. Bei der ersten Lösung besteht die Gefahr unerwünschter Folgen insofern, als die Hersteller sofort neue Anwendungen für ihre Erzeugnisse suchen können. Wenn auch die ersten Verbote zu einer weltweiten Verringerung der FCKW-Produktion führten (für die der CMA angeschlossenen Länder von 800.000 Tonnen 1976 auf 625.000 Tonnen 1982), so nahm diese 1983 wieder zu und erreichte 1986 und 1987 historische Rekordwerte. Offensichtlich reicht das Verantwortungsbewußtsein der Unternehmen nicht aus, um ihre kurzfristigen wirtschaftlichen Interessen dem langfristigen Allgemeinwohl unterzuordnen.

4.3.3 Ein konzentrierter Weltmarkt

Diese ersten regulierenden Maßnahmen waren vereinzelte und begrenzte Aktionen. Seit dem Ende der siebziger Jahre wurde es offenkundig, daß Anstrengungen auf internationaler Ebene notwendig sind. In der Tat wäre dies der einzige Weg, um der globalen Natur des Problems zu entsprechen und gleichzeitig zu vermeiden, daß wirtschaftliche und politische Spannungen den FCKW-Markt destabilisieren (bis dahin war er so gut organisiert, daß man gelegentlich von einem Kartell sprechen mußte!). In wirtschaftlicher Hinsicht steht sehr viel auf dem Spiel, wesentlich mehr als beispielsweise beim Überschallflug. Der Jahresumsatz der FCKW beträgt weltweit rund 5 Milliarden DM. Wenn man sämtliche industriellen Anwendungen einbezieht, kommt man sogar leicht auf 100 Milliarden DM. Nach Angaben der Hersteller sind in den USA, wo 35% der Weltproduktion konzentriert sind, mehr als 700.000 Beschäftigte betroffen. Der Markt ist noch lange nicht gesättigt und die Nachfrage übersteigt das Angebot. In den USA erreicht die pro Einwohner jährlich erzeugte Menge 1 kg. In allen anderen Ländern ist sie allerdings wesentlich niedriger: 200 g in Westeuropa, 500 g in Japan und den asiatischen Ländern. Man schätzt deshalb die erreichbaren jährlichen Wachstumsraten des Marktes in den industrialisierten Ländern auf über

10%, alle Anwendungen einberechnet. Dabei sind die enormen Bedürfnisse der Dritten Welt hinsichtlich Kühl- und Klimatisierungsanlagen noch gar nicht voll berücksichtigt!

Dieser ungeheure weltweite Markt zeichnet sich zudem durch eine sehr starke Konzentration der Produktion aus. In den fünf Haupterzeugerländern – die USA, Japan, Frankreich, Großbritannien und die BRD – sind 75% der Weltproduktion von 1,15 Millionen Tonnen 1988 konzentriert. Der Beitrag der Dritten Welt beträgt weniger als 5% und kommt fast vollständig aus den zwei Schwellenländern Indien und Südkorea. Die USA sind mit mehr als einem Drittel der Produktion die unbestrittenen Führer der FCKW-Industrie. Sieben große Gruppen teilen sich darein, unter denen wiederum der weltgrößte Hersteller, DuPont in Nemours, allein 25% ausmacht. Die EG liegt mit 35% der Gesamtproduktion ebenfalls gut im Rennen, die bedeutendsten Firmen sind Atochem in Frankreich, ICI in Großbritannien und Hoechst in der Bundesrepublik Deutschland. In den Niederlanden, Spanien, Italien und Griechenland gibt es Filialen der großen Gruppen. Den Rest der Weltproduktion teilen sich die südostasiatischen Länder Japan, Korea und Thailand mit 15% und die Länder der kommunistischen Welt mit 10%.

Dabei handelt es sich jedoch lediglich um die Produktionskapazität. Um die Interessengegensätze zu erklären, die bei den wirtschaftlichen Verhandlungen zunächst zwischen den großen Industriegruppen, sodann aber auch zwischen den Staaten auftreten, müssen noch andere Faktoren berücksichtigt werden. Für die Industriegiganten in den USA, in Großbritannien und der BRD stellen die FCKW nur einen kleinen Teil ihrer gesamten Produktionspalette dar, weniger als 5%. Für kleinere wie Atochem tragen sie dank ihrer großen Rentabilität wesentlich zu einer stabilen Handelsbilanz und zum Profit der Gruppe bei. Auch die Herstellungskosten sind unterschiedlich, in den USA doppelt so hoch wie in Europa und Japan. Wenn man schließlich die Gesamtheit der FCKW betrachtet ohne die verschiedenen Produkte zu unterscheiden, so exportieren die europäischen Länder außer der Bundesrepublik Deutschland einen großen Teil ihrer Herstellung, bei den USA ist die Export-Import-Bilanz nahezu ausgeglichen und Japan ist ein Importland für FCKW.

4.3.4 Die erste internationale Konferenz: die Übereinkunft von Wien

Es ist deutlich geworden, daß internationale Verhandlungen sehr schwierig sind, trotz der Tatsache, daß der FCKW-Markt auf etwa zwanzig große Industriegruppen konzentriert ist und einen gut durchorganisierten Eindruck macht. Nichtsdestoweniger sind solche Verhandlungen der einzige Weg zu einer globalen Lösung. Eine solche begann 1981 unter dem Dach des Umweltprogramms der Vereinten Nationen, das seinen Sitz in Nairobi (Kenia) hat, Gestalt anzunehmen. Diese Organisation stellte eine technische und juristische Expertengruppe auf, die damit beauftragt war, den Entwurf für eine internationale Übereinkunft vorzubereiten. Es gab wenig neue Ideen, und jedes Land bemühte sich, die von ihm national ergriffenen Maßnahmen weltweit zur Anwendung zu bringen. Die USA priesen ihre Politik des Spraydosenverbots, die sie seit 1978 verfolgten. Die EG hielt an der Beschränkung des Spraydosengebrauchs auf 30% fest, die sie gerade ihren Mitgliedsländern empfohlen hatte. Japan, die östlichen Länder und Südeuropa sowie die Länder der Dritten Welt waren gegen jede Regelung, da sie eine solche angesichts des aktuellen Kenntnisstands als viel zu verfrüht ansahen. Nur die skandinavischen Länder, wo das ökologische Bewußtsein sehr stark ist und die im übrigen nicht zu den Erzeugerländern gehören, schlugen neue Maßnahmen vor, die bis zu einer globalen Emissionsbeschränkung reichten. Sie schwenkten aber sehr schnell auf die amerikanische Linie ein und gründeten mit den USA und Kanada die sogenannte Torontogruppe. Auch die Industrie war direkt und aktiv an diesen Verhandlungen beteiligt, ebenso mehrere regierungsunabhängige Organisationen, die die Verbraucher und die Ökologen repräsentierten. Die Haltung der Industrie war damals sehr kompromißlos. Sie lehnte jedes Verbot der FCKW ab, vor allem der am häufigsten verwendeten FCKW 11 und FCKW 12.

Vier Jahre Diskussion waren notwendig, ehe im März 1985 in Wien ein Übereinkommen zum Schutz der Ozonschicht unterzeichnet werden konnte, das dann unter dem Namen Wiener Übereinkunft bekannt wurde. Obwohl die Unterzeichner in der Präambel die Bedeutung und die Dringlichkeit des Problems unterstrichen, stellt die Übereinkunft hauptsächlich eine „Rahmenvereinbarung" über juristische, wissenschaftliche und technische Zusammenarbeit dar, die die Rolle des Umweltprogramms der Vereinten Nationen absichert. Das Übereinkommen trug dazu bei, Organe auf die Beine zu stellen, die für einen unbestimmten Zeitpunkt eine Übereinstimmungserklärung über regulative Maßnahmen sowohl hinsichtlich des Verbrauchs als auch hinsichtlich der Herstellung der FCKW aushandeln und gleichzeitig die Interessen der unterentwickelten Länder berücksichtigen sollten. Sie wurde von 27 Staaten unterzeichnet, zu denen alle Erzeugerländer gehörten. Aber die wesentlichen Probleme blieben unberührt. Der einzige Konsens, der sich nach dieser ersten Verhandlungsrunde abzuzeichnen schien, war die eventuelle zukünftige Verringerung der Verwendung von FCKW in Spraydosen. Die gesamte Produktion wurde aber keineswegs in Frage gestellt.

In den Jahren 1984–1985 hatten sowohl die Wissenschaftler als auch die Politiker nur ein begrenztes Interesse am Ozonproblem. Da kam das Ozonloch über der Antarktis, das Ende 1985 bekannt wurde, wie ein Donnerschlag aus einem schon fast rein geglaubten Himmel. Die Medien interessierten sich sofort für diese spektakuläre Erscheinung und rüttelten die öffentliche Meinung wach. Der Druck auf die Regierungen verstärkte sich, vor allem in den Ländern, wo die Parlamente die Entwicklung des Problems seit langem verfolgten, wie in den USA und der BRD, und in Ländern wie Skandinavien mit einem traditionell starken Umweltbewußtsein. Aufgrund der Verstärkung durch die Medien galt das Ozonloch fortan als ökologische Katastrophe. Man muß aber feststellen, daß leider bei allen Umweltproblemen das Stadium der „Katastrophe" für eine beschleunigte Bewußtseinsbildung und darauffolgende präzise Regulierungsmaßnahmen unvermeidlich zu sein scheint.

Unmittelbar nach der Aushandlung des Protokolls, das 1986 in Kraft trat, kam es zu neuen Schwierigkeiten. Auf der Seite der Industriellen änderte DuPont seine Haltung. Im Vertrauen auf seine Fähigkeit, dank der seit 1975 genehmigten Investitionen rasch Ersatzstoffe auf den Markt bringen zu können, nahm dieser Konzern die künftigen reglementierenden Maßnahmen, die er für unausbleiblich hielt, vorweg. Mit dem offenkundigen Hintergedanken, einen neuen Markt billig einheimsen zu können, predigte DuPont im September 1986 drakonische Maßnahmen zur Begrenzung der FCKW. Im industriellen Block, der bis dahin einmütig in der Verteidigung seiner Interessen zusammenstand, gab es einen Aufschrei, obwohl DuPont im folgenden Jahr seine Position etwas abmilderte, da der Konzern erkannte, daß die Marktreife der Ersatzstoffe mehr Zeit benötigen würde als anfangs gedacht. Es kam dann wieder die Debatte auf, ob Produktions- oder Verbrauchsbeschränkungen vorzuziehen seien. Im ersten Lager befanden sich Europa und Japan, die auch Importkontrollen vorschlugen. Im zweiten Lager waren die USA und Skandinavien, die für eine wesentliche Verringerung des Verbrauchs eintraten. In den Augen der Amerikaner, die praktisch keine FCKW exportierten, hatte diese Lösung den Vorteil, die europäischen Länder, bei denen ein Großteil der Herstellung in den Export geht, in Schwierigkeiten zu bringen. Wie in allen internationalen Verhandlungen waren die wirtschaftlichen Sonderinteressen keineswegs vergessen! Indessen schlug niemand den dritten Weg vor, nämlich die Regulierung der Emissionen. Eine solche Regelung würde die Nichterzeugerländer stärker in die Verantwortung stellen und kreative Entwicklungen hinsichtlich der Wiedergewinnung und -verwendung der FCKW fördern. Es mag allerdings sein, daß die Überprüfung zu schwierig wäre.

Die Verhandlungen waren also heikel und oftmals gespannt, mit manchmal spektakulären Wendungen und Annäherungen, die, wenn auch diskret, so doch nicht weniger wirksam waren – wie die zwischen der deutschen und der französischen Position innerhalb der EG. In diesem Moment wurden neue wissenschaftliche Daten verfügbar. Diese bestätigten nach den ersten Kampagnen im Südwinter 1986 und noch mehr nach der großen luftgestützten Unternehmung 1987, daß die chlorierten Bestandteile für das Ozonloch verantwortlich sind. Durch die Medien und die ökologischen Verbände alarmiert, verlangte die öffentliche Meinung wirksame Maßnahmen bis hin zum totalen Verbot. Die vertragstechnischen Probleme wurden allmählich durch Kompromisse gelöst. Kanada schlug z.B. vor, das Prinzip einer gleichzeitigen Beschränkung von Verbrauch und Herstellung anzuwenden. Frankreich bestand ebenso darauf, daß die Interessen der Länder der Dritten Welt durch spezielle Regelungen zum Schutz ihrer künftigen Entwicklungsfähigkeit berücksichtigt werden. Es waren also alle Voraussetzungen erfüllt, um eine Vereinbarung zur Reglementierung von Erzeugung und Verbrauch, von Ex- und Import der FCKW zu unterzeichnen. Ein Problem blieb allerdings noch zu klären. Sollte man angesichts der Unterschiedlichkeit der betroffenen Erzeugnisse – FCKW, Halone und andere organische Chlorverbindungen – eine einheitliche Regel anwenden oder die Maßnahmen je nach der Ozonschädlichkeit der einzelnen Produkte abstufen?

4.3.5 Das Ozone Depleting Potential oder Wie mißt man die Schädlichkeit der FCKW?

Die Experten haben nun ein Meßverfahren eingeführt, das es ermöglicht, die verschiedenen Bestandteile hinsichtlich ihrer ozonzerstörenden Wirkung quantitativ miteinander zu vergleichen. Es ist unter dem englischen Kürzel ODP, Ozone Depleting Potential bzw. ozonzerstörendes Potential, bekannt geworden und definiert einen Index, der die Fähigkeit eines am Boden emittierten Gases zur Ozonzerstörung mißt. Hinter diesem seltsamen Kürzel verbirgt sich freilich ein komplexes wissenschaftliches Problem. Der ODP-Index muß ja mehrere Faktoren, vor allem die atmosphärische Lebensdauer der betrachteten Substanz, berücksichtigen. Je länger diese ist, umso mehr nähert sich der in die Stratosphäre gelangende Teil der gesamten emittierten Menge an. Die Lebensdauer abzuschätzen ist besonders für die Substanzen schwierig, die in der Troposphäre chemisch reagieren können. Abgebaut werden sie dort hauptsächlich durch das Hydroxylradikal OH, dessen relative Konzentration noch kaum bekannt ist. Diese Unsicherheiten wirken sich unmittelbar auf die Berechnung der Lebensdauer aus. Der zweite Faktor ist natürlich die Anzahl der Chlor- und Bromatome, die im jeweiligen Molekül vorhanden sind und in der Stratosphäre direkt oder indirekt von der Sonnenstrahlung freigesetzt werden können. Je größer diese Zahl ist, umso höher ist der ODP-Index. Schließlich kommt es auf die Art des freigesetzten Halogens an, da die ozonzerstörende Wirkung des Broms größer ist als die des Chlors, während das Fluor keine Wirkung auf das Ozon hat.

Die Skala des ODP-Indexes ist eine relative Skala, deren Nullpunkt dadurch festgelegt ist, daß dem FCKW 11 $CFCl_3$ willkürlich der ODP-Wert 1 zugeordnet wird. Die ODP-Indizes der anderen Substanzen werden unter Bezug auf diesen Wert berechnet. So enthält der FCKW 12, CF_2Cl_2, nur zwei Chloratome, aber seine Lebensdauer in der Troposphäre ist doppelt so hoch wie die von FCKW 11, und so ist sein ODP-Index ebenfalls 1. Die ODP-Indizes der anderen FCKW liegen nahe bei 1, z.B. haben die FCKW 113, 114 und 115 die Werte 0,6, 1 und 0,8. Tetrachlorkohlenstoff CCl_4 ist besonders ozonschädlich, da er vier Chloratome enthält. Mit einer Lebensdauer, die etwas kürzer ist als die des FCKW 11, erhält er den ODP-Index 1,2. Die Halone haben aufgrund der größeren katalytischen Wirksamkeit der Bromatome höhere Indizes: 2,7 für Halon 1211 (Bromdichlormethan CF_2BrCl), 5,6 für Halon 2402 (Dibromtetrafluormethan $C_2F_4Br_2$ und sogar 11,4 für Halon 1301 (Bromtrifluormethan CF_3Br), dessen Lebensdauer 101 Jahre beträgt. Am anderen Ende der Skala sind die Substanzen angesiedelt, die ein Wasserstoffatom enthalten und deshalb besonders reaktionsfreudig mit dem OH-Radikal sind, wodurch ihre Lebensdauer in der Troposphäre wesentlich herabgesetzt wird. Das ist z.B. der Fall beim Trichloräthan CH_3CCl, dessen ODP-Index 0,1 beträgt, und beim FCKW 22 oder Chlordifluormethan, CHF_2Cl, dessen ODP-Index nur 0,05 ist, zwanzigmal kleiner als der des FCKW 11, über 200 mal kleiner als der von Halon 1301.

Damit ist eine Hierachie festgelegt. Sie zeigt, daß die FCKW und die Halone in drei Kategorien eingeteilt werden können. Die „klassischen" FCKW, deren ODP-Index nahe bei 1 liegt, stellen den größten Teil der gegenwärtigen Produktion dar. Sie sind für 90% der durch den Menschen verursachten Ozonzerstörung verantwortlich. Die Halone haben ein enormes Zerstörungspotential, aber angesichts der momentan sehr geringen Emissionen tragen sie nur mit weniger als 4% zum Abbau der Ozonschicht bei. Die wasserstoffhaltigen FCKW schließlich haben ODP-Indizes kleiner als 1 und sind wahrscheinlich die zukünftigen Ersatzstoffe.

4.3.6 Das Protokoll von Montreal: beispielhaft oder ungenügend?

Alles war nun bereit für eine internationale Vereinbarung, die schließlich als „Protokoll von Montreal" am 15. September 1987 von 27 der 55 an den Verhandlungen teilnehmenden Staaten unterzeichnet wurde. Diese 27 Staaten sind die USA, Kanada, die skandinavischen Länder, die EG-Länder mit Ausnahme von Spanien und Irland, die Schweiz, Österreich, Japan, Neuseeland, Mexiko, Venezuela, Panama, Marokko, Ägypten, Israel, Ghana, Kenia und Senegal. Außer den Ostblockländern, Indien und China haben alle wichtigen Hersteller- und Verbraucherländer der FCKW das Protokoll unterzeichnet. Die ersteren verlangten eine Denkpause, um sich zu überzeugen, daß die Beweise für die Verminderung der Ozonschicht wissenschaftlich gut begründet sind. Indien und China beharrten auf ihrem eigenen Entwicklungsbedarf, vor allem in bezug auf Kühlung und Klimatisierung. Der potentielle Markt ist dort in der Tat enorm.

Das Protokoll von Montreal bedeutet den Schlußstrich unter einen Prozess, der 1974, als zum erstenmal die FCKW für die Zerstörung der Ozonschicht verantwortlich gemacht wurden, begonnen hatte. Er ist sicherlich eine wichtige Etappe auf dem Weg, die Umweltprobleme global in Angriff zu nehmen. Zum erstenmal unterzeichneten die Regierungen eine Reglementierungsvereinbarung, die die Umwelt über einen Zeitraum von einem Jahrhundert schützen soll – eine viel größere Zeitspanne als die, an welche die hauptsächlich für Wahlperioden sensiblen Politiker sonst gewöhnt sind. Dies ist umso bemerkenswerter, als die Entscheidung auf der Grundlage von wissenschaftlichen Voraussagen getroffen wurde, die nach wie vor mit beträchtlichen Unsicherheiten behaftet und keine direkten Beobachtungen der erwarteten Effekte waren.

Die Wissenschaftler hatten einen wesentlichen Anteil daran, daß die mit der Ozonschicht und dem Treibhauseffekt zusammenhängenden Umweltprobleme international ins Bewußtsein gerückt sind. Sie mußten die Spannung aushalten, einerseits nicht in eine maßlose Katastrophenstimmung zu verfallen, andererseits aber sich der unabweisbaren Notwendigkeit zu stellen, die Verantwortung für ihre Entdeckungen zu übernehmen. Freilich gab es bisweilen wütende Kontroversen. Zum Teil durch die bedeutende finanzielle Unterstützung der beunruhigten nationalen Behörden, für manche Wissenschaftler aber auch durch die Besessenheit, Entdeckungen zu machen, hatte sich ein Konkurrenzklima herausgebildet. Obwohl die Kontroversen von den Medien und der Macht der auf dem Spiel stehenden wirtschaftlichen Interessen noch verschärft worden waren, setzte sich dann doch Schritt für Schritt eine Übereinstimmung durch; sicher erst in jüngster Zeit, aber man muß das an der Zeitskala des wissenschaftlichen Erkenntnisfortschritts messen. 15 Jahre ist eine kurze Zeitspanne, wenn man an die experimentellen und theoretischen Hilfsmittel denkt, die geschaffen werden mußten, um unser Verständnis von einem so komplexen Problem wie dem Gleichgewicht der hohen Atmosphäre voranzutreiben.

Die aufwendigen Forschungshilfsmittel – Satelliten, Flugzeuge, Ballons und Supercomputer – erklären auch die Führungsrolle, die die Vereinigten Staaten in wissenschaftlicher Hinsicht eingenommen haben. Dennoch konnten sich die europäischen Länder im Lauf der Zeit privilegierte Forschungsbereiche nach ihrem

Zuschnitt reservieren, indem sie zunächst eng mit den amerikanischen Labors zusammenarbeiteten und dann ihre eigene wissenschaftliche Dynamik entwickelten. Europa ist heute auf dem Gebiet der Atmosphärenforschung zum wissenschaftlichen Gesprächspartner der USA geworden, und die verschiedenen Länder der EG und Skandinaviens bemühen sich um immer mehr Koordination. Was die wissenschaftlichen Gutachten betrifft, die den Entscheidungen der großen internationalen Behörden wie dem Umweltprogramm der Vereinten Nationen (UNEP) vorausgehen, so spielen die USA allerdings nach wie vor die erste Rolle. Das liegt zu einem großen Teil an der finanziellen Kapazität von Behörden wie der NASA, aber auch an dem ständigen Druck, den das Amt für Technologiefolgenabschätzung des amerikanischen Kongresses auf diese Behörden ausübt. Die Wissenschaftler müssen den politischen Entscheidungsträgern über den Fortschritt der Kenntnisse berichten, und ebenso die maßgeblichen Vertreter der Wirtschaft. Das erhöht ihre Verantwortlichkeit für Entscheidungsprozesse und hat sicherlich einen direkteren und fruchtbareren Dialog zur Folge als die Kontroversen in den Medien. Der deutsche Bundestag hat 1986 mit der Einrichtung einer Enquêtekommission zum Schutz der Erdatmosphäre eine vergleichbare Einrichtung geschaffen, welche die Gesamtheit der Umweltprobleme untersuchen soll, den Treibhauseffekt eingeschlossen. Eine solche Instanz fehlt noch in Frankreich und vielleicht mehr noch auf europäischer Ebene.

Aber wenn auch die Wissenschaftler eine treibende Kraft für das Zustandekommen der Verhandlungen waren, die schließlich zum Protokoll von Montreal geführt haben, so sind sie doch weit davon entfernt, die eigentlichen Entscheidungsprozesse in ihrer Gesamtheit zu kontrollieren. Wir haben bereits die entscheidende Rolle erwähnt, welche die Entdeckung des antarktischen Ozonlochs für die schnelle Bewußtseinsbildung der verschiedenen Beteiligten spielte. Zum Zeitpunkt der Unterzeichung des Protokolls von Montreal bestanden die wissenschaftlichen Unsicherheiten noch fort. In der Tat spiegeln die getroffenen Entscheidungen viel eher einen vorsichtigen Zugang zum Problem und ein politisch-wirtschaftliches Gleichgewicht wider, als eine langfristige Vorausschau über die Zukunft des Planeten. In diesem Sinn zeigt das Protokoll von Montreal inhärente Grenzen. Trotz seines beispielhaften Charakters kann es nur eine Etappe auf dem Weg zur Rettung unseres Planeten sein. Es stellt einen Kompromiß dar, der auf einem Grundkonsens zwischen den Interessen des Staates, der Industrie und derer, die man als Ökologen bezeichnen kann, beruht. Aber schon ist die Frage gestellt, was nach Montreal kommt. Unter diesem Aspekt müssen die Bestimmungen des Protokolls geprüft werden.

4.3.7 Die Reglementierung der FCKW

Auf der Grundlage der relativen Ozonschädlichkeit, wie sie sich im ODP-Index ausdrückt, sind von den Reglementierungsmaßnahmen 5 FCKW und drei Halone betroffen: die FCKW 11, 12, 113, 114 und 115 und die Halone 1211, 1301 und 2402. Die Maßnahmen traten am 1. Januar 1989 in Kraft, wobei die Vorbedingung war, daß elf Unterzeichnerstaaten, die zusammen mindestens zwei Drittel der Weltproduktion repräsentieren, das Protokoll ratifizieren und auf nationaler Ebene entsprechende Maßnahmen treffen. Das Protokoll legt fest, daß die Reduktionsmaßnahmen alle vier Jahre zu überprüfen sind und die jeweils neuesten wissenschaftlichen Ergebnisse berücksichtigt werden. Es kann durch eine Zweidrittelmehrheit der Unterzeichnerstaaten revidiert werden.

Die beschlossenen Maßnahmen entsprechen dem Kompromißvorschlag Kanadas und beziehen sich sowohl auf die Herstellung als auch auf den Verbrauch. In beiden Fällen wird auf den ODP-Index Bezug genommen. Erzeugung und Verbrauch werden weltweit betrachtet und für jeden FCKW entsprechend seinem jeweiligen ODP-Index in der Gesamtsumme gewichtet. Für eine bestimmte Substanz ist die Nettoproduktion die Differenz zwischen der jährlich erzeugten und der jährlich zerstörten Menge. Der Verbrauch ist gleich der Nettoproduktion, zuzüglich der importierten und abzüglich der exportierten Menge. Diese Festsetzung gilt nur bis 1993, danach wird sie für die Exportländer restriktiver, da die exportierten Mengen vom nationalen Kontingent dann nicht mehr abgezogen werden. Schließlich gestattet das Protokoll eine zusätzliche Manövriermasse von 10% der festgelegten Erzeugungsquote bis 1994 und von 15% danach. Diese Bestimmung soll einerseits der Industrie Rationalisierungsmaßnahmen ermöglichen und andererseits dem Importbedarf der Entwicklungsländer entgegenkommen. Sie bezieht sich nicht auf den Verbrauch, aber auch da gibt es eine Regelung zugunsten der Länder der Dritten Welt: wenn ihr jährlicher Pro-Kopf-Verbrauch unter 0,3 kg bleibt, kommen sie in den Genuß einer zehnjährigen Verzögerung in der Anwendung der Bestimmungen des Protokolls.

Die Reduktionsmaßnahmen sind zeitlich gestaffelt. Am 1. Juli 1989 mußten die Herstellung und der Verbrauch der fünf FCKW auf das Niveau von 1986 reduziert sein. Weitere Reduzierungen erfolgen 1994 (um 20%) und 1999 (um nochmals 30%), jeweils bezogen auf das Niveau von 1986. Hinsichtlich der Halone sieht das Protokoll lediglich ein Einfrieren der Herstellung und des Verbrauchs auf dem Stand von 1986 vor, das jedoch nicht vor dem 1. Januar 1992 erfolgen muß – es sei denn, neue wissenschaftliche Entdeckungen erzwingen eine Beschleunigung. Es muß hier festgehalten werden, daß die Erzeugungs- und Verbrauchsmengen für die Summe aller FCKW definiert sind, wodurch einzelne Länder die Produktion der einzelnen FCKW, je nach dem gewünschten Verwendungszweck, variieren können. Unter Berücksichtigung der ODP-Indizes erlaubt z.B. eine Verringerung der Erzeugung von FCKW 11 (ODP-Index 1) um 10.000 Tonnen eine Steigerung der Herstellung von FCKW 113 (ODP-Index 0,6) um 16.700 Tonnen. Diese Klausel begünstigt Länder mit einem großen inneren FCKW-Markt. Deshalb wollte sich die EG auch als undifferenzierte Einheit darstellen. Angesichts dieser „Gefahr" haben die USA einen Artikel erzwungen, der die Bekanntgabe der von jedem einzelnen Land erzeugten Menge vorsieht. Auf diese Weise wird die EG nur hinsichtlich des Verbrauchs als einheitlicher Staat betrachtet. Dadurch, daß in der Definition der Produktion die Importe positiv und die Exporte negativ angerechnet und die FCKW-haltigen Erzeugnisse überhaupt nicht berücksichtigt werden, kommen die Exportländer insofern günstig weg, als sie durch eine Erhöhung der Exporte auch den internen Verbrauch steigern können. Eine solche Politik ist aber nur kurzfristig möglich, da ab 1994 die Exporte nicht mehr angerechnet werden.

Im Prinzip finden alle diese Maßnahmen auf sämtliche Unterzeichnerstaaten Anwendung. Allerdings ist eine gewisse Anzahl von Abweichungen vorgesehen, vor allem für die Entwicklungsländer, die ihre Erzeugung erhöhen können, solange sie im Rahmen der bereits erwähnten 0,3 kg pro Einwohner bleiben. Wenn ein stark bevölkertes Land wie Indien seine Quote voll ausschöpfen würde, beliefe sich seine jährliche Gesamtproduktion auf ungefähr 450.000 Tonnen, das sind fast 50% des gegenwärtigen Werts. Ähnliches gilt natürlich für China und andere Länder. Das schafft freilich das Problem, daß manche Hersteller versucht sein könnten, diesen enormen Markt für sich auszunutzen. Andere Länder kommen in den Genuß eines zeitlichen Aufschubs, vor allem die UdSSR und die Ostblockländer, die Zwänge durch ihre Fünfjahrespläne geltend machten. Diese Bestimmung wurde übrigens ausgedehnt auf alle Länder, deren FCKW-Fabriken zum Zeitpunkt der Unterzeichnung des Protokolls am 15. September 1987 noch im Bau waren. Eine letzte Sondervereinbarung gestattet Ländern, deren Jahresproduktion unter 25.000 Tonnen pro Jahr liegt, Produktionsüberschüsse aus anderen Erzeugerländern aufzunehmen (oder dorthin abzugeben) – allerdings unter der Bedingung, daß keines davon die erlaubten Grenzwerte um mehr als 10% überschreitet. Außerdem muß gesagt werden, daß alle diese Handelsvereinbarungen nur direkt die Roh-FCKW betreffen. Es gibt keine Klausel, die sich klar auf die aus den FCKW hergestellten Folgeprodukte bezieht. Schließlich wird die Haltung gegenüber den nicht zu den Unterzeichnerstaaten zählenden Ländern auf der Grundlage der Handelsbeziehungen geregelt. Importe aus diesen Ländern sind ab 1990 verboten, und Exporte in diese Länder ab 1993. Ab 1994 betreffen diese Bestimmungen darüberhinaus sämtliche unter Verwendung von FCKW hergestellten Produkte.

Das Protokoll von Montreal trat am 1. Januar 1989 nach der Ratifizierung durch die USA, Kanada, Schweden, Norwegen, Japan, Mexiko und die EG-Länder in Kraft. Seine Anwendung hängt jetzt von den auf nationaler Ebene getroffenen regulierenden Maßnahmen ab. Darin liegt eine prinzipielle Schwäche des Protokolls, da nämlich die Lösung eines globalen Problems wiederum von nationalen Initiativen abhängt, wobei jedes Land angesichts der zulässigen Abweichungen einen ziemlich großen Manövrierspielraum hat. Es besteht damit die Gefahr großer Verzerrungen. Die Länder, die bereits seit den siebziger Jahren begrenzende Maßnahmen hinsichtlich bestimmter Anwendungen der FCKW getroffen und damit die Vertragsbestimmungen vorweggenommen haben, haben einen großen Teil ihrer Reduzierungsmöglichkeiten schon ausgeschöpft. Die durch die Bezugnahme auf das Referenzjahr 1986 notwendigen neuen Maßnahmen können dann sehr kostspielig sein. Die Länder, die selbst keine FCKW herstellen, hängen auf Gnade oder Ungnade von der nationalen Politik der Exportländer ab. Sie laufen Gefahr, wichtiger Produkte beraubt zu werden, z.B. der Lösungsmittel für die elektronische Industrie. Ferner gibt es Schätzungen, daß unter der Wirkung der wirtschaftlichen Regulierungsmechanismen eine bedeutende Preiserhöhung der FCKW auf dem Markt zu erwarten ist. Die Umweltschutzbehörde der Vereinigten Staaten berechnet für die Verbraucher jährliche Zusatzkosten zwischen 200 und 600 Millionen Dollar in den kommenden zehn Jahren.

Trotz allem beginnen die ersten Maßnahmen wirksam zu werden. Meist sind sie das Ergebnis von Verhandlungen zwischen dem Staat und den FCKW erzeugenden und verbrauchenden Industriezweigen. So wurden in Frankreich im Februar 1989 fünf Vereinbarungen unterzeichnet. Sie beziehen sich auf den französischen Hersteller Atochem, die Spraydosenhersteller, die Hersteller von Kühlsystemen und, was die Halone betrifft, die Hersteller von Feuerlöschmitteln. Wiedergewinnung und Neuverwertung, Warnungen für die Verbraucher durch Aufschriften, mit denen auf die Schädlichkeit der Produkte hingewiesen wird, eine Verringerung der FCKW in den Spraydosen um 90% ab 1991 und Einführung von Ersatzstoffen: alle diese Maßnahmen bedeuten einen wesentlichen Fortschritt, der übrigens in einigen Bereichen über das Protokoll von Montreal hinausgeht.

4.3.8 Die doppelt angeklagten FCKW

Die von den Medien auf die Umweltprobleme gerichteten Scheinwerfer, der Druck der öffentlichen Meinung in den reichen Ländern, die Ratifikation des Protokolls und die erneute Sorge der Wissenschaftler beschleunigen heute den Reglementierungsprozess. Die Reglementierung ist übrigens auf dem Niveau eines einzelnen Landes schwer zu kontrollieren. Während sich die Erzeugerländer auf eine flexible Auslegung des Protokolls zurückziehen möchten, wünschen andere Länder, vor allem solche ohne eigene Produktion wie in Skandinavien, weitergehende Maßnahmen und ein schnelleres Tempo. Sie brachten die wissenschaftliche Feststellung ins Gespräch, daß die strikte Anwendung des Protokolls bis zum Jahr 2040 zu einem Gehalt der Stratosphäre an Chloräquivalenten von 6 Milliardsteln führt, das ist fast zehnmal so viel wie in der vorindustriellen Zeit. Nach unserem gegenwärtigen Verständnis des Gleichgewichts in der Ozonschicht wird das Ozonloch über dem antarktischen Kontinent jedes Jahr wieder auftreten, mit einer Stärke, die durch die natürliche Variabilität der Atmosphäre moduliert wird. Ein beständiger Ozonschwund in der hohen Atmosphäre wird die Folge sein, die durch keine Erhöhung der Ozonproduktion in niederen geografischen Breiten wettgemacht wird. Diese 6 Milliardstel bedeuten auch eine Verdoppelung gegenüber dem heutigen Wert. Die jüngst beobachteten chemischen Bedingungen in der arktischen Atmosphäre lassen fürchten, daß dort ab einer Schwelle, die wir noch nicht mit Bestimmtheit ermitteln können [8], ähnliche Prozesse in Gang kommen wie am Südpol.

Aber die FCKW werden nicht nur der Ozonzerstörung angeklagt. Aufgrund ihrer Strahlungseigenschaften im infraroten Wellenlängenbereich tragen sie mit 10% bis 15% zur Verstärkung des Treibhauseffekts und damit zur Erhöhung der Oberflächentemperaturen bei. Als doppelt Angeklagte wird ihre Verteidigung praktisch unmöglich. Das Problem besteht eigentlich nur darin, festzulegen, ab

---

[8] Anmerkung zur deutschen Ausgabe: dies gilt nach wie vor

wann ihr totales Verbot in Kraft treten soll. Lassen uns die natürlichen Regulationsmechanismen des Planeten die Zeit zu einer schrittweisen Verringerung, oder müssen wir brutal eingreifen, selbst auf die Gefahr hin, die Wirtschaftspolitik unter großen ökonomischen und sozialen Kosten über den Haufen zu werfen?

Die Antwort auf diese Frage kann nur von einem konzertierten Zusammenwirken der Entscheidungsträger aus Politik, Wissenschaft und Industrie gegeben werden. Jedoch lassen, wie auch in der Schlußphase der Verhandlungen zum Protokoll von Montreal, die wissenschaftlichen Unsicherheiten so bedeutenden Spielraum für wirtschaftliche Interessen, daß die letztliche Entscheidung einfach aus dem Gleichgewicht der verschiedenen Einflußgruppen resultiert. In der Tat führen wirtschaftliche Vorsicht, wachsende Unruhe in bezug auf das Überleben des Planeten, nationale Logik und der Druck der Medien zu vielfältigen, einander oft widersprechenden Entscheidungen. Sie verraten die große Unentschlossenheit der verschiedenen Handlungsträger angesichts eines Problems, dessen räumliche und zeitliche Erstreckung den gewohnten Rahmen der sozialen und wirtschaftlichen Überlegungen bei weitem übersteigt.

4.4 Ein gemeinsamer Kampf zur Rettung des Planeten

Seit 1987 schlagen mehrere Länder vor, über das Protokoll von Montreal hinauszugehen. Die BRD verlangt eine Einschränkung des Gebrauchs der wichtigsten in Spraydosen verwendeten FCKW um 90%. Die Schweiz und die Niederlande haben sich dem angeschlossen, während sich in Großbritannien die Hersteller von Kosmetika freiwillig Selbstbeschränkungen auferlegen, aus Sorge vor einem möglichen Boykott der Verbraucher. Neuseeland hat die Verwendung von FCKW 11 und 12 in Spraydosen endgültig verboten. Schweden sieht auf nationaler Ebene eine Beschränkung des Gesamtverbrauchs an FCKW auf 50% ab 1. Januar 1991 und einen totalen Verzicht ab 1995 vor. Im März 1989 sprach die EG–Kommission die dringende Empfehlung aus, in einer möglichst kurzen Zeitspanne, auf jeden Fall aber vor dem Ende des Jahrhunderts, die FCKW–Erzeugung um 85% zu verringern, um den Chlorgehalt in der Stratosphäre zu stabilisieren. Die USA schlossen sich dieser Empfehlung sofort an.

In der Tat wurden diese Entscheidungen anläßlich der Konferenz in London, dem Ort der ersten Neuverhandlungen des Protokolls von Montreal, im Juni 1990 bestätigt. Die neuesten wissenschaftlichen Erkenntnisse unterstrichen in internationaler Übereinstimmung die aus dem vorhergehenden Bericht des Ozone Trend Panel erwachsene Sorge, die gesamte Ozonsäule könne sich im globalen Maßstab um einige % verringern. Sie zeigten, daß das antarktische Ozonloch 1989 einen dem Rekordminimum von 1987 vergleichbare Größe erreicht hatte. Ebenso war auf der Basis von Beobachtungskampagnen in der Arktis in den Wintern 1988–1989 und 1989–1990 nachgewiesen, daß die Bedingungen in der nordpolaren Stratosphäre sehr nahe am dem Punkt sind, wo die chemischen Mechanismen einsetzen, die zu einer rapiden Ozonverringerung in der Nähe der polaren Stratosphärenwolken führen. Die Unterzeichnerstaaten des Protokolls von Montreal entschlossen sich daher, bis zum Stichdatum des Jahres 2000 den Gebrauch und die Herstellung sämtlicher FCKW und Halone zu stoppen. Sie erklärten, die Markteinführung von Ersatzstoffen, die kein Chlor enthalten und die Ozonschicht nicht angreifen (die HFKW), zu beschleunigen, trafen aber keine Entscheidung hinsichtlich der Verwendungsdauer der HFCKW. Obwohl man inzwischen weiß, daß ihr Einfluß auf die Ozonschicht wesentlich geringer ist als der der FCKW, sind die wissenschaftlichen Unklarheiten über ihr genaues Schicksal in der niederen Atmosphäre noch zu groß um eine Entscheidung über eine präzise Regelung zu begründen. Darüberhinaus beschlossen die Unterzeichnerstaaten, einen Hilfsfonds für die Entwicklungsländer einzurichten, um ihnen den schnellstmöglichen Zugang zu den Ersatzstoffen zu gewähren. Diese Maßnahme, die von den europäischen Ländern propagiert worden war, führte dazu, daß auch Indien und China das Protokoll von Montreal ratifizierten.

Seit Anfang 1989 werden derartige Maßnahmen von großen diplomatischen Manövern begleitet. Konferenzen über die Umwelt und das Klima häufen sich, da die Staatschefs zeigen wollen, wie ernst es ihnen mit dem Schutz des Planeten ist. In Paris, London und Den Haag fanden Konferenzen sowie nationale und internationale Kolloquien statt. Wenn auch das Ozon die Szene beherrscht (Aktualität verpflichtet!), so schwingen doch die Klimabalance und der zusätzliche Treibhauseffekt immer mit. Und schon treten die ersten Divergenzen auf. Muß man eine neue, supranationale Behörde schaffen, eine Art oberster Weltautorität für den Schutz des Planeten? Im Rahmen der UNO müßte eine solche mit neuen Machtvollkommenheiten sowohl in regulativer als auch in finanzieller Hinsicht ausgestattet werden, so der in den Medien vielbeachtete Vorschlag von 24 Ländern, die sich im März 1989 in Den Haag trafen. Dies ist jedoch nicht die Ansicht derer, die gewohntermaßen alles Übernationale ablehnen, der USA und Großbritanniens. Sie finden eine solche Initiative verfrüht und ziehen es vor, im Rahmen der bestehenden Organisationen weiter zu arbeiten. Doch diese fühlen sich nur in begrenztem Umfang zur Umwelt- und Klimaforschung (Umweltprogramm der Vereinten Nationen, UNEP, bzw. Meteorologische Weltorganisation) oder zur Erforschung der kulturellen und wissenschaftlichen Entwicklung (UNESCO) berufen. Die Vereinigten Staaten haben im April 1990 eine internationale Konferenz auf ministerieller Ebene im Weißen Haus abgehalten. Ihr Hauptziel bestand darin, zu beweisen, daß das Ausmaß der Unsicherheiten im wirtschaftlichen Bereich z. Z. nicht erlaubt, Konsequenzen in Form von Reglementierungen zu ziehen, besonders, was die Treibhausgase anbelangt. Angesichts der Opposition aus Europa und den Entwicklungsländern milderten die USA indes ihre Position hinsichtlich der FCKW etwas ab, weigerten sich aber nach wie vor, für die Entwicklungsländer zur Herstellung von Ersatzstoffen eine Hilfestellung über die bestehenden Organisationen wie die Weltbank hinaus ins Auge zu fassen. Aber auch hier haben die USA wegen der erwiesenen Unfähigkeit dieser internationalen Organisation, die notwendigen Mittel für die Ersatzstoffe bereitzustellen, schließlich den Kompromiß akzeptiert, der auf der Konferenz von London zur Einrichtung eines Hilfsfonds führte.

Diese von den reichen Ländern – den wirtschaftlichen Hauptakteuren – inszenierte politische Debatte darf freilich nicht die wesentlichen Fragen verschleiern, die im Raum bleiben, wenn man schließlich doch zu wirksamen Maßnahmen für die weitere Existenz des Menschen auf der Erde kommen will: wie können die wissenschaftlichen Erkenntnislücken behoben werden, um die Politik der Rettung der gesamten Umwelt auf eine sichere quantitative Grundlage zu stellen? Welche wirtschaftlichen Alternativen haben wir, wenn wir größere Umstürze vermeiden wollen? Und vor allem: wie kann man, während die industriellen Aktivitäten der reichen Länder das Gleichgewicht auf diesem Planeten bedrohen, den Ländern der Dritten Welt eine vernünftige Entwicklung ermöglichen, die ihnen schnell den Anschluß an einen den Industrieländern vergleichbaren Lebensstandard verschafft.

Der scheinbare Widerspruch des letzten Satzes löst sich auf, wenn man davon ausgeht, daß die industrialisierten Länder ihren künftigen Entwicklungsweg stark verändern müssen. Noch ist ja mit Wachstum bei uns hauptsächlich wirtschaftliches Wachstum gemeint, bedeutet Einigung vor allem anderen einen einheitlichen Wirtschaftsraum; und noch ist Umweltpolitik in erster Linie ein nachträgliches Kurieren an den Symptomen, ohne daß die primären Ursachen in Frage gestellt werden. Künftig wird die Überlegung im Vordergrund stehen müssen, welches Entwicklungsleitbild die industrialisierten Länder der Dritten Welt vorpraktizieren können, ohne daß das Weiterbestehen der Lebensgemeinschaft Erde gefährdet wird. So wäre, wenn sich etwa unser Konsum- und Wegwerfverhalten, unsere Ansprüche an individueller Mobilität auf die gesamte Menschheit ausdehnen würden, die ökologische Katastrophe perfekt. Es besteht kein Zweifel, daß die Entwicklungs- und Wachstumsmodelle, die für den gesamten Planeten Gültigkeit haben können, erst noch erfunden werden müssen! Die Frage ist freilich, wieviel Zeit uns dafür noch bleibt.

4.4.1 Die Wissenschaftler und das Studium der Erde

Die Wissenschaftler beobachten mit einer Mischung aus Befriedigung und Beunruhigung diese politisch-wirtschaftliche Debatte, die sie zu einem großen Teil selbst angeregt haben. Befriedigung, da sie sehen, wie die Bedrohungen des irdischen Umweltgleichgewichts, vor denen sie seit 20 Jahren warnen, jetzt ernst genommen werden. Aber auch Sorge, da sie wohl wissen, daß die gegenwärtigen Voraussagen auf einem noch sehr unvollkommenen Wissen über die Funktion dieses Planeten beruhen, und da heute die Gefahr zu bestehen scheint, daß die wissenschaftliche Debatte mehr und mehr in rein wirtschaftliches und politisches Terrain abgleitet. Größtenteils, und obwohl sie durchaus auf die Dringlichkeit des Problems hinwiesen, haben sich die Wissenschaftler immer gehütet, in den Medien eine Katastrophenstimmung zu schüren. Ohne sofortige Nachweise für die Zerstörung der Ozonschicht und die Verschiebung des klimatischen Gleichgewichts wäre das ein Schuß nach hinten gewesen. Es geht um ihre Glaubwürdigkeit angesichts dessen, daß die Wissenschaft ebensosehr ein Faktor im Spiel der Politik, der Wirtschaft und der Medien wie ein Motor des Erkenntnisfortschritts geworden ist.

Es ist also dringend notwendig, einen neuen, entscheidenden Schritt im quantitativen Verständnis der globalen Balance des Planeten zu tun. Einzelne solche Forschungsprogramme laufen schon seit längerer Zeit, so das bereits erwähnte UNEP (seit 1974) und das ebenfalls bei der UNO angesiedelte Programm „Man and the Biosphere" (seit 1971). Ausgehend vom Internationalen Geosphären-Biosphären-Programm, einer weltweiten Forschungsinitiative zur Untersuchung der Wechselbeziehungen zwischen Geo- und Biosphäre, sowie vom Weltklimaforschungsprogramm, sind nun Bemühungen angelaufen, die bereits bestehenden internationalen und nationalen Forschungsprogramme besser zu koordinieren. Das gemeinsame Dach hat den Namen *Global Change* bekommen. Dieses Programm legt die Betonung auf die Wechselwirkungen zwischen den verschiedenen Komponenten des gekoppelten Systems Erde und will Spezialisten der Atmosphäre und der Ozeane, der Dynamik und der physikalischen Chemie, Geochemiker, Paläoklimatologen und Biologen zu einer gemeinsamen Arbeit zusammenbringen. Es vereint außerdem die naturwissenschaftlichen Disziplinen mit den Wirtschafts- und Sozialwissenschaften, um die Rückwirkungen veränderter Umweltbedingungen auf die Gesellschaft und die Wirtschaft abzuschätzen. Eine derartige Verbundforschung ist noch nahezu unerprobt. In Deutschland wurde für das *Global Change*-Projekt am Alfred-Wegener-Institut in Bremerhaven ein Sekretariat eingerichtet, die Ausführung des Projekts liegt bei den Universitäten und anderen Forschungsinstituten. Einzelmaßnahmen im Zusammenhang dieses Programms sind beispielsweise die Einrichtung eines nationalen Zentrums für Klimamodellierung mit leistungsfähigen Großrechenanlagen in Hamburg (1987) oder einer permanent besetzten Ozonbeobachtungsstation auf Spitzbergen (1988)[9].

Gestützt auf die Rekonstruktion des Klimas in der Vergangenheit und auf die ständige Beobachtung der Atmosphäre, der Ozeane und der Biosphäre vom Weltraum oder vom Boden aus, aber auch auf die Zusammenfassung der experimentellen Daten in mehrdimensionalen Umweltmodellen, sollte uns dieses Programm ein besseres quantitatives Verständnis der großen geochemischen Kreisläufe, die das Gleichgewicht auf der Erde beherrschen, bringen. In gewisser Weise handelt es sich um eine echte Mission zur Erkundung unseres Planeten. In einer Zeit, in der die Erforschung des Weltalls und des Sonnensystems immer mehr Wissenschaftler beschäftigt und bedeutende finanzielle Mittel dafür bereit gestellt werden, rechtfertigt der Schutz unseres Planeten zweifellos eine verstärkte Anstrengung der Geowissenschaften.

Für unseren Lebensstil und – mehr noch – unser Überleben steht in den nächsten beiden Jahrhunderten sehr viel auf dem Spiel. Die verfügbaren Hilfsmittel, in erster Linie die finanziellen Mittel, müssen hinreichend verstärkt werden. Es müssen richtiggehende Observatorien für die Atmosphäre, die Ozeane und die Biosphäre errichtet, große Beobachtungskampagnen durchgeführt und die Anzahl der für Modellrechnungen unverzichtbaren Supercomputer vervielfacht werden. Das verlangt keineswegs eine gigantische Anstrengung: eine vorläufige

---

[9] Dieser Absatz wurde vom Übersetzer für die deutschen Leser umgearbeitet und aktualisiert. Das Alfred-Wegener-Institut hält zur weiteren Information eine ausführliche Broschüre bereit.

Berechnung zeigt, daß 150 bis 200 Millionen Francs pro Jahr genügen, um die französische Beteiligung am internationalen Programm *Global Change* inklusive Gehälter, aber ohne den Weltraumanteil, zu realisieren[10]. Ohne die Gehälter sind es 50–60 Millionen Francs, die pro Jahr freigesetzt werden müssen, weniger als 1 Promille des zivilen Forschungs- und Entwicklungshaushalts, der seinerseits nur 0,7% des Staatshaushalts ausmacht. Was die Beobachtungen vom Weltraum aus anbelangt, so schwanken die Kosten für einen wissenschaftlichen Satelliten zum Studium des gekoppelten Systems Atmosphäre–Ozean–Biosphäre zwischen 1 und 3 Milliarden Francs, je nach instrumenteller Ausstattung. Auf zehn Jahre berechnet, ist diese Investition weniger als 1% der Summe, die weltweit für die Herstellung und den Gebrauch von Ersatzstoffen ausgegeben wird. Außerdem steigen in Europa die Weltraumbudgets ohnedies sehr schnell an, seit die ESA (European Space Agency) im November 1987 in Den Haag die Durchführung so ehrgeiziger Projekte wie die Raumfähre Hermes und die Raumstation beschlossen hat. Die dafür von den nationalen oder internationalen Behörden genehmigten Investitionen betragen ein Vielfaches dessen, was *Global Change* erfordern würde, das obendrein von einem derart erweiterten Kooperationsrahmen nur profitieren könnte. Freilich kann ein Zuwachs an finanziellen Mitteln nur dann zum Erfolg führen, wenn er von einer bewußten Politik zur Rekrutierung junger Forscher, Ingenieure und Techniker begleitet ist, die sich von dieser neuen Problematik angezogen fühlen.

Aber ein Fortschritt in den Erkenntnissen über das Gleichgewicht des Planeten allein kann nicht genügen, da der Anwendungsbereich der betreffenden Wissenschaften zu begrenzt ist. Im gegenwärtigen Zustand können sie nur erklären und eventuell voraussagen. Aber sie bieten keine Lösung für ein globales Problem, das hauptsächlich aufgrund der beschleunigten Entwicklung der reichen Länder existiert. Es ist heute klar, daß die Forschungsanstrengungen auch die Humanwissenschaften, die Ökonomie, die Soziologie und die Ethnologie umfassen müssen, Wissenschaften, in denen zu einem großen Teil den Schlüssel für einen rationalen Zugang zu einem neuen planetarischen Gleichgewicht liegt, das auf einem angepassten Wachstum beruht. Diese Forschungsaufgaben mögen sehr verlockend erscheinen, da es sich um unser Überleben handelt, aber auch sie sind langwierig und komplex.

4.4.2 Die Industriellen und die Forschung nach Ersatzstoffen

Die Industrie paßt sich mit unterschiedlichen Strategien an die Bestimmungen des Protokolls von Montreal an. Nur die beiden Haupterzeuger, DuPont in den USA und ICI in Großbritannien haben ihnen vorgegriffen, da sie schon 1974 mit der Suche nach Ersatzstoffen begonnen haben. Nach einer ersten Phase, in der diese Substanzen identifiziert wurden, begannen diese Firmen ab 1984 mit der Konstruktion kleiner Fabriken, wo sie in Pilotprojekten kleine Mengen davon

---

[10] Der deutsche Beitrag zu *Global Change* ist z. Zt. mit etwa 260 Mio. DM veranschlagt (der Übersetzer).

herstellten. Jede von ihnen mag diesen Forschungen um die 30 Millionen Dollar gewidmet haben, und die Investitionen zur Senkung der Produktionskosten werden gegenwärtig auf 10 Millionen Dollar pro Jahr geschätzt. Die anderen großen Gruppen sind erst sehr spät erwacht, nämlich als die Unterzeichung der Wiener Übereinkunft anstand. Die Japaner und die amerikanische Gruppe Allied Signal versuchen, ihren Verspätung in einem Gewaltmarsch aufzuholen. Aber Forschung ist ein langwieriger Prozess, und ein Abstand von zehn Jahren ist zumindest sehr schwierig aufzuholen, wenn es sich um die Eroberung neuer Märkte handelt. Was Atochem betrifft, den einzigen französischen Hersteller, so gleicht er seine bislang abwartende Haltung dadurch aus, daß er bei den internationalen Forschungsvereinbarungen immer stärker mitmischt. So hat sich die französische Gruppe im September mit 13 anderen Herstellern, darunter DuPont, ICI und Allied Chemicals für das Forschungprogramm „Program for Alternative Fluorocarbon Toxicity Testing", PAFTT, zusammengeschlossen. Das Ziel ist die Bestimmung der möglichen Giftigkeit von Ersatzstoffen. Mit der bereits erwähnten Allied Signal entwickelt sie Verarbeitungstechniken für diese Produkte. Andere Gruppen warten einfach darauf, die Patente der fertig entwickelten Erzeugnisse kaufen zu können. Hoechst in der Bundesrepublik hat sich dagegen vollständig aus dem FCKW-Markt zurückgezogen. In manchen Fällen handelt es sich um wirkliche Absichten, in anderen geht es nur darum, bei den Verbrauchern das Gesicht als Markenhersteller zu wahren. Das ist vor allem bei den Produzenten der Fall, deren FCKW-Erzeugung nur einen kleinen Teil der Gesamtproduktion darstellt.

Welches sind die Ersatzprodukte, und wie kann man unter ihnen diejenigen auswählen, deren Auswirkungen auf die Umwelt als vernachlässigbar betrachtet werden können? Ein erster Weg besteht darin, zu den früheren Substanzen zurückzukehren: Ammoniak, Kohlenwasserstoffe, Stickstoffprotoxid, Methylenchlorid und Dimethyläther. Diese haben aber zahlreiche Nachteile: sie sind giftig, oder entflammbar, oder sind chemisch sehr reaktionsfreudig. Nicht ohne Grund hatten die FCKW einen so überwältigenden Erfolg! Und wie könnte man, nach dem, was man heute über das Gleichgewicht der Ozonschicht weiß, den Gebrauch von Methylenchlorid oder Stickstoffprotoxid zulassen, die genauso wie die FCKW Quellsubstanzen für Stickstoffoxide und Chlor in der Stratosphäre sind. Übrigens schweigt das Protokoll von Montreal über die Herstellung von Substanzen wie Tetrachlorkohlenstoff, deren ODP-Indizes höher sind als die der FCKW 11 und 12. Dabei beträgt die jährliche Produktion von Tetrachlorkohlenstoff, der in erster Linie als Zwischenprodukt bei der FCKW-Herstellung Verwendung findet, ungefähr 800.000 Tonnen, von denen rund 10% in die Atmosphäre entweichen können. Die jährliche Produktion von Trichloräthan beläuft sich auf etwa 500.000 Tonnen; auch das ist nicht vernachlässigbar.

Ein zweiter Weg besteht darin, verstärkt die im Protokoll nicht reglementierten FCKW zu verwenden. So könnten die FCKW 500 und 502 für Kühlzwecke und zur Klimatisierung eingesetzt werden, während die FCKW 142 und 152 bereits als Treibgas in Spraydosen verwendet werden. Das sind aber kurzsichtige Lösungen, denn die ODP-Indizes dieser Substanzen sind ähnlich wie die der reglementierten FCKW, und die ihnen gewährte Frist beruht eben auf ihrer geringen Verwendung. Auf lange Sicht ist es unausweichlich, auch sie zu verbieten.

Es bleibt der Weg, der zur Zeit der vielversprechendste zu sein scheint: die Hydrochlorfluorkohlenstoffe oder HFCKW. Wie ihr Name sagt, enthalten alle diese Substanzen wenigstens ein Wasserstoffatom. In der Troposphäre werden sie durch das OH-Radikal, das wir bereits mehrmals als echtes Reinigungsmittel kennengelernt haben, chemisch angegriffen. Sie haben deshalb eine gegenüber den FCKW reduzierte Lebensdauer in der Atmosphäre, die einige Jahre nicht übersteigt und die Fähigkeit, das Ozon in der Stratosphäre zu zerstören, deutlich senkt. Ihre ODP-Indizes liegen im Bereich von einigen Hundertsteln. Ebenso ist ihre Treibhauswirkung geringer als ein Zehntel dessen, was die heute verwendeten FCKW zustandebringen; weniger als 2% insgesamt. Schließlich gibt es eine Gruppe, die Hydrofluorkohlenstoffe oder HFKW, die überhaupt keine Chloratome enthalten, was ein klarer Vorteil ist. Freilich handelt es sich immer noch um Kohlenwasserstoffe, die den vom Menschen erzeugten Emissionen hinzugezählt werden müssen. Sie tragen also zur Erhöhung der sauren und oxidierenden Eigenschaften der niederen Atmosphäre bei. Aber die HFCKW und die HFKW stehen hier nicht in vorderster Linie, da sie in dieser Beziehung nur einige % der gesamten Produktion ausmachen. Man kann sie als ein geringeres Übel betrachten, ohne daß damit freilich alle Probleme gelöst wären.

Nun sind zwar die physikalischen und thermodynamischen Eigenschaften der HFCKW denen der FCKW sehr ähnlich, was die Umstellung der Erzeugungsprozesse vereinfacht, aber ihre chemische Reaktionsfreudigkeit könnte Giftwirkungen bedingen, und die Empfindlichkeitstests sind bei weitem nicht abgeschlossen. So wird einer der wichtigsten HFCKW, HFCKW 22, als möglicher Ersatzstoff in Kühlgeräten und Klimaanlagen sowie als Aufschäummittel diskutiert. Er steht aber bei einigen Ländern, vor allem der BRD, im Verdacht, krebserzeugend zu sein. Außerdem gibt es noch nicht für alle Anwendungen der FCKW Alternativen. Gewiß scheint es, als ob die HFCKW 123 und 134a in der Kühlmittel- und Schaumstoffindustrie sowie in der Klimatisierung die FCKW 11 und 12 ersetzen könnten. Andere, wie HFCKW 141b oder HFCKW 132b (die aber noch in der Entwicklungsphase sind) könnten als Treibgas in den Spraydosen Verwendung finden. Aber für die Lösungsmittel und die Sterilisierung, zwei in voller Entwicklung befindliche Anwendungsgebiete der FCKW 11, 12 und 113, gibt es zur Zeit keine befriedigende technologische Lösung. Dasselbe gilt für die Halone als Löschmittel.

Nach Aussage der Hersteller werden die Ersatzstoffe nicht vor 1994 oder 1995 auf dem Markt erscheinen, und zur Marktreife sind noch bedeutende finanzielle Investitionen notwendig. Atochem sieht sich vor Investitionen in der Größenordnung von 1,5 Milliarden Francs für die Erforschung von Ersatzstoffen und die Anpassung der Industrieproduktion. Weltweit rechnet die amerikanische Umweltschutzbehörde mit 80 Milliarden Dollar an Investitionen, wenn man auch die anwendende Industrie miteinbezieht. In dieser Höhe bewegen sich natürlich auch die wirtschaftlichen Auswirkungen des Protokolls von Montreal.

Sie werden ohne Zweifel direkt auf die Verbraucher durchschlagen. Alle Hersteller kündigen bereits erhöhte Kosten für die Ersatzstoffe an, wenn auch noch keine Übereinstimmung hinsichtlich des Ausmaßes der Kostenerhöhung besteht, die je nach Quelle mit einer Verdoppelung bis einer Verzehnfachung gegenüber den heutigen FCKW-Preisen angegeben wird.

Obwohl bereits Ersatzstoffe existieren, die zudem von den gleichen Gruppen hergestellt werden, die auch die FCKW vertreiben, stellt doch die Regulierung der Herstellung und des Verbrauchs an FCKW, geschweige denn ihr mehr oder weniger langfristiges Verbot, eine große technologische Herausforderung dar. Trotzdem scheint sie geringfügiger zu sein als die, der wir uns mit der vorhersehbaren Aufheizung des Planeten durch den Treibhauseffekt, zu dem die FCKW beitragen, gegenübersehen.

4.4.3 Die Erde schützen

Die Verminderung der Ozonschicht in der Stratosphäre, die Aufheizung des Planeten durch den zusätzlichen Treibhauseffekt und die Erhöhung der sauren und oxidierenden Eigenschaften der Troposphäre sind Ausdruck ein und derselben wissenschaftlichen Problematik. Die Probleme sind auch hinsichtlich der politischen Maßnahmen und der sozialen und ökonomischen Folgen sehr verwickelt. In allen Fällen handelt es sich um Entscheidungsprozesse, die in einer Situation mit vielen wissenschaftlichen Unsicherheiten ablaufen. Man muß also eine unsichere Zukunft in der Planung vorwegnehmen und gleichzeitig vermeiden, einen unumkehrbaren Weg zu beschreiten, dessen langfristige Konsequenzen heute noch nicht eingeschätzt werden können. In dieser Situation sind zwei Strategien vorstellbar. Die „Anpassungsstrategie" geht von der Hypothese aus, daß der wissenschaftliche und technische Fortschritt immer wieder eine Lösung für die aus dem unkontrollierten Wachstum enstehenden Probleme finden wird. Aber nicht nur, daß dies bestenfalls eine provisorische Antwort auf eine bedrängende, aber nicht beherrschte Situation darstellt: in letzter Konsequenz bedeutet diese Strategie auch, die Existenz des Problems selbst zu leugnen, anstatt zu einer rationalen Analyse der verschiedenen langfristigen Lösungsmöglichkeiten zu führen. Das extremste Beispiel für eine solche Anpassungsstrategie wären riesige Glashäuser, in denen Menschen, Tiere und Pflanzen in einer gereinigten Atmosphäre zusammenleben. Eine traurige Perspektive, die wir unseren Nachkommen da anbieten! Im Gegensatz dazu erstrebt eine „Vorbeugestrategie" die dauerhafte Bewahrung der Schöpfung, indem sie auf das ökologische Problem zugeschnittene Lösungen sucht. Kurzfristig verlangt sie, die schädlichen Prozesse zu bremsen, um Schritt für Schritt eine alternative Politik zu verwirklichen.

Heute, angesichts des beispiellosen Ausmaßes, das die Bedrohung der Natur durch den Menschen angenommen hat, sind wir vielleicht schon nicht mehr in der Lage, den einen oder anderen Weg zu wählen. Vorbeugen ist wohl das einzige Heilmittel, das uns langfristig vor den klimatischen, aber auch politischen und wirtschaftlichen Umstürzen bewahren kann, die das Überleben der Menschheit in Frage stellen. Aber wahrscheinlich können wir uns auch eine Anpassungsphase nicht ersparen. Wie wir bereits betont haben, kommen viele Umweltschäden erst verzögert zur Wirkung. Bevor wir einen neuen Weg einschlagen können, werden wir uns erst mit den Altlasten der in der Atmosphäre und den Ozeanen gespeicherten Substanzen herumschlagen müssen. Viele dieser Zeitbomben werden wahrscheinlich im Verlauf der nächsten Jahrzehnte explodieren. Wir müssen also auch auf die Fähigkeit der Natur und der Lebewesen zur Anpassung setzen und einfach annehmen, daß die unvermeidbaren Veränderungen das globale Gleichgewicht der Umwelt nicht unumkehrbar destabilisieren. Wenn wir zu einer korrekten Einschätzung der Folgen unserer vergangenen Untaten kommen, kann die Stabilität der letzten Jahrtausende einen gemäßigten Optimismus hinsichtlich der heute notwendigen Wette rechtfertigen. Trotzdem ist sofortiges Handeln unerläßlich, wenn wir eine Steigerung der Schadenswirkungen zur Katastrophe und einen unkontrollierbaren Niedergang des Systems Erde vermeiden wollen.

Die Maßnahmen, die in Zukunft zum Schutz des Ozons und zur Begrenzung der Aufheizung des Planeten ergriffen werden müssen, werden sich sicherlich zunehmend differenzieren. Das Ozonproblem, wiewohl wegen der verhältnismäßig kurzen Reaktionszeit des atmosphärischen Gleichgewichts das dringlichste, ist dabei keineswegs am schwierigsten zu lösen. Die wichtigsten Zerstörer, die FCKW und andere organische Chlorverbindungen, sind gut bekannt. Ihre Herstellung ist auf einige große Industriegruppen konzentriert, die zu 95% in den reichen Ländern der nördlichen Halbkugel angesiedelt sind. Die Verwendungszwecke sind einigermaßen abgegrenzt und Ersatzstoffe können innerhalb kurzer Zeit auf den Markt gebracht werden. Wenn auch beträchtliche Summen im Spiel sind, bleiben sie in den Grenzen einer Interventionspolitik der betroffenen Staaten. Damit kann die Marktreife der Ersatzstoffe beschleunigt und können gleichzeitig die Interessen der Länder der Dritten Welt gewahrt werden.

Was die Regulierungsmaßnahmen angeht, so boten die für das Frühjahr 1990 vorgesehenen Neuverhandlungen des Protokolls von Montreal die Chance, eine konzertierte Politik zu verwirklichen. Die Basis dafür war die von einigen Ländern bereits demonstrierte Bereitschaft, sehr schnell zu einer eindeutigen Reduktion der FCKW und der anderen chlorierten und bromierten Verbindungen zu kommen. Damit ein solches Vorgehen aber wirklich glaubwürdig ist, muß es von einer Entwicklungshilfepolitik begleitet werden, die diesen Namen verdient. Sie muß den Ländern der Dritten Welt in möglichst kurzer Zeit Zugang zu neuen Technologien gewährt anstatt, wie in der Vergangenheit bereits oft genug geschehen, für gutes Geld schmutzige Industrien, die von den Bevölkerungen der Industriemächte nicht mehr akzeptiert werden, dorthin zu verlagern. Nur um diesen Preis werden die Entwicklungsländer bereit sein, ihre eigenen FCKW-Emissionen zu verringern, weil nur dann ihre Entwicklungsprojekte nicht gefährdet werden. Andernfalls würden sie zu Recht Maßnahmen verweigern, die ihr unmittelbares Überleben bedrohen, zudem diese Maßnahmen ja die Folge von industriellem und konsumorientiertem Fehlverhalten sind, das bislang auf die reichen Länder beschränkt war. Eben dieser Preis konnte nun auf der im Frühjahr 1990 in London stattgefundenen Neuverhandlung des Protokolls von Montreal bezahlt werden. Dort wurde eine abgestimmte Politik aller Unterzeichnerstaaten in Gang gebracht, die weitergehende Beschränkungsmaßnahmen für die FCKW und die Halone beinhaltet. Der deutlich gezeigte Wille einiger Länder, insbesondere der europäischen, noch vor dem Ende des Jahrhunderts diese Substanzen aufzugeben, fand Berücksichtigung. Vor allem aber gelang dieser Konferenz ein entscheidender Schritt, indem ein Fonds geschaffen wurde, der den Entwicklungsländern helfen soll, möglichst raschen Zugang zur Produktionstechnik der Ersatzstoffe zu erhalten. Das war die notwendige Bedingung dafür, daß diese Länder einer Reduktion ihrer FCKW-Emissionen zustimmten, wie nachträglich die sofortige Ratifikation des Protokolls von Montreal durch Indien und China bewies, die sich bis dahin geweigert hatten, ihre industrielle Zukunft belasten zu lassen.

Das Problem der Ozonschicht scheint damit mittelfristig gelöst werden zu können. Damit könnten die reichen Länder, die einerseits die Hauptverschmutzer sind und andererseits als einzige über die technologischen Lösungen verfügen, den Entwicklungsländern ihren echten Willen, zum Schutz der Umwelt zu handeln, zeigen und ihnen gleichzeitig die Mittel zur dringend notwendigen Entwicklung bieten. Ein solches Beispiel könnte bewirken, daß das komplexe Problem der zusätzlichen Treibhauseffekts rational angegangen werden kann. Trotz der vielen noch offenen wissenschaftlichen Fragen hat die Vollversammlung der Vereinten Nationen 1988 der Resolution 43–53 zugestimmt, die den Schutz des Weltklimas künftig als eine Hauptsorge betrachtet. Es zeichnet sich ein ähnlicher Vorgang ab wie der, der im Fall der Ozonschicht zur Übereinkunft von Wien und später zum Protokoll von Montreal geführt hat. Beim Treibhauseffekt sind es allerdings sämtliche Aktivitäten der Industrie, der Landwirtschaft und des Verkehrswesens, die zur Umweltgefährdung beitragen. Die immer schnellere Ausbeutung der natürlichen Resourcen (fossile Brennstoffe, Mineralien) und die Herstellung synthetischer Produkte wie die Kohlenwasserstoffe und die Stickstoffdünger haben deren massiven Transport in die Atmosphäre zur Folge. Da die Reaktionszeiten auf Störungen nur einige Jahrzehnte betragen, führen diese Emissionen zu einer brutalen Veränderung der Lebensbedingungen auf der Erde. Gegenwärtig stammen fast zwei Drittel der schädlichen Emissionen von den Industriestaaten. Durch Vergleich der Verbrauchszahlen pro Einwohner wird der große Unterschied zu den Ländern der Dritten Welt deutlich: ein Faktor zehn gegenüber den USA, und ein Faktor fünf gegenüber Europa. Nun können aber die Emissionen aus der Dritten Welt nur zunehmen, was zum Teil an ihrem galoppierenden Bevölkerungswachstum und zum Teil an ihrer Unterentwicklung liegt. Eine Umverteilung des Verbrauchs ist unumgänglich. Eine globale Strategie der Produktion und des Verbrauchs an Energie, basierend auf einer genauen Bestandsaufnahme der natürlichen Resourcen, muß realisiert werden. Sie muß der Tatsache Rechnung tragen, daß die Möglichkeiten für Veränderungen in den reichen Ländern optimal sind, und daß diese Nationen auch über die finanziellen und technologischen Mittel verfügen, das Problem zu lösen. Es muß eine Diskussion in Gang kommen, deren Horizont weit über das Ozonproblem hinausreicht und deren Elemente die Einschränkung des Energieverbrauchs in den industrialisierten Ländern, der Platz der Atomenergie, die Entwicklung alternativer Energieformen, die Anwendung geeigneter umweltfreundlicher Technologien auf jeder Produktionsstufe und die Begrenzung des Bevölkerungswachstums sein müssen.

Angesichts der vom Menschen herbeigeführten Veränderungen der Umwelt ist der Weg nur schmal zwischen einem Handlungsverzicht, der sich auf die wissenschaftlichen Unsicherheiten und auf einen blinden Glauben an den technischen Fortschritt stützt, und zu brutalen Reaktionen, die das politische und soziale Gleichgewicht bedrohen. Verbraucher und Industrielle, Politiker und Wissenschaftler müssen sich heute auf einen gemeinsamen Kampf einlassen, um die Zukunft der kommenden Generationen nicht zu zerstören. Ein Kampf, der zuallererst die Weiterentwicklung der Forschung auf mehreren Gebieten erfordert. Auf wissenschaftlichem Gebiet, um zu einem besseren Verständnis der Mechanismen, die das Gleichgewicht des Klimas und der Umwelt beherrschen, zu gelangen. Auf ökonomischem Gebiet, um neue Wachstumsarten zu erfinden und besser mit den natürlichen Resourcen umzugehen. Auf technologischem Gebiet, um neue Energieformen und Ersatzstoffe zu entwickeln. Dieser Kampf wird notwendigerweise auch Überlegungen zum Bevölkerungswachstum, zum langfristig unverzichtbaren Teilen der Reichtümer der Erde und zu einer schnelleren Entwicklung der Dritten Welt beinhalten. Schließlich muß es dazu kommen, daß die ökologische Dimension in jedem politischen und wirtschaftlichen Entscheidungsprozeß gegenwärtig ist. Der Schutz unseres Planeten und der vitalen Lebensinteressen der Menschheit ist nur um diesen Preis zu haben.

Bibliographie

Bücher und Zeitschriften:

P. Fabian: Atmosphäre und Umwelt. Chemische Prozesse, Menschliche Eingriffe, Ozonschicht, Luftverschmutzung, Smog, Saurer Regen. 3. Aufl. 1989, Springer-Verlag.

P.J. v. Crutzen, M. Müller (Hrsg.): Das Ende des blauen Planeten. Klimakollaps, Gefahren und Ausweg. Beck'sche Reihe Bd. 385, 1989.

Deutscher Bundestag: Der Schutz der Erdatmosphäre – eine internationale Herausforderung. Reihe „Zur Sache", Bd. 5/88 (über die Buchhandlungen kostenlos erhältlich).

GEO-Wissen Nr. 2. Klima, Wetter, Mensch. Verlag Gruner und Jahr AG & Co., 1987.

Einzelveröffentlichungen von Forschungseinrichtungen:

Broschüren des BMFT:

- Ozonforschungsprogramm. 1988
- Förderschwerpunkt zum Treibhauseffekt. 1989
- Global Change. Unsere Erde im Wandel. 1990

NASA Reference Publication 1208: Present state of knowledge of the upper atmosphere 1988 - an assessment report. Greenbelt, MD, USA, 1988.

National Academy of Sciences: Causes and effects of changes in stratospheric ozone. National Academy Press, Washington, DC, 1984.

National Research Council: Changing Climate: Report of the Carbon Dioxide Assessment Committee. National Academy Press, Washington DC, 1983.

National Research Council: Global Tropospheric Chemistry. A plan for action. National Academy Press, Washington DC, 1984.

United Nations Environment Programme: The greenhouse gases. Nairobi, UNEP, 1987.

United Nations Environment Programme: The Ozone Layer. Nairobi, UNEP, 1987.

World Meteorological Organization: The Stratosphere 1981. Theory and measurements. WMO Global Ozone Research and Monitoring Project, Report No. 11, WMO Genf, 1982.

World Meteorological Organization: Report of the WMO meeting of experts on potential climatic effects of ozone and other minor trace gases. WMO Global Ozone Research and Monitoring Project, Report No. 14, WMO Genf, 1983.

World Meteorological Organization: Atmospheric Ozone 1985 - Assessment of our understanding of the processes controlling its present distribution and change. WMO Global Ozone Research and Monitoring Project, Report No. 16, WMO Genf, 1985.

Illustrationsnachweis

Farbtafeln: NASA–Dokumente. Abbildung der Ballonsonde: CNES. Abbildung des Observatoire de Haute–Provence: Service d'Aéronomie, OHP. Toponyme Karte der Antarktis: *Calypso Log*, Stiftung Cousteau.

Stichworterklärung

Aeronomie	von griech. $\overset{\text{'}}{\alpha}\acute{\eta}\rho\text{-}\nu\acute{o}\mu o\varsigma$, „Luftgesetz". Die Wissenschaft von den physikalischen und chemischen Eigenschaften der oberen Atmosphärenschichten, wo die Dissoziation der Moleküle eine Hauptrolle spielt.
Aerosol	Mischung von Luft mit winzigen, festen oder flüssigen, Schwebeteilchen, die als Kondensationskeime bedeutsam für das Wetter sind. Auch der Inhalt von Spraydosen bildet nach dem Zerstäuben ein Aerosol.
Biomasse	lebende Materie tierischer oder pflanzlicher Art, auf dem Land oder in den Ozeanen.
Dobson	nach C. M. B. Dobson, einem der Pioniere der Ozonforschung, benannte Einheit für die Messung der Gesamtdicke der Ozonschicht (der Ozonsäule) vertikal über einem bestimmten Beobachtungsort. 1 Dobson bedeutet, daß die gesamte Ozonsäule bei der Bezugstemperatur von 20° Celsius und dem Bezugsdruck von 980,66 Hektopascal (1 Atmosphäre) eine Dicke von 0,01 mm haben würde. Die gewöhnlich beobachteten Dicken reichen von 200 bis 500 Dobson, d.h. von 2 bis 5 mm.
FCKW	Fluor–Chlor–Kohlenwasserstoffe. Chlorierte und fluorierte Kohlenwasserstoffe, d.h. Substanzen, in denen die Kohlenstoff- oder Wasserstoffatome teilweise durch Chlor- und/oder Fluoratome ersetzt sind.
Fotochemische Theorie	eine Theorie, die auf der Umwandlung von Materie unter der Einwirkung der Sonnenstrahlung basiert. Sie betrifft vor allem die Wechselwirkungen zwischen den Bestandteilen der Atmosphäre, die sich in von der Sonnenstrahlung ausgelösten chemischen Reaktionen bilden.
Fotodissoziation	Aufspaltung einer chemischen Substanz in ihre elementaren Bestandteile unter der Einwirkung der Sonnenstrahlung. Die Fotodissoziation des molekularen Sauerstoffs O_2 durch das ultraviolette Licht erzeugt zwei Sauerstoffatome. Entsprechend erzeugt die Fotodissoziation von Ozon O_3 durch UV-Strahlung und sichtbares Licht ein Sauerstoffmolekül und ein Sauerstoffatom.
Halogene	Name der Gruppe von Elementen im Periodensystem, deren äußere Elektronenhülle von 7 Elektronen besetzt ist: Fluor, Chlor, Brom, Jod …
Halone	wie FCKW, nur daß zusätzlich zu den Fluor- und Chloratomen auch Bromatome substituiert sein können.
Heterogene Chemie	sie umfaßt alle diejenigen chemischen Reaktionen, die zwei Phasen (gasförmig und fest oder flüssig) einschließen. Sie bildet den Gegensatz zur homogenen Chemie, die in der Atmosphäre Reaktionen zwischen ausschließlich gasförmigen Substanzen be-

	trachtet. Heterogene Prozesse spielen besonders in Anwesenheit von Kristallen (in den polaren Stratosphärenwolken), von Flüssigkeitströpfchen (Wolken in der Troposphäre) oder von Aerosolen (Vulkanausbrüche) eine Rolle.
Hydrosphäre	Wasserhülle der Erde (Meere, Binnengewässer, Grundwasser, in Luft und Eis gebundenes Wasser).
Infrarot	bezeichnet elektromagnetische Strahlung, deren Wellenlängen größer als die des roten Lichts sind. Die Wellenlängen der Infrarotstrahlung liegen zwischen 0,8 und 100 μ. Die damit verbundene Energie ist kleiner als bei sichtbarer Strahlung.
Jetstrom	sehr heftige Luftströmung in der oberen Troposphäre in 10–12 km Höhe. Sie wird durch das Zusammentreffen von Luftmassen verschiedener Temperatur bewirkt und kann Geschwindigkeiten von 150–200 km/h erreichen. Der polare Jetstrom bewegt sich zwischen 55° und 60°, der tropische Jetstrom bei etwa 30° nördlicher Breite von West nach Ost um die Erde.
Katalyse	Beschleunigung oder Veränderung einer chemischen Reaktion unter der Einwirkung einer chemischen Substanz (des Katalysators), die schon in kleinsten Mengen wirkt und am Ende der Reaktion unverändert vorliegt.
Kryosphäre	Die das Eis und den Schnee umfassenden Bereiche der Erdoberfläche.
Mesosphäre	nach griech. $\mu\acute{\epsilon}\sigma o\varsigma$ = in der Mitte. Der Bereich der Atmosphäre oberhalb der Stratosphäre, in dem die Temperatur mit der Höhe abnimmt. Die Temperatur erreicht bei 85 km, der Obergrenze der Mesosphäre, ein Minimum.
Natürliche Variabilität	die thermodynamischen Größen Druck und Temperatur und die Konzentrationen der atmosphärischen Bestandteile variieren unter dem Einfluß der dynamischen und chemischen Prozesse und der Sonneneinstrahlung. Diese Schwankungen sind natürlichen Ursprungs (täglicher und jahreszeitlicher Zyklus ...) und verlaufen auf Zeitskalen, die von Millionstel Sekunden bis zu mehreren Jahrzehnten, und auf räumlichen Skalen, die von einigen Millimetern bis zur ganzen Erde reichen. Ihre Amplitude (Schwankungsbreite) kann mehr als 100% betragen. Innerhalb dieser natürlichen Schwankungen bemüht man sich, die mit den menschlichen Aktivitäten zusammenhängenden und viel geringfügigeren Veränderungen nachzuweisen.
Nitratbildung	Bildung von Nitraten aus reduzierten Stickstoffverbindungen (molekularem Stickstoff, Ammoniak, Stickoxid) unter der Einwirkung von Bakterien.
ODP (Ozone Depleting Potential)	Index, der die potentielle Fähigkeit einer Substanz, in der Stratosphäre mittels katalytischer Kreisläufe Ozon zu zerstören, charakterisiert. Er wird relativ zu einem Referenzwert festgelegt, der für FCKW 11 ($CFCl_3$) willkürlich als 1 gewählt wird. Der ODP-Index berücksichtigt die Lebensdauer der Substanz in der Troposphäre (d.h. die Wahrscheinlichkeit, in die Stratosphäre zu diffundieren), die Zahl der in der Substanz enthaltenen Chlor- oder Bromatome, und seine chemische Reaktivität.
Quelle (Quellsubstanz)	dieser Ausdruck bezeichnet aus der Gesamtheit der stratosphärischen Bestandteile diejenigen, aus denen durch chemische oder fotochemische Wechselwirkung chemisch aktive Substanzen entstehen können. Der molekulare Sauerstoff ist die Quelle für den

atomaren Sauerstoff und für das Ozon. Das Stickoxid N_2O, das in Bodennähe erzeugt wird, ist die Quelle für die Stickstoffverbindungen in der Stratosphäre. Die FCKW sind die Quelle für die Chlorverbindungen in der Stratosphäre.

Reservoir	im Zusammenhang mit unserem Planeten bezieht sich dieser Ausdruck auf die Fähigkeit der Teile des Systems Atmosphäre–Ozean–Biosphäre, bestimmte Substanzen in bestimmter Form zu speichern. In der Stratosphäre bezeichnet er in analoger Weise eine Substanz, die ozonzerstörende Verbindungen vorübergehend in wenig aktiver Form zu speichern vermag. So ist das Chlornitrat $ClONO_2$ ein Reservoir für die Stickstoff- und Chlorverbindungen NO_2 und ClO.
Senke (Senkensubstanz)	dieser Ausdruck bezeichnet aus der Gesamtheit der stratosphärischen Bestandteile diejenigen, die aus der Stratosphäre entfernt werden – meist durch vertikalen Transport in die Troposphäre. Die Salpetersäure ist die Senke für die Stickstoffverbindungen in der Stratosphäre, die Salzsäure die Senke für die Chlorverbindungen. Der Ausdruck wird entsprechend auch für die Troposphäre, die Ozeane und die Biosphäre verwendet.
Spektroskopie	Analyse des Absorptions- oder Emissionsspektrums einer Substanz mittels eines Instruments, das das Licht nach seinen Wellenlängen zerlegt.
Stratopause	nach lat. stratum = Schicht. Obere Grenze der Stratosphäre in ungefähr 50 km Höhe, wo die Temperatur das lokale Maximum von etwa 0° erreicht.
Stratosphäre	Der Bereich der Atmosphäre zwischen der Tropopause und der Stratopause. Er ist durch einen positiven Temperaturgradienten charakterisiert, d.h. die Temperatur nimmt mit wachsender Höhe nicht ab. Dadurch ist die Schichtung der Luftmassen gegenüber vertikalen Austauschvorgängen sehr stabil.
Treibhauseffekt	die Erdoberfläche strahlt in den Weltraum Wärmestrahlung ab, deren Maximum im Wellenlängenbereich um 10 Mikron liegt. Diese Strahlung wird in der Atmosphäre von einigen Spurensubstanzen (Wasserdampf, Kohlendioxid, Methan, Ozon, Stickoxid, FCKW) absorbiert und zum Teil zur Erdoberfläche zurückgestrahlt. Der zurückgestrahlte Anteil trägt dann durch den zusätzlichen Energieeintrag zur Aufheizung der Erdoberfläche bei.
Tropopause	die Grenze zwischen der Troposphäre und der Stratosphäre. Sie befindet sich am Äquator in großer Höhe (etwa 17 km) und ist sehr kalt (−70° bis −80°). An den Polen ist ihre Höhe geringer (etwa 5 km) und die Temperatur höher (ca. −40°).
Troposphäre	nach griech. $\tau\rho\acute{o}\pi o\varsigma$ = Wendung. Der Bereich der Atmosphäre zwischen dem Boden und der Tropopause. Er ist durch eine rasche Temperaturabnahme mit wachsender Höhe charakterisiert, im Mittel −6,5° pro km.
Zeitskala	Die Zeitspanne, die ein bestimmter Prozess (Aufbau, Umwandlung, Abbau, Transport …) typischerweise benötigt. So spielen sich z.B. das Wetter oder Luftströmungen auf einer Zeitskala von Stunden oder Tagen ab, während das Klima oder ozeanische Strömungen Veränderungen erst auf einer Zeitskala von Jahrzehnten oder Jahrhunderten zeigen.

C.M. Will, George Washington University, St. Louis, MO

...und Einstein hatte doch recht

Übersetzt von A. und G. Leuchs

1989. XI, 275 S. 35 Abb. Geb. DM 39,80 ISBN 3-540-50577-6

Keine wissenschaftliche Theorie ist auf solche Faszination auch außerhalb der Wissenschaft gestoßen wie die Allgemeine Relativitätstheorie von Albert Einstein, und keine wurde so nachdrücklich mit den Mitteln der modernen Physik überprüft. Wie hat sie diesen Test mit Raumsonden, Radioastronomie, Atomuhren und Supercomputern standgehalten? Hatte Einstein recht?

Mit der Autorität des Fachmanns und dem Flair des unvoreingenommenen Erzählers schildert Clifford Will die Menschen, Ideen und Maschinen hinter den Tests der allgemeinen Relativitätstheorie. Ohne Formeln und Fachjargon wird der Leser mit Einsteins Gedanken vertraut und erfährt von der Bestätigung seiner Vorhersagen, angefangen bei der Lichtablenkung im Schwerefeld der Sonne 1919 bis zu den ausgefeilten Kreiselexperimenten auf dem Space Shuttle.

Die Allgemeine Relativitätstheorie hat nicht nur alle diese Tests bestanden, sie hat darüber hinaus wesentlich beigetragen zu unserem Verständnis von Phänomenen wie Pulsaren, Quasaren, Schwarzen Löchern und Gravitationslinsen. Dieses Buch erzählt lebendig und spannend die Geschichte einer der größten geistigen Leistungen unserer Zeit.

Inhalt: Die Renaissance der Allgemeinen Relativitätstheorie.– Auf geradem Weg zur gekrümmten Raum-Zeit.– Die Rotverschiebung: Licht und Uhren im Schwerefeld.– Licht auf krummen Wegen.– Die Periheldrehung des Merkur: Erfolg oder Mühsal ohne Ende?– Die Zeitverzögerung des Lichts: Besser spät als nie.– Fällt der Mond so wie die Erde?– Aufstieg und Fall der Brans-Dicke-Theorie.– Ist die Gravitationskonstante konstant?– Der Doppelstern-Pulsar: Es gibt Gravitationswellen!– An vorderster Front der experimentellen Relativität.– Astronomie nach der Renaissance: Wozu ist die Allgemeine Relativitätstheorie gut?– Anhang: Die Spezielle Relativitätstheorie – über jeden Zweifel erhaben.– Literaturhinweise.– Sachverzeichnis.